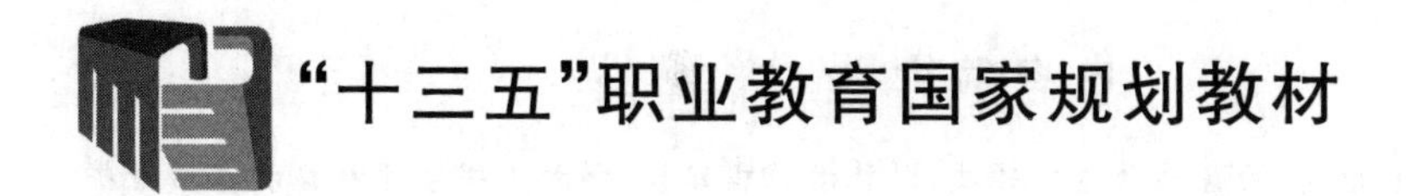


# 移动通信工程

主　编　李　媛
副主编　马晓强　李　珂　张绍林
张琴琴　李毅然

北京邮电大学出版社
www.buptpress.com

## 内容简介

本书从职业教育的发展特点出发，聚焦移动通信领域，以移动工程建设、移动工程监理和移动基站维护的国家标准、行业标准和职业资格标准为依据，结合实际工作中的应用实践，根据完成职业岗位实际工作任务所需的知识、能力和素质要求来组织内容，梳理成基站工程勘察设计、基站工程安装与验收、无线网络运维与优化三大项目，分解成基站天面勘察、施工图设计、基站室内设备安装、基站常见故障处理、无线网络优化测试等13个典型工作任务。

本书采用理实一体化的任务驱动模式编写，具有较强的实用性，适用于高职院校通信类高素质高技能人才的培养。同时，书中的知识链接与拓展、技能训练等也可以供通信行业相关人员参考使用。

**图书在版编目(CIP)数据**

移动通信工程 / 李媛主编. -- 北京 ：北京邮电大学出版社，2018.10(2022.8 重印)
ISBN 978-7-5635-5612-0

Ⅰ. ①移… Ⅱ. ①李… Ⅲ. ①移动通信－通信工程－职业教育－教材 Ⅳ. ①TN929.5

中国版本图书馆 CIP 数据核字(2018)第 245185 号

**书　　名**：移动通信工程
**责任编辑**：刘　颖
**出版发行**：北京邮电大学出版社
**社　　址**：北京市海淀区西土城路 10 号(邮编:100876)
**发 行 部**：电话:010-62282185　传真:010-62283578
**E-mail**：publish@bupt.edu.cn
**经　　销**：各地新华书店
**印　　刷**：唐山玺诚印务有限公司
**开　　本**：787 mm×1 092 mm　1/16
**印　　张**：17.5
**字　　数**：458 千字
**版　　次**：2018 年 10 月第 1 版　2022 年 8 月第 3 次印刷

ISBN 978-7-5635-5612-0　　　　定　价：42.00 元

# 前　言

随着4G移动通信网络的全面建设，我国4G网络规模跃居世界第一，深度覆盖城市和乡村。截至2018年第一季度末，我国4G基站数量已达339.3万个，4G用户在移动电话用户中的占比已达72.2%，平均每3平方千米就有一个4G基站，东部地区部署更密集。随着基站数目不断地增加，新技术应用不断地增多，各通信运营商和服务商对从事基站工程建设、系统维护和网络优化工作的高素质技术技能型人才的需求不断增大，而且各通信企业对一线人员的综合维护能力要求也越来越高，有线传输、数据通信、通信电源等专业方向的技术人员也要具备无线网络建设与维护的基础知识与基本技能。

我们对高职高专通信类专业课程设置的情况进行了调研分析，发现大部分学校的通信技术、光通信技术、通信系统运行管理等专业（不包括移动通信技术专业）虽然开设了4G移动通信相关课程，但一般来说只有一两门课，且主要内容是4G移动通信的网络架构、关键技术等，很少涉及4G基站建设前期的勘察设计、建设期间的安装验收和使用过程中的维护优化等工程领域。

基于上述情况，我们根据移动通信基站工程建设、系统维护和网络优化要求，结合以上通信类专业实际情况编写了本书。本书内容符合移动通信工程流程，涵盖前期的勘察设计、中期的安装验收和后期的维护优化3个阶段，由基站天面勘察、施工图设计、基站室内设备安装、基站常见故障处理、无线网络优化测试等13个典型工作任务组成。编写体例采用理实一体化的任务驱动模式，每个任务包括“任务描述→任务分析→技能训练→任务评价→任务思考→知识链接与拓展”6个环节，能实现讲授、示范、训练同步进行，突出了现场感，增强了直观性，使学生能够用理论指导实践，在实践中消化理论，对移动通信工程的知识产生亲切感，对移动通信工程的设备产生熟悉感，从而调动学生学习的主动性和积极性，增强学生学习的灵活性和创造性，使教学收到事半功倍的良好效果。

本书编写力求简单，且能全面涵盖移动通信基本技术、网络结构、基站设备等，同时在技能训练环节采用了VR软件，解决了实际操作存在的风险和不能重复演练的问题。各院校可以根据自己的实训环境与条件调整和补充相应的实训项目。

本书项目二的任务2.2、项目三的任务3.1和任务3.2、附录由李媛执笔；项目一的任务1.1、项目二的任务2.1和任务2.3由马晓强执笔；项目一的任务1.4、项目二的任务2.4由李珂执笔；项目一的任务1.2和任务1.3由张绍林执笔；项目三的任务3.3和任务3.4由张琴琴执笔；项目三的任务3.5由李毅然执笔。本书的体例确定、统稿和内容修订由李媛完成。本书编写期间，大唐邦彦公司提供了部分VR资料，四川师范大学唐露同学完成了部分制图工作，在此表示最诚挚的谢意。

由于移动通信技术发展速度快，编者水平有限，加上时间仓促，书中难免有错误和不妥之处，敬请广大读者批评指正。

**编　者**

**2018年5月**

# 前言

2016年5月

# 目　　录

# 项目一　基站工程勘察设计

本项目以某基站新建单项工程为载体，以基站勘察设计工作过程为导向，引入基站的勘察准备、基站的机房勘察、基站的天馈勘察和施工图的设计 4 个典型工作任务，培养学习者勘察设计岗位工作能力。

## 任务 1.1　基站勘察准备

### 【任务描述】

某基站新建单项工程项目，应建设方要求，要在 1 周之内完成现场勘察。某通信规划设计院的设计资质符合该工程项目的要求，在接到项目设计委托后，迅速启动了该项目的现场勘察工作。经过估算，拟在两天之内完成该基站工程需求确认及现场勘察准备的工作，为现场勘察的有序进行提供必要的实施保障。勘察能够为下阶段的设计工作提供依据及数据，输出的报告可以用来指导工程的施工。请以基站设计工程技术人员的身份，按要求做好勘察准备工作，完成对应的任务单。

### 【任务分析】

#### 一、任务的目标

1. 知识目标

（1）熟悉勘察需要准备的资料的类型；

（2）掌握勘察工具的作用和使用方法；

（3）熟悉勘察准备的流程。

2. 能力目标

（1）能够准备勘察所需资料；

（2）能够熟练使用勘察工具；

（3）能够完成勘察前的多方协调工作。

#### 二、完成任务的流程

完成本次任务的主要流程如图 1.1.1 所示，其中制订勘察计划这一步，不再赘述，详见技能训练中的训练步骤。

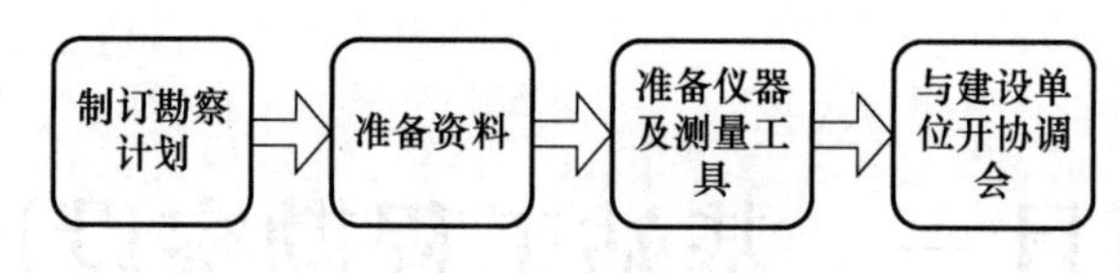


图 1.1.1 任务流程示意图

1. 准备资料:该步骤需要设计工程师全面了解设计的基站工程概况(包括工程情况、网络现状、本期建设规模等),做到心中有数。同时,还需要掌握周边现有基站的详细信息(基站编号、基站名称、基站坐标、基站配置、基站位置图等)。特别要熟悉本次基站勘察工作的具体内容(基站编号、基站名称、基站数量、基站规划站址位置或候选站址情况、基站配置等)。

准备工作最重要的一步是获取工程所在片区的地图资料(城区、郊区以及电子版 MapInfo 格式的行政交通图或郊区五万分之一地形图);另外,还需要制作一份人员联络表(包括工程组所有人员以及建设单位相关配合人员的联系电话等),方便后期开展工作。

2. 准备仪器及测量工具:需要准备的仪表及工具如表 1.1.1 所示。不仅如此,工程师还需要进行工具、器具的检查与调试。

3. 与建设单位开协调会:该步骤需要设计工程师向建设单位报到,双方各确定一个联系协调人。同时,设计工程师还应该与甲方的工程技术人员和设备厂家的工程师一起分析现有网络状况,修订本期工程基站的具体设置情况。最后与建设单位一起讨论制订工作规程及日程表。

### 三、任务的重点

本次任务的重点是勘察所需工具和资料的准备。

## 【技能训练】

### 一、训练目的

完成 LTE 基站工程勘察准备。

### 二、训练用具

勘察类资料、勘察类表格、基站勘察工具及仪器设备等。

### 三、训练步骤

#### (一) 获取资讯

1. 阅读勘察通知单

通常勘察通知单包括:工程名称、产品类型、工程容量和勘察周期、用户联系人和电话等内容。如果有疑问或者不能及时完成,要反馈给教师,提出相应的解决办法(例如,申请人力支援或放宽勘察周期)。

2. 阅读相关资料

阅读合同清单、技术建议书、组网图、分工界面图等资料，熟悉局点配置、工程要求、用户背景等信息，充分理解产品配置和产品性能，如有不清楚或者不懂的地方，应在勘察出发之前加以解决。如果有经承诺可用的文档则不需要进行现场勘察，否则就要申请赴现场勘察。

3. 确认勘察条件

去现场勘察之前需要先与用户联系（教师授课时可省略），确认是否具备勘察条件。判断具备勘察条件的依据为有无机房用来安装设备、楼顶是否可正常进入、物业是否同意等。

4. 准备勘察所需工具、文档

5. 拜访用户

到达用户单位后，要拜访用户的相关领导，向本次工程的相关人员介绍本次来的目的和工程概括，并要求指派相关人员共同进行勘察，有条件的话，可以协调用户提供车辆。（教师授课时可省略）

### （二）制订计划

制订1份勘察计划，具体内容包括：勘察区域、勘察路线、基站工程概况、物业联系人情况、勘察的时间及参与人等。

### （三）准备资料

准备基站天面勘察数据表、基站天面勘察工具表、无线基站勘察环境记录图（如图1.1.2所示）等后续任务所需的图表，还要准备相应的调研资料等。

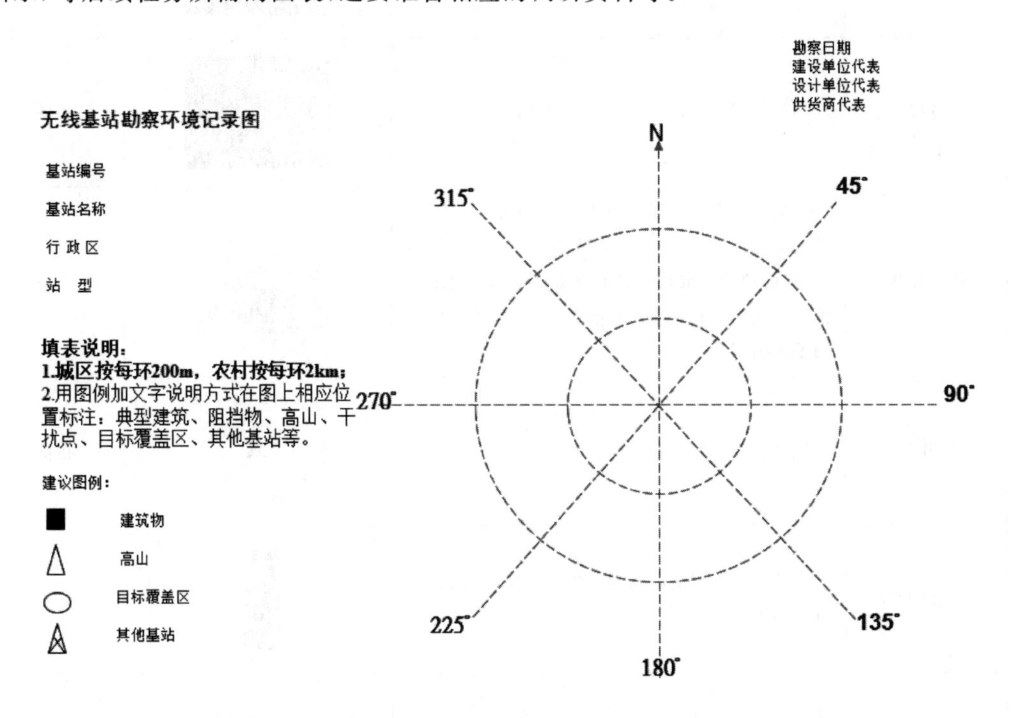


图1.1.2　无线基站勘察环境记录图

另外，还需要准备运营商无线基站调研资料，主要包括：主设备厂家及分布地区、各本地网各厂家设备分布的区域（可从要求建设单位提供的最近的话务统计表中看出）、设备厂商的联系人及电话。通过联系相关厂商联系人或其他渠道，搜集厂商设备的电气等指标和安装要求（或厂商的施工资料）。

## （四）准备仪表及工具

本步骤需要准备的仪表及工具如表 1.1.1 所示。

**表 1.1.1　勘察仪表及工具**

| 序号 | 名称 | 用　途 | 外形 | 备注 |
| --- | --- | --- | --- | --- |
| 1 | GPS 手持接收机 | 确定基站的经纬度和海拔高度。使用时尽量放在开阔处，才能保证尽快获得当时位置的经纬度数据，一般来说要测到四颗卫星的信号才能计算出经纬度 |  | 必备 |
| 2 | 指北针 | 确定天线的方位角。测量时必须水平放置罗盘，注意避免电磁干扰对其结果的影响。若机房内干扰严重，室内与室外的数据不一致，一般我们以室外数据为准 |  | 必备 |
| 3 | 笔记本式计算机 | 记录、保存和输出数据 |  | 必备 |
| 4 | 卷尺 | 测量长度信息，建议用 30 m 以上的皮尺 |  | 必备 |
| 5 | 数码相机 | 拍摄基站周围无线传播环境、天面信息以及共站址信息。购买相机时，应买带有广角镜头的相机，室内拍摄主要使用广角或微距拍摄，拍照时注意对焦。现在由于手机的普及，大多数时候使用手机拍照 |  | 必备 |
| 6 | 笔和纸 | 记录数据和绘制草图 |  | 必备 |
| 7 | 激光测距仪 | 测量建筑物高度以及周围建筑物距离、勘察站点的距离等 |  | 必备 |
| 8 | 望远镜 | 观察周围环境。建议配置带测距功能的望远镜，方便工作 |  | 必备 |

续表

| 序号 | 名称 | 用途 | 外形 | 备注 |
|---|---|---|---|---|
| 9 | 角度仪 | 测量角度，可用于推算建筑物高度 |  | 必备 |
| 10 | Mapinfo软件 | 处理基站位置信息 |  | 推荐 |
| 11 | 地图 | 当地行政区域纸面地图，显示勘察地区的地理信息 |  | 推荐 |

注：指北针测北时不要靠近铁塔、广告牌、冷却塔、女儿墙等；在机房与天面测的磁北要统一；分清楚是黑针还是白针指北。

相机使用前注意调整相片大小；连续拍摄注意不要漏拍。

GPS一定要锁定后才记录；且东南方无遮挡。

# 【任务评价】

## 一、任务成果

成果1：勘察任务单1份。

成果2：准备好的资料清单1份。（资料可以是电子档，在完成后续任务时有时会使用到）

成果3：准备好的工具、仪表清单1份，并学会其使用。

## 二、评价标准

成果评价标准如表1.1.2所示。

表1.1.2　任务成果评价参考表

| 序号 | 任务成果名称 | 评价标准 | | | |
|---|---|---|---|---|---|
| | | 优秀 | 良好 | 一般 | 较差 |
| 1 | 勘察资料及工具清单 | 清单完整率为90%～100% | 清单完整率为70%～90% | 清单完整率为50%～70% | 清单完整率低于50% |
| 2 | 任务单 | 任务单填写准确率为90%～100% | 任务单填写准确率为70%～90% | 任务单填写准确率为50%～70% | 任务单填写准确率低于50% |

## 【任务思考】

一、在勘察准备阶段，联系对方时，如果遇到阻碍怎么办？

二、在遇到无法获取建筑物平面图时，该如何解决？

## 【知识链接与拓展】

### 一、无线网设计工作

2G 的 BTS、3G 的 Node B、4G 的 eNode B，都可称为移动无线网的设备。无线网需要网络规划、基站选址、基站勘察及施工图设计，如图 1.1.3 所示。

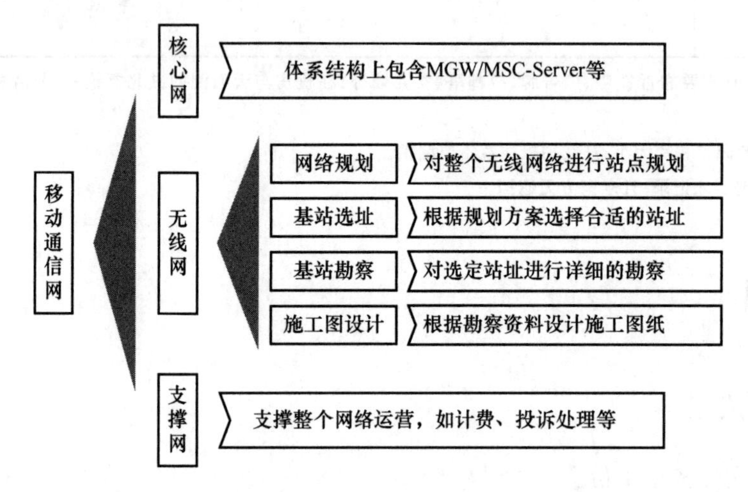


图 1.1.3　无线通信网设计

通常，设计时的专业分工如下。

1. 基站室内部分

无线专业与电源专业的分工与 GSM 的建设模式基本一致；若建设单位需对室内的承重进行设计，承重鉴定和改造设计通常由土建专业负责。

2. 基站天面

无线专业负责按照覆盖要求对抱杆位置做出建议；土建专业对抱杆工程安装的可能性进行核实，并提出修正方案；两个专业意见若有冲突，首先考虑土建专业的意见。

3. 铁塔的安装设计

铁塔建筑的可用性由原铁塔设计单位负责；无线专业负责铁塔天馈的安装设计。

4. 室内分布

无线专业提出室内分布的建设需求，选择信号源，提出分布系统改造的原则，并完成信号源的安装设计。室内分布系统的设计单位由建设单位确定。

5. 基站工程勘察的专业配置建议

无线设计人员 1 名，土建专业设计人员 1 名，电源设计人员 1 名，传输设计人员 1 名。实际勘察时可视专业融合情况进行调整。

## 二、基站勘察工作

1. 勘察的主要内容

基站勘察是对基站进行实地勘测和观察，并进行相应数据采集、记录和确认工作。其主要目的是获得无线传播环境、天线安装环境以及其他共站系统等情况，以提供给网络规划工程师相应信息。基站勘察的主要内容如下：

(1) 话务区分布勘察。包括基站周围建筑物类型(商业区、居民区、厂矿等)、人群类型、人口密度、经济情况和消费水平等。

(2) 基站选址。通过勘察确认预规划输出的站点是否适合建站，如不适合，在附近重新选点。

(3) 无线传播环境勘察。包括周围环境和周边建筑物情况(干扰、阻挡物)、建议天线挂高和方位角等。

(4) 工程勘察。包括机房位置、天面环境、建议天线安装位置等。

(5) 信息采集。采集站点的经纬度、海拔高度、基站所在大楼高度。

2. 勘察计划的制订

制订一个合理的勘察计划需要首先知晓以下情况：

(1) 了解勘察区域的地形地貌特点和当地人口、经济情况。

(2) 了解当期工程基站建设原则、建设规模等情况，建设方是否有什么特殊要求。

(3) 了解当期工程的设备选用情况，包括基站设备、传输设备、电源设备、配套设备等，了解各项设备性能参数(含设备上、左、右及前后的维护空间要求)。

(4) 了解当地常用的机房类型、塔桅方式，是否有特殊要求(如××联通建设塔桅时要求不能在楼面打孔)。

(5) 了解当地网络的默认基站扇区方位角，了解第一扇区是如何定义的，有没有特殊要求。

(6) 与建设单位联络人、其他专业设计人(塔桅专业、传输专业、电源专业)、设备厂家等相关人员取得联系，记录所需的电话、地址、传真号、E-mail 地址等联络方法，事先落实勘察日期及各方的配合人员。了解进入基站的流程，准备好基站钥匙，另需要制订好勘察计划和路线。如果是共建共享其他运营商的站点，需要协调好相关人员。

(7) 足够的空白基站勘察表格(包括站名、站号；若是扩容基站需有站址经纬度、原有基站配置、传输方式、塔桅情况、天线安装情况、基站电源情况等数据)；相关基站的前期工程设计图纸和传输路由图(与传输专业核实后的)；当地地图(电子地图、市区图、行政区域图或军用地图)两份以上，其中一份需标明已有基站及本期基站的位置。

(8) 在对原有站点进行勘察时，应在勘察前打印出原设计图纸，以便进行现场核对，节省勘察时间。如果是其他运营商的站点，需要考虑是否共建共享，如果考虑，则需要和共建共享方共同进行勘察，并现场讨论和确定建设方案。

3. 勘察工具

(1) 指北针

在勘察工作中，使用指北针是为了获得基站扇区的方位角、测量天线下倾角、指示拍照方位等。现在在实际工作中，也会使用到手机自带的罗盘软件来测试。

① 测量天线方位角

打开指北针平行放置，指北针的零刻度线和带一点的指针在一条直线上，如图 1.1.4 所示，指针所指方向为北向(即磁北)。注意：有的指北针是白针指北，有的是黑针指北，应以指针上带一点那端为准。

图 1.1.4　指北针白针指北

测试人员站在天线前(后)，保持目光和天线垂直，双手平托指北针，保证指北针和天线平面垂直，则指针所指刻度即为该天线的方位角。注意不要在强磁场周围使用指北针，不要把指北针放在带金属的平台上(包括铁塔上)，不要在金属物周围使用指北针，这些地方会影响指北针的定位精度。

② 测量天线下倾角

打开指北针，把其平直的侧面放在已安装天线的后平面上，然后通过指北针后面的机械环调整水平仪，直至水平仪处于水平状态，此时与水平仪旁的白点指示的刻度度数(内刻度盘)就是天线的下倾角。

(2) GPS 手持机

使用 GPS 手持机可以测量站点的经纬度、海拔高度等信息。

GPS 是 1994 年全面建成的全球定位系统(Global Positioning System)，它由空间星座、地面监控和用户设备三大部分组成。GPS 目前共有 25 颗卫星，在距地两万多千米的 6 个椭圆轨道上环绕运行，GPS 接收机通过相位跟踪捕获、锁定卫星信号，采集各卫星星历，测量伪距，定位计算出接收机所处位置的经纬度和海拔高度。捕获 3 颗卫星可以 2D 定位，捕获 4 颗以上卫星可以 3D 定位，捕获的卫星越多定位精度越高。

以 Garmin GPS 手持接收机为例，其面板功能如图 1.1.5 所示。

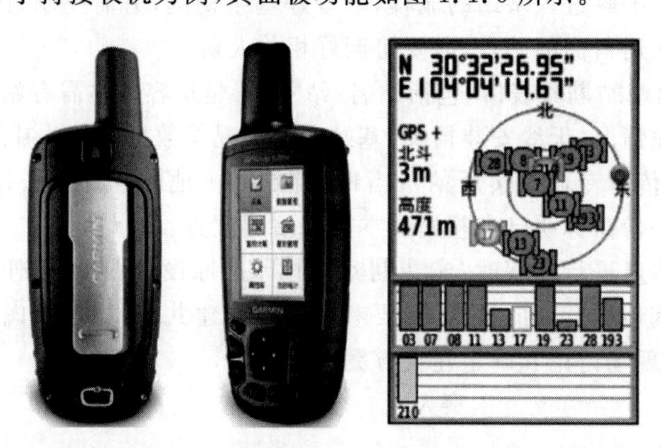


图 1.1.5　GPS 手持接收机面板、卫星定位屏幕显示

基本操作如下：

① 在站址楼顶铁塔预安装位置，手持 GPS 接收机，开机后单击“输入”键进入主菜单。

② 通过上下键选择,找到“卫星”页面,按下“输入”键进入,查看卫星信号状态及经纬度信息。

③ 记录左上角的经纬度信息,填入勘察表格。

(3) 激光测距仪

激光测距仪可用于测量基站天线挂高,天线的挂高是指天线到地面的距离。在城市中,一般情况下基站建在楼房天面上,因此我们需要测量楼房的高度以及天线到天面的高度,从而获得天线的挂高。当天线设在落地铁塔上时,可以直接测量天线的挂高。

激光测距仪(70 m)面板功能如图 1.1.6 所示。

基本操作如下:

① 将测距仪放置在测量位置。

② 按红色三角处按钮,在显示屏上即可读数。

由于激光测距仪采用激光进行距离测量,而脉冲激光束是能量非常集中的单色光源,所以在使用时不要用眼对准发射口直视,也不要用瞄准望远镜观察光滑反射面,以免伤害人的眼睛。使用完后应关断电源,放回包装套内,避免在阳光下曝晒。

图 1.1.6 激光测距仪

(4) 数码相机/手机

数码相机是重要的信息记录辅助工具,在站点勘察过程中,需要用到数码相机(现在一般使用手机拍照),记录站点的环境信息,为以后规划分析和信息查询提供依据。拍摄的照片是项目负责人判断勘察站点是否合适、规划区域的环境是否适合传播模型的重要依据。

本任务要求学生使用数码相机/手机拍摄周围环境(共 8 张照片),从正北开始(使用指北针找到正北,也可使用手机自带的罗盘找到正北),每 45°拍摄 1 张照片;天面照片多拍摄几张,可根据天面的大小分开拍摄;拍摄候选站点建筑物外观照片 1 张,最后填入任务单。

使用数码相机时应注意:

① 拍摄站点周围的环境时,在取景窗中天空应占到整个画面的 1/5~1/4,注意保持画面中地平线的水平。

② 注意拍照时相机不要晃动,特别是光线较暗,曝光时间较长时。

③ 在使用指北针确定相机拍摄方向时,建议先根据指北针确定一个参照物,再使用相机根据参照物拍摄,以保证拍摄方向的准确性。

④ 站点周围环境照片必须水平拍摄,不允许竖拍。

⑤ 拍摄站点周围环境时,建议在相应的天线建议安装位置处拍摄。

⑥ 拍摄楼面时,要求必须包括整个楼面 90%以上的面积,规划的天线位置必须拍到,如共站 G 网天线、走线架位置必须拍到,可通过拍摄多张照片的方式满足要求,需要在照片的名字中说明照片为天面的哪一部分。

⑦ 候选站点建筑物外观照片要求能够看到整个建筑物。

⑧ 在拍摄的照片中,不能有勘察人员或客户人员。

⑨ 每个站点的照片拍摄完以后,带液晶显示的相机必须对该站点的所有照片浏览一次,以确保所有的照片正确拍摄;光线较暗时,可以调整相机的清晰度以提高相片的质量。

4. 勘察准备注意事项

在实际工作中,勘察准备还要注意以下事项:

(1) 确定工程的性质,如新建、扩容、改建、整改等。除新建工程外,应查阅以前的设计文档或图纸,确认是否需要到现场查勘。

(2) 了解设备参数,如设备型号、尺寸、功耗、重量等,可参考厂家设备技术手册。

(3) 查阅规划文档或与规划相关部门联系、了解并确认天馈规划信息,如天线高度、方向角、下倾角、天线的挂高方式等。若缺少该部分信息,则需联系相关人员到现场确定。

(4) 准备好基站查勘表,用于现场各相关部门签字。

(5) 接到设计任务后,应当提前与建设方或监理人员联系,确定查勘时间以及行程安排;主动联系线路勘察人员一同进行勘察,确定勘察人数,提前安排好车辆。

## 三、安全要求

所有勘察设计项目,设计人员必须到现场进行勘察。现场勘察应注意三个方面的安全问题,即人身安全、现有通信设施安全和勘察方案安全。

1. 人身安全

勘察出发之前应检查勘察车辆的安全状况,如胎压、刹车、油量等;严禁司机酒后驾驶、疲劳驾驶、超速驾驶等,尽量避免夜间驾驶,以确保勘察设计人员的人身安全。

野外勘察遇到雷雨天气,严禁在树下躲雨;严禁触碰铁塔、机房内的铁件等金属构件,以避免造成雷击事故。

在树林、灌木丛、草丛等野外勘察时,应携带木棍,以避免蛇虫的叮咬;经过陡坡、沟壑、水渠、河流时,应在确保安全的情况下通过,以避免造成人身伤害事故。

严禁用手(含手持物品)或身体其他部位触碰带电的电源接头或端子,以避免发生人身伤害事故。

2. 现有通信设施安全

勘察设计人员应在维护人员的陪同下进行相关勘察工作,在确保安全的情况下对电源等相关设备进行勘察测量工作。

进入运行中的机房勘察时,须严格遵守建设单位的机房安全管理规定,严格执行操作规程,确保交直流电源设备、无线通信设备等设施的正常安全运行。

勘察设计人员严禁碰触电源接线端子、铜鼻子和无线射频接头,严禁通过拽拉线缆的方式闭合或拉开电源开关;严禁将勘察物品放置在蓄电池上面,以避免短路造成通信中断事故。

勘察设计人员在现场若发现机房现有状况存在安全隐患或有不符合国家和行业安全规定的情况,应及时向建设单位反映并在勘察纪要或设计方案中提出整改建议。

3. 勘察方案安全

在通信局(站)选址时,应充分考虑环境安全要求、人防和消防要求、电磁波辐射影响要求、干扰要求、防火要求、安全间距要求;严格执行国家颁布的相关法律、法规,工信部、原信息产业部、原邮电部发布的相关规范和规定,以及其他行业对通信局(站)的安全规范,特别是相关的强制性条文。

## 四、选址与勘察的区别

选址在初步设计或施工图设计阶段,是根据网络规划方案或现有网络布局情况,对新增或搬迁站点的建设位置进行选定。选址是网络建设从规划走向实施的第一步,实际网络是否基本符合规划设想，常取决于选址的恰当与否。选址是网络建设的奠基石，优质的网络建立在科学的选址之上。

在施工图设计阶段，需要在移动基站建设现场对机房和天面进行详细的勘察，收集设计工作的必备数据，是进行设计的前提。勘察的主要成果有：勘察资料（勘察表、勘察草图、照片等）、勘察数据。这些资料、数据是后续设计的重要基础，必须保证其正确性和完整性。

选址与勘察的区别在于目标不同，工作内容不同，工作成果不同；相似处在于流程近似，都需要与多方面人员打交道，都要求记录的完整性与准确性。

# 任务1.2　基站机房勘察

## 【任务描述】

LTE基站机房主要包括动环系统、传输系统、基站主设备、走线架、馈线窗、空调、监控、照明等。在移动通信工程的基站设计任务中，需要先对基站机房进行勘察，勘察的具体内容包括机房属性勘察、市电引入勘察、传输引入勘察、机房配套勘察等，勘察获取的各项数据及照片用于基站设计方案的确定。请以基站设计工程技术人员的身份，完成新建LTE基站机房的勘察工作。

## 【任务分析】

### 一、任务的目标

1. 知识目标

(1) 熟悉LTE基站机房组成要素及作用；

(2) 掌握LTE基站机房勘察要点；

(3) 掌握LTE基站机房勘察工具的使用。

2. 能力目标

(1) 能够选取与正确使用LTE基站机房勘察工具；

(2) 能够完成LTE基站机房勘察；

(3) 能够完成LTE基站机房勘察报告的编制。

### 二、完成任务的流程

完成本次任务的主要流程步骤如图1.2.1所示。

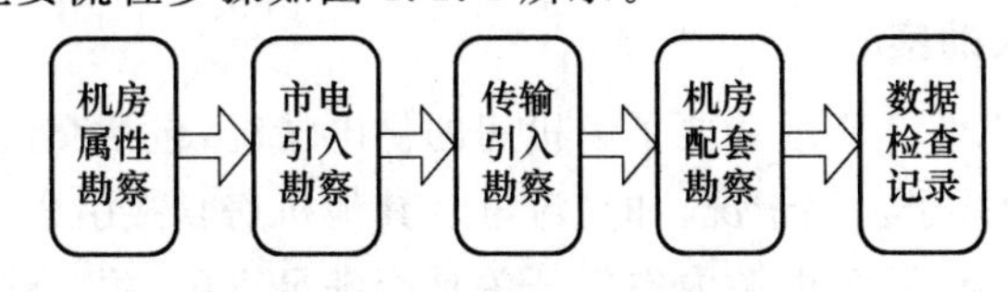


图1.2.1　任务流程示意图

1. 为了保证基站勘察工作的安全性，勘察可能涉及高空作业、电力作业等，要求勘察作业人员持证上岗。

2. 为了勘察高效正确地完成，工程技术人员在勘察前必须进行勘察准备，熟悉 LTE 基站机房勘察要点。

3. LTE 基站机房设备、电源和配套等系统具体内容可参考本任务后面【知识链接与拓展】中的一～三部分。因课时限制，机房主设备知识不在本任务中详细介绍，可参考本书项目二的任务 2.2 部分。

### 三、任务的重点

本次任务的重点是按机房勘察要求完成 LTE 基站机房勘察。

## 【技能训练】

### 一、训练目的

完成 LTE 基站机房勘察。

### 二、训练用具

移动通信虚拟现实系统开发软件、基站机房勘察工具。

### 三、训练步骤

#### (一) 完成机房属性勘察

1. 确定基站机房位置，拍摄基站所在建筑物的外观照片；记录基站机房所在楼层；画出基站机房相对于整体建筑的位置；建筑物的外观结构。

2. 如有铁塔，要画出铁塔的相对位置及详细尺寸；确定方向(用指北针定方向时，不要将指南针放置于楼面上测量，尽量远离铁塔及较大金属体，最好在多点确认)。

3. 机房建在山上时，要估算爬坡距离。

4. 采集机房结构和已有设备等相关信息：机房长、宽、高(地板高＋净高＋吊顶高)；门、窗、立柱和主梁等的位置和尺寸，门的打开方向；判断机房建筑结构、主梁位置、承重情况(BTS 机柜承重要求≥600 $kg/m^2$，一般的民房承重在 200～400 $kg/m^2$，需采取措施增加承重，钢筋混凝土结构楼房可满足要求)，并向建设单位陪同人员索取有关信息：机房装修情况；机房内已有设备的位置、尺寸；馈线窗、室内接地排位置；原有走线架位置、高度，交直流电缆的布设情况。

5. 其他障碍物位置、尺寸：暖气管道(因暖气管道易泄漏，故建议拆除)、冷风机管道等。

#### (二) 完成市电引入勘察

基站供电系统如图 1.2.2 所示。要了解机房的供电情况，包括交流市电的引入方式、交流容量、已有交流配电柜的端子占用情况，如交流电从其他机房直接引入，要勘测走线路由情况；要了解电源容量、端子数量、开关电源内空气开关是否满足需要，蓄电池容量是否满足需要等。

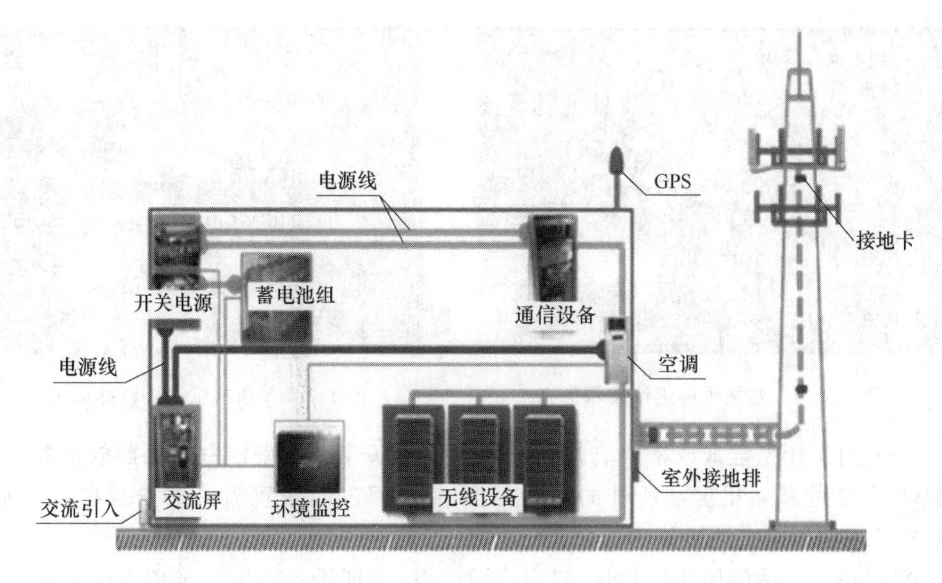


图 1.2.2　基站供电系统

电源选型及配置可参考【知识链接与拓展】中的“二、基站电源的相关知识”。

**（三）完成传输引入勘察**

画出传输网络结构图、路由图，给出传输设备配置。如图 1.2.3 所示传输设备，为当前常用的 IP RAN 设备。

图 1.2.3 基站传输设备示例——IP RAN

**（四）完成机房配套勘察**

机房配套设备包括走线架、接地排、空调、照明、灭火器材、电源插座、新风系统、监控系统等，所以需要完成每项内容的勘察与设计。下面列举其中一些项目的勘察设计要点。

1. 走线架：走线架要选取合适的高度与宽度，与天花板和机柜都要保持合适的间距，至少 30 cm，宽度根据走线量选取，一般在 40 cm 以上，如图 1.2.4 所示。

2. 接地排：机房内也需要设计接地装置，注意接地排的位置选取，如图 1.2.5 所示。

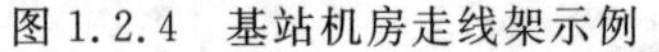
图 1.2.4　基站机房走线架示例

图 1.2.5　基站机房接地排示例

3. 空调：可采用壁挂式或柜式空调机，根据室外机安装位置确定室内机摆放位置（由于有些采用室内分布的基站机房在所处的楼房正中，室外机安装位置需考虑安装在有排水的地方）。基站常用的柜式空调机如图 1.2.6 所示。

4. 照明：选取合适的照明灯数量，确定安放位置，保证设备前后的维护操作无照明死角，另可设计应急照明装置，以便紧急情况时使用，如图 1.2.7 所示。

图 1.2.6　基站机房空调示例

图 1.2.7　基站机房照明示例

5. 灭火器材：选取适合机房的灭火器类型。如图 1.2.8 所示，二氧化碳灭火器和干粉灭火器是常规选择，不建议使用泡沫灭火器。

6. 新风系统：根据当前新风系统的发展，可考虑对机房设计添加新风系统，新风系统如图 1.2.9 所示。

图 1.2.8　基站机房灭火器示例

图 1.2.9　基站新风系统示例

### （五）数据检查记录

数据检查记录注意数据的准确性和完整度，可参照表 1.2.1。对每个勘察基站，还可以根据具体情况进行项目补充。

**表 1.2.1　基站机房勘察数据表**

<table>
<tr><td>勘察人员</td><td></td><td>勘察日期</td><td colspan="2"></td></tr>
<tr><td>基站名称</td><td></td><td>详细地址</td><td colspan="2"></td></tr>
<tr><td>方位:东经</td><td></td><td>方位:北纬</td><td colspan="2"></td></tr>
<tr><td>楼层数</td><td></td><td>楼高</td><td colspan="2"></td></tr>
<tr><td rowspan="10">机房勘察</td><td>电梯</td><td>□有□无</td><td>机房位置</td><td>第＿＿＿层</td></tr>
<tr><td>机房性质</td><td>□新建<br>□利旧</td><td>机房面积</td><td></td></tr>
<tr><td>机房门类型</td><td></td><td>机房门宽</td><td></td></tr>
<tr><td>馈线窗尺寸</td><td></td><td>馈线窗位置</td><td></td></tr>
<tr><td>空调规格</td><td></td><td>灭火器类型</td><td></td></tr>
<tr><td>走线架高度</td><td></td><td>走线架宽度</td><td></td></tr>
<tr><td>市电引入方式</td><td></td><td>蓄电池规格</td><td></td></tr>
<tr><td>传输方式</td><td></td><td>传输配置</td><td></td></tr>
<tr><td>照明情况</td><td></td><td>接地排位置</td><td></td></tr>
</table>

## 【任务评价】

### 一、任务成果

成果 1:掌握 LTE 基站机房勘察要求。
成果 2:完成 LTE 基站机房勘察数据的采集。

### 二、评价标准

成果评价标准如表 1.2.2 所示。

**表 1.2.2　任务成果评价参考表**

| 序号 | 任务成果名称 | 评价标准 | | | |
|---|---|---|---|---|---|
| | | 优秀 | 良好 | 一般 | 较差 |
| 1 | 掌握 LTE 基站机房勘察要求 | 罗列 LTE 基站机房勘察要求的完整率为 90%～100% | 罗列 LTE 基站机房勘察要求的完整率为 70%～90% | 罗列 LTE 基站机房勘察要求的完整率为 50%～70% | 罗列 LTE 基站机房勘察要求的完整率低于 50% |
| 2 | 完成 LTE 基站机房勘察数据采集 | LTE 基站机房勘察数据采集的准确率为 90%～100% | LTE 基站机房勘察数据采集的准确率为 70%～90% | LTE 基站机房勘察数据采集的准确率为 50%～70% | LTE 基站机房勘察数据采集的准确率低于 50% |

## 【任务思考】

一、LTE 基站机房里有哪些设备?
二、基站机房对面积有什么要求?
三、走线架的宽度和高度通常为多少?
四、基站机房对照明有什么要求?
五、工作地和保护地有什么不同?

## 【知识链接与拓展】

### 一、机房设备的相关知识

1. 基站机房所包括的设备

开关电源、传输设备(SDH,ODF,PTN,IP RAN 等)、传统基站设备或分布式基站的 BBU、蓄电池、交流配电箱,大部分基站还有直流配电箱、灭火装置、环境监控器、空调、防雷箱、DF、接地排等。

2. 基站内部设备摆放标准

(1) 新建基站应满足共站需求。
(2) 新建基站应满足房屋承重安全要求。
(3) 各类设备摆放合理,满足布线工艺要求。
(4) 为方便承重改造,电池尽量安排在机房短边的承重墙上。
(5) 开关电源与馈线窗分别位于机房两端。
(6) 租用一层机房不涉及承重,参照自建机房摆放设备。
(7) 长方形机房:电池靠近机房短边与主设备列架垂直摆放。
(8) 相邻的两间机房:基站主设备单放一间;电池、开关电源、传输综合柜安排在另一房间,配套设备摆放标准同长方形机房。
(9) 其他类型机房:待承重改造确定后,综合考虑其他专业摆放设备。
(10) 柜子安装距离介绍:没有后门,一般留几厘米就可以了。如果有后门,双开后门一般要留机柜宽度尺寸的一半以上,还要加上人的操作空间,600 mm 宽的机柜,一般都会留到 800 mm 左右,800 mm 宽的机柜,一般留 900 mm 左右。单开后门,6 00 mm 宽的机柜,留 1 000 mm 左右,800 mm 宽的机柜,留 1 200 mm 左右。

### 二、基站电源的相关知识

1. 常见基站供电方式

常见基站的供电方式如图 1.2.10 所示。

2. 典型宏基站电源系统

典型的基站供电系统如图 1.2.11 所示。

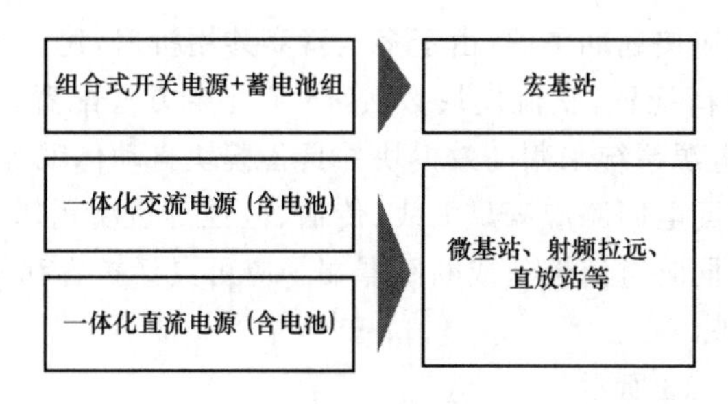


图 1.2.10　基站供电方式

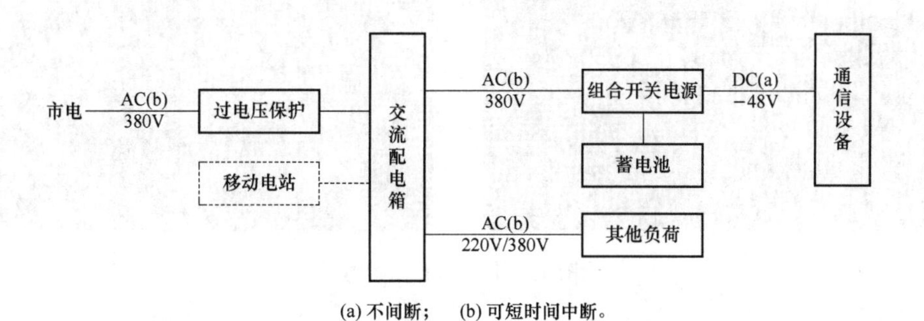


图 1.2.11　基站供电系统

（1）基站使用市电作为主用电源，移动油机作为备用电源。当市电正常时，由市电电源供基站用电；当市电检修或故障停电时，由移动油机供电。市电与移动油机的转换在各站内双电源转换箱上进行。油机未供电时，由蓄电池组放电供电。

（2）直流配电系统应具有两级电压切断装置，第一级先切断基站负荷（优先保证传输设备用电），第二级为电池放电至终止电压时的切断电池（保护电池）。

3. 基站电源设备配置原则

（1）开关电源设备配置原则

基站开关电源如图 1.2.12 所示。

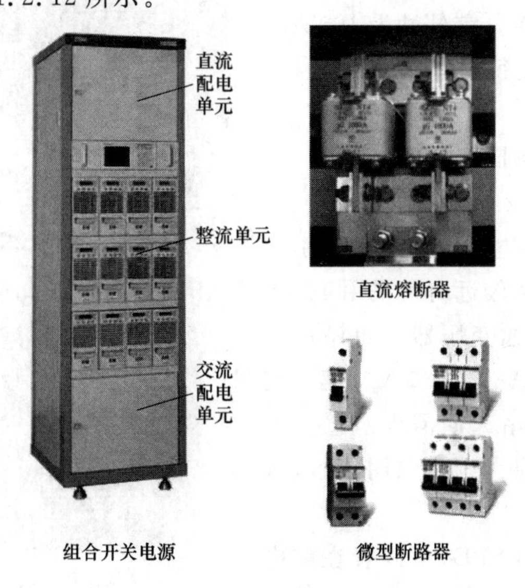


图 1.2.12　基站开关电源

机架容量：满配容量应按远期考虑，由于多运营商共用机房，建议不小于600 A。

模块配置：按本期负荷配置，整流模块数按 $n+1$ 冗余方式配置，目前常用的模块规格为30 A和50 A，建议新建电源系统采用高效模块并具备模块自动休眠等节能功能。

直流配电单元：直流配电回路应满足无线、传输、监控等设备需求；应具备二次下电功能，以保障传输等重要设备；同时直流熔丝或断路器端子应可灵活扩容和不停电更换。

(2) 蓄电池配置原则

基站蓄电池如图1.2.13所示。

图1.2.13　基站蓄电池

行业标准要求：采用二类市电的基站，无线设备按1～3 h配置蓄电池；三类市电基站，无线设备按2～4 h配置蓄电池(基站供电类别一般为三类市电)。

部分省运营商要求：

- 移动。市区基站≥3 h；城郊及乡镇基站≥5 h；农村及山区基站≥7 h。还有些地区根据是否VIP基站、是否配有固定油机来进一步调整放电时间。
- 电信。核心城区3 h，其他城区5 h，郊区乡镇7 h，山区10 h，如果面积或承重不满足，可适当减少容量。
- 联通。根据基站位置、重要性等，后备时长要求3～7 h。

基站常用电池配置：宏基站为200 Ah/48 V、300 Ah/48 V、500 Ah/48 V。室外站为100 Ah/48 V、150 Ah/48 V。一般每站配2组电池，少部分地区配1组(不推荐)。

(3) 交流设备配置原则

基站交流配电如图1.2.14所示。

各新建基站的交流供电系统建议就近引入较可靠的380 V市电(距离较远时可采用10 kV市电引入，在基站附近新建变压器)，每站一般配置1个380 V/100 A或380 V/63 A挂墙式交流配电箱(容量应满足基站远期需求)，输出分路及容量应满足开关电源、空调、照明、插座等需求。

配置1个浪涌保护器SPD(可内置在配电箱内，$I_{max}$根据基站位置和行标要求确定)。

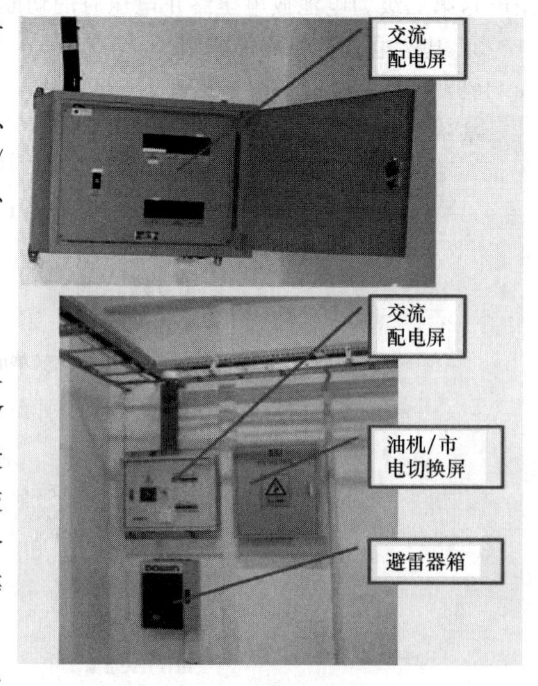


图1.2.14　基站交流配电

配置1个油机/市电转换屏，亦可于交流配电箱内设置移动油机/市电转换开关。

4. 基站典型电源配置方案

基站典型电源配置方案如表1.2.3所示。

**表1.2.3　基站典型电源配置方案**

| 设备 | 单位 | 数量 | 典型配置方案 | | | 备注 |
|---|---|---|---|---|---|---|
| | | | 一家运营商 | 两家运营商 | 三家运营商 | |
| 开关电源 | 架 | 1 | 本期4×50 A/满配不小于300 A | 本期6×50 A/满配不小于600 A | 本期8×50 A/满配不小于600 A | |
| 蓄电池组 | 组 | 2 | 200 Ah/48 V | 300 Ah/48 V | 500 Ah/48 V | 按3小时后估算 |
| 交流配电屏 | 个 | 1 | 不宜小于15 kW | 不宜小于20 kW | 不宜小于25 kW | 应根据远期建设需求核算市电引入容量 |
| 过电压保护器 | 个 | 1 | | | | 可置于交流屏内；$I_{max}$应根据站点位置确定 |
| 市电油机转换开关 | 个 | 1 | | | | 可置于交流屏内；应有统一规格的油机接口 |
| 空调 | 台 | 2 | 2P | 3P | 5P | 根据当地外电情况配置；由于整流设备大都适应很宽的电压变动，一般不建议配稳压器 |
| 动环监控 | 系统 | 1 | | | | 模拟量监控 |
| 投资估算(元) | 站 | 1 | 65 000 | 90 000 | 120 000 | |

若由各运营商各自进行电源建设，则按照各自需求配置。

5. 分布式基站电源供电方案

分布式基站电源供电方案如表1.2.4所示。

**表1.2.4　分布式基站电源配置方案**

| 类型 | 应用场景 | 优　点 | 缺　点 |
|---|---|---|---|
| 48 V直流远供 | 远端通信设备距离较近(300 m)，耗电量小(300 W) | 直接供电，可靠性高，投资小，建设方案简单，维护方便，安全 | 距离近时方可使用，损耗大 |
| 220 V直流远供 | 远端通信设备采用交流，距离较远 | 与市电同电压 | 供电给48 V通信设备还需转换，可靠性降低 |
| 280 V直流远供 | 远端通信设备距离较远 | 可直接供远端交流220 V设备，或降压后给48 V直流设备供电 | 需注意供电安全 |

(1) 远供电压应注意满足远端设备输入要求：48 V设备，回路压降应小于3.2 V；220 V设备，回路压降应小于22 V。

(2) 远供电缆载流量应满足最大负载要求。可采用远供专用铝芯电缆(较便宜，需注意抗氧化等工艺要求)、铜缆(较贵、易被盗)、复合光缆(方便敷设，但需注意施工和维护安全)。

## 三、机房配套的相关知识

1. 空调配置原则

(1) 典型基站空调设备

典型基站空调设备如图 1.2.15 和图 1.2.16 所示。

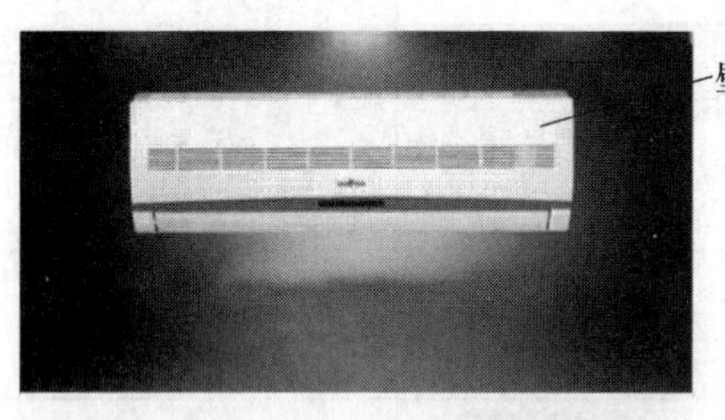


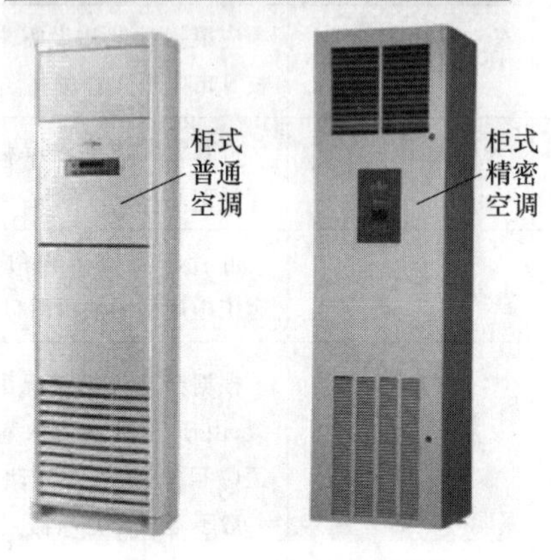


图 1.2.15　基站典型空调设备

图 1.2.16　现网基站空调

(2) 空调典型配置计算

发热量由设备发热量和机房环境热负荷两部分组成,如已确定设备的耗电量估算值,优先考虑采用设备发热估算法:

$$Q_t = Q_1 + Q_2$$

其中,$Q_t$ 为总制冷量(kW);$Q_1$ 为室内设备负荷,$Q_1$ =终端设备功率×同时利用系数,如 0.8;$Q_2$ 为环境热负荷,$Q_2$ =0.10 kW/m$^2$×机房面积。

设备耗电需按不同面积下摆放设备情况统计;空调若未确定型号,能效比可取 2.8。

对空调的配置方案如表 1.2.5 所示。

表 1.2.5　基站空调配置方案

| 运营商数量 | 一家 | 两家 | 三家 |
| --- | --- | --- | --- |
| 典型空调配置 | 2 台 2P | 2 台 3P | 2 台 5P |

2. 动环监控建设原则

(1) 动环系统网络结构

如图 1.2.17 所示,各运营商及监控厂家均遵循行业标准要求的三级监控网络结构:SC 为省级监控中心;SS 为地市级监控站;ZSS 为县镇级监控端局,SU 为末端监控模块。

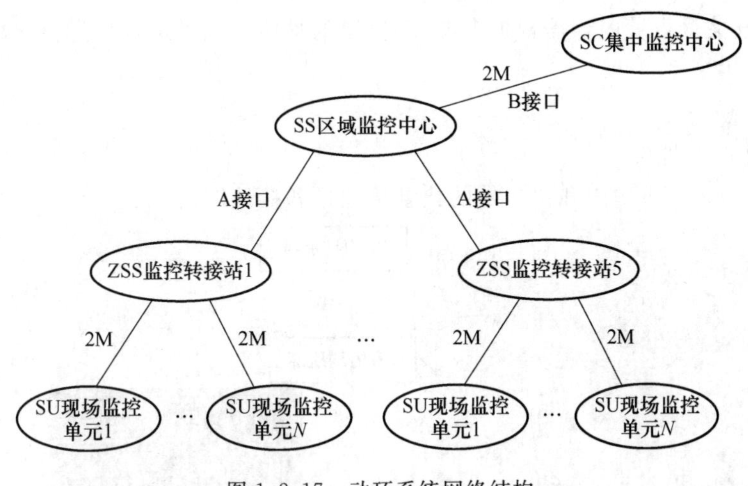


图 1.2.17　动环系统网络结构

目前:各大运营商的通信中心机房和重点基站已基本实现动环监控全覆盖,普通基站和接入网点逐步实现了部分典型标杆站点的动环监控。

(2) 动环系统典型设备

动环系统典型设备如图 1.2.18 所示。

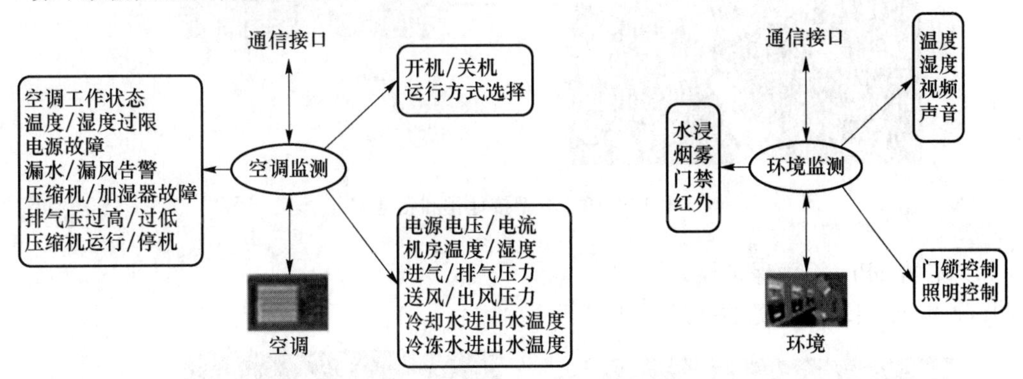


图 1.2.18　动环系统典型设备

(3) 模拟量监控和开关量监控

① 模拟量监控

动力设备:交流配电箱、开关电源、蓄电池组(单体监测可选)、避雷箱/器等。

空调及环境设备:空调、温度、湿度、烟感、明火、水浸、红外侵入告警等。

机房安全:消防、门禁、视频等。

② 开关量监控

监控告警分类如表 1.2.6 所示。

**表 1.2.6　监控告警分类**

| 序号 | 监控名称 | 分类名称 | 告警内容 |
|---|---|---|---|
| 1 | 电源 | 交流 | 市电停电 |
|  |  | 直流 | 直流电压低、模块故障、均充告警、二次下电告警 |
| 2 | 环境 |  | 机房温度高告警、烟雾告警、水浸告警、门禁告警、红外告警 |

可上传的开关量告警内容需根据电源、环控箱的具体功能确定，上传信号数量还需根据无线设备确定。

3. 防雷接地

(1) 接地排和接地网

图 1.2.19 展示了机房内和机房外的典型接地排和接地网。

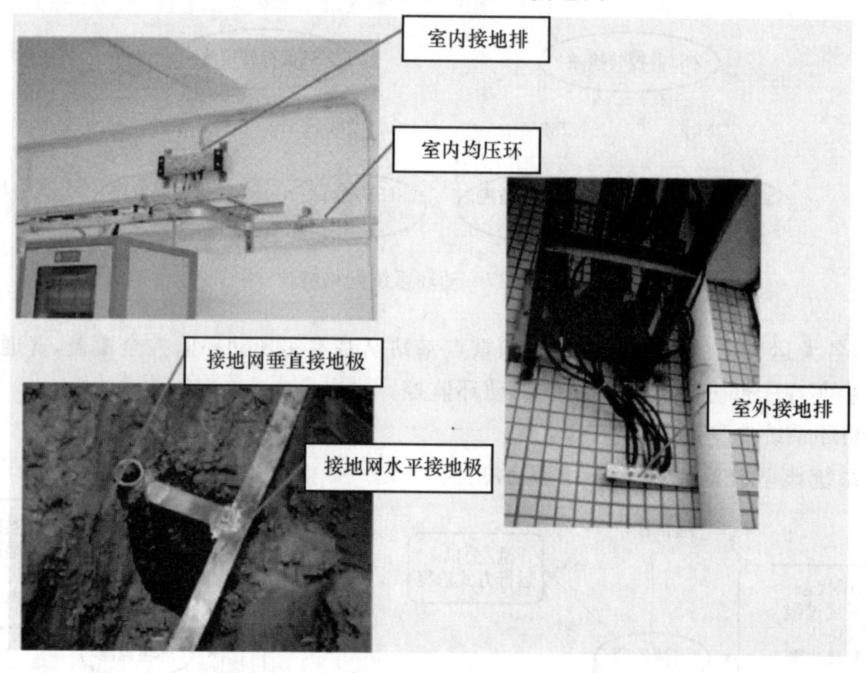


图 1.2.19 典型接地排和接地网

(2) 基站 SPD(浪涌保护器)

图 1.2.20 展示了常见的基站 SPD。

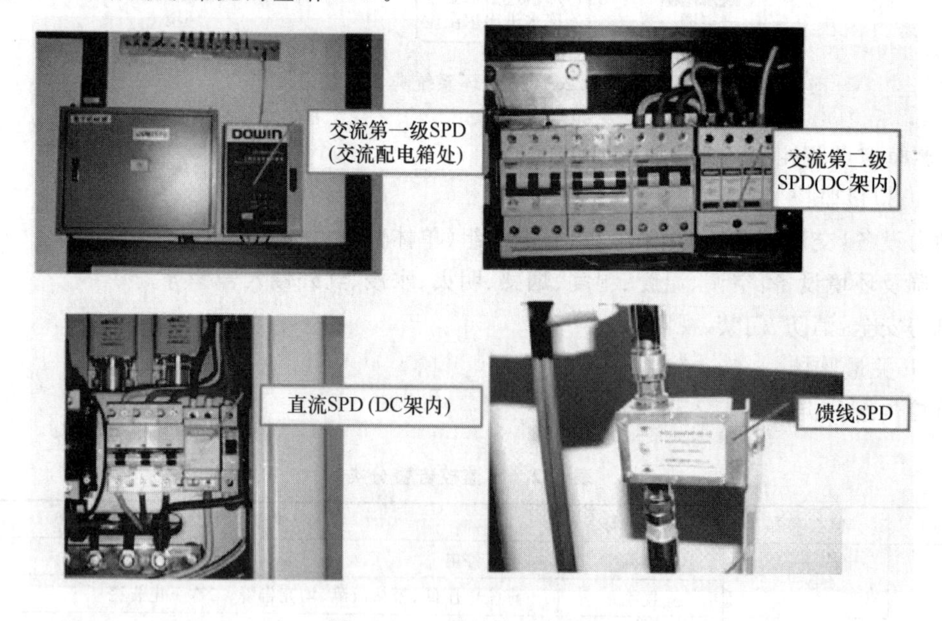


图 1.2.20 常见浪涌保护器

(3) 雷击危害

雷击产生的危害如图 1.2.21 所示。

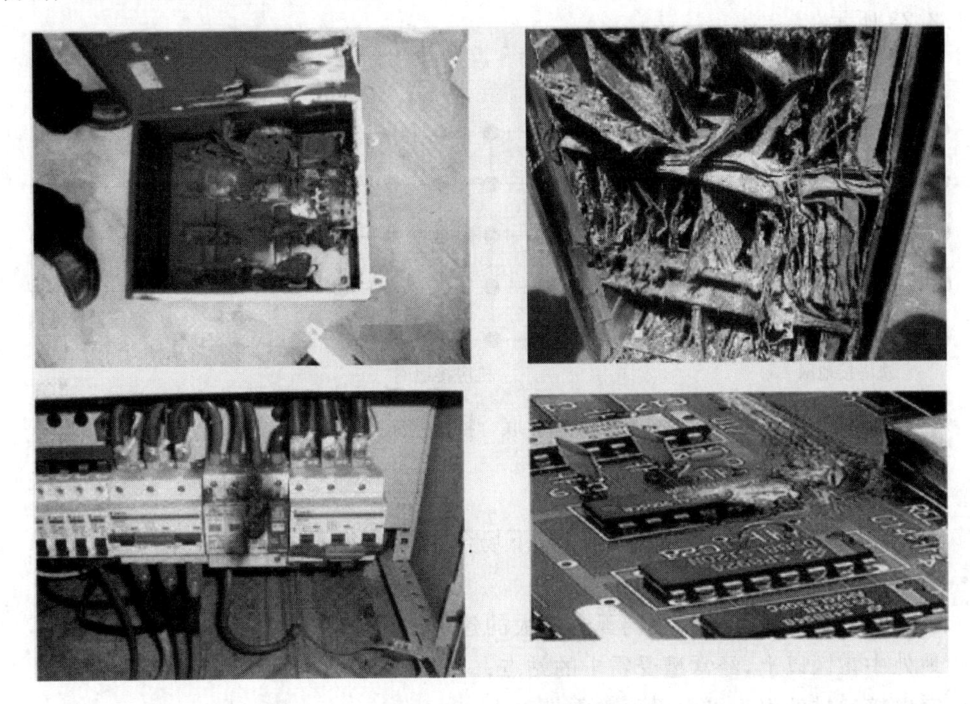

图 1.2.21 雷击危害示例

(4) 防雷接地技术的演进

如图 1.2.22 所示，防雷接地技术最初以分散接地作为主要形式，逐步演进到联合接地、等电位接地等形式，越来越强调综合防护等。

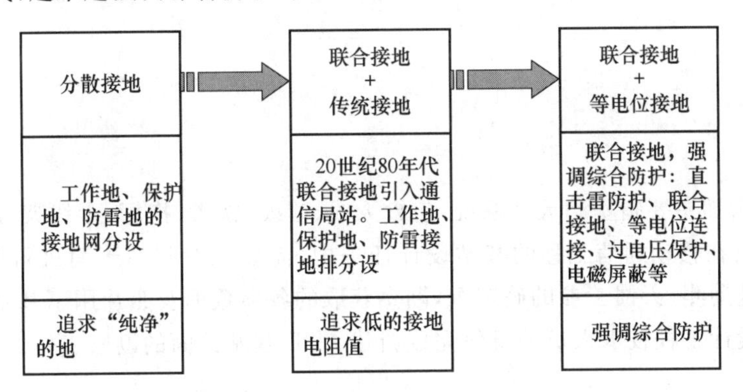


图 1.2.22 防雷接地技术的演进

(5) 防雷接地设计要点

① 联合接地

使各建筑物内的基础接地体与其他专设接地体相互连通形成一个共用接地网。设备的工作地、保护地等与建筑物的防雷地共用一组接地系统。

共用一个接地网：建筑基础接地体、专设接地体（含铁塔的）互相连通形成共用接地网，建筑防雷接地、室内接地均由公共接地网引出。

同时机房内的电子设备的保护接地、逻辑接地、屏蔽体接地、防静电接地等共用一组接地系统，各开关电源的工作地应与该接地系统连通，以获得相同的电位参考点。联合接地网示意如图 1.2.23 所示。

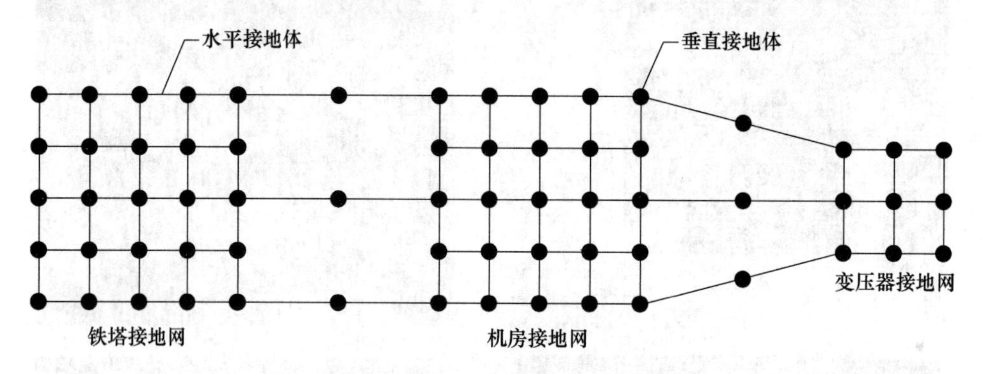


图 1.2.23　联合接地网示意图

② 等电位连接

移动通信基站首选环型等电位连接，以下场合建议采用环型等电位连接：

- 接地阻值大于 10 Ω；
- 基站建立在郊区、山区、室内孤立高大的建筑物；
- 地处中雷区以上，经常遭受雷击的站点；
- 室内接地排的引入点由天面避雷带引入；
- 由于条件受限，室内/室外接地排由同一个接地点引入。

# 任务 1.3　基站天面勘察

## 【任务描述】

LTE 基站天面主要指基站天馈系统，包含天线、馈线、铁塔、抱杆、走线架、防雷接地装置、GPS 天馈线等。在移动通信工程的基站设计任务中，需要先对基站天面进行勘察，勘察的具体内容包括站址勘测、天馈工参的确定等，勘察获取的各项数据及照片用于基站设计方案的确定。请以基站设计工程技术人员的身份完成新建 LTE 基站天面的勘察工作。

## 【任务分析】

### 一、任务的目标

1. 知识目标

(1) 熟悉 LTE 基站天馈系统的组成要素及作用；

(2) 掌握 LTE 基站天面勘察要求；

(3) 掌握 LTE 基站天面勘察工具的使用。

2. 能力目标

(1) 能够完成 LTE 基站天面勘察；

(2) 能够选取与正确使用 LTE 基站天面勘察工具；

(3) 能够完成 LTE 基站天面勘察报告。

## 二、完成任务的流程

完成本次任务的主要流程步骤如图 1.3.1 所示。

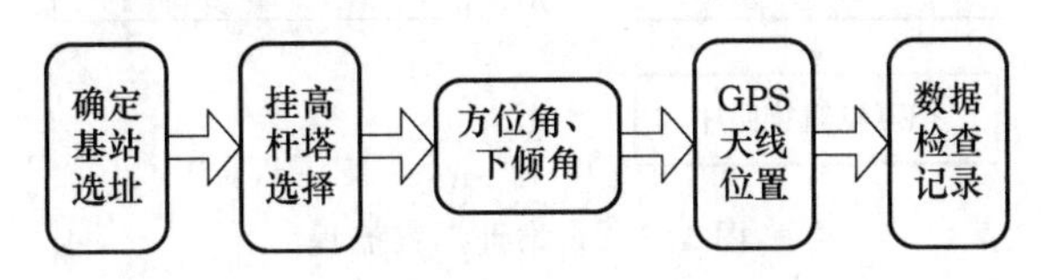


图 1.3.1　任务流程示意图

1. 为了保证基站勘察工作的安全性，勘察可能涉及高空作业、电力作业等，要求勘察作业人员持证上岗。

2. 为了勘察高效正确地完成，工程技术人员在勘察前必须进行勘察准备，熟悉 LTE 基站天面勘察要点。

3. LTE 基站勘察工具和勘察实施具体内容可参考【知识链接与拓展】中的一～四部分。因课时限制，不在本任务中详细介绍天馈系统知识，天馈系统知识可参考本书附录部分。

## 三、任务的重点

本次任务的重点是按天面勘察要求完成 LTE 基站天面勘察。

# 【技能训练】

## 一、训练目的

完成 LTE 基站天面勘察。

## 二、训练用具

移动通信虚拟现实系统开发软件、基站勘察工具。

## 三、训练步骤

### (一) 完成基站选址

站址位置的选择直接影响到无线网络建设的效果，确定站址位置是否合理十分重要。勘察人员在做网络规划站址勘察时，应结合周围环境在规划站点附近尽量选择至少一主一备两个站点。站址选择原则可参考【知识链接与拓展】中的“二、基站选址的原则”。站址勘察流程如图 1.3.2 所示。

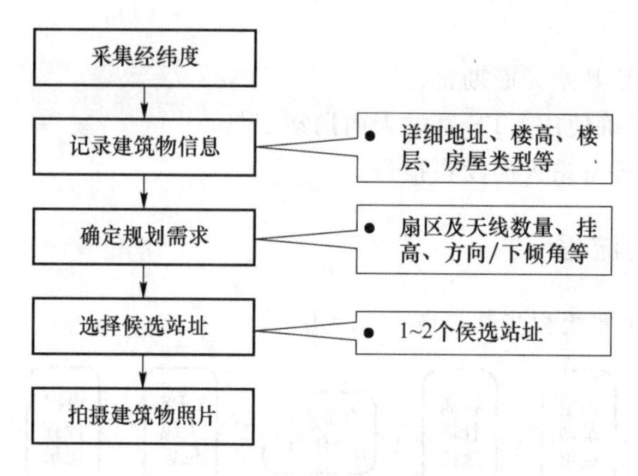


图 1.3.2　站址勘察流程

### (二) 确定天线挂高和选择杆塔

天线挂高的确定可参照表 1.3.1。

表 1.3.1　天线挂高要求

| 区　域 | 站　高 | 备　注 |
|---|---|---|
| 密集城区 | 以 25 m 最佳 | 范围在 15～30 m |
| 一般城区及县城中心 | 以 30 m 最佳 | 范围在 25～35 m |
| 县城及乡镇中心 | 以 35 m 最佳 | 范围在 25～40 m |
| 农村等其他区别 | 以 35 m 最佳 | 范围在 25～45 m |

杆塔选择可参考【知识链接与拓展】中的“三、杆塔的选择”。

### (三) 确定完成天线方位角、下倾角

天线方位角、下倾角主要根据站址周边的环境确定。因此，在勘察时需要对周边环境拍照，拍照的方法是在基站天馈场地从正北方向(0°)开始，按照顺时针方向每 30°或 45°拍摄一张。然后根据拍摄照片反映的情况确定合适的天线扇区参数。拍照示例如表 1.3.2 所示。

表 1.3.2　基站周边环境拍照示例

| 方位角 | 0° | 30° |
|---|---|---|
| 环境照片 |  |  |

续表

| 方位角 | 60° | 90° |
|---|---|---|
| 环境照片 |  |  |
| 方位角 | 120° | 150° |
| 环境照片 |  |  |
| 方位角 | 180° | 210° |
| 环境照片 |  |  |
| 方位角 | 240° | 270° |
| 环境照片 |  |  |

续表

| 方位角 | 300° | 330° |
|---|---|---|
| 环境照片 | | |

天线方位角、下倾角的确定方法可参考【知识链接与拓展】中的“四、天线方位角和下倾角的确定原则”。

**（四）确定 GPS 天线位置**

1. GPS 天线应安装在较开阔的位置上，保证周围俯仰角 30°内不能有较大的遮挡物（如树木、铁塔、楼房等）。

2. 为避免反射波的影响，GPS 天线应尽量远离尺寸大于 20 cm 的金属物（距离要在 2 m 以上）。例如，离基站主天线要足够远。

3. 由于卫星出现在赤道的概率大于其他地点，对于北半球，应尽量将 GPS 天线安装在选定地点的南边。

4. 不要将 GPS 天线安装在其他发射和接收设备附近，避免其他发射天线的辐射方向对准 GPS 天线。

5. 两个或多个 GPS 天线安装时要保持 2 m 以上的间距，建议将多个 GPS 天线安装在不同地点，防止同时受到干扰。

**（五）检查数据记录**

检查数据记录时要注意数据的准确性和完整度，可参照表 1.3.3。对每个勘察基站，还可以根据具体情况进行项目补充。

**表 1.3.3　基站天面勘察数据表**

<table>
<tr><td colspan="2">勘察人员</td><td></td><td>勘察日期</td><td></td></tr>
<tr><td colspan="2">基站名称</td><td></td><td>详细地址</td><td></td></tr>
<tr><td colspan="2">方位：东经</td><td></td><td>方位：北纬</td><td></td></tr>
<tr><td colspan="2" rowspan="2">地形</td><td colspan="2" rowspan="2">□密集市区□普通市区□城乡接合处□郊区<br>□平原□山区□交通干线□风景点</td><td>其他地形描述</td></tr>
<tr><td></td></tr>
<tr><td rowspan="2">天馈<br>勘察</td><td>天线挂高</td><td>天线 1 ________ m，<br>天线 2 ________ m，<br>天线 3 ________ m。</td><td>抱杆/铁塔选择</td><td></td></tr>
<tr><td>周围环境</td><td colspan="3">附照片，从正北方向开始，每 45°拍摄一张照片</td></tr>
</table>

续表

| 天馈勘察 | 天线方位角 | 天线 1 ________°，<br>天线 2 ________°，<br>天线 3 ________°。 | 天线下倾角 | 天线 1 ________°，<br>天线 2 ________°，<br>天线 3 ________°。 |
|---|---|---|---|---|
| | 抱杆类型 | | 抱杆长度 | |
| | 铁塔类型 | | 铁塔高度 | |
| GPS | GPS 天线位置 | | 接地说明 | |

# 【任务评价】

## 一、任务成果

成果 1:掌握 LTE 基站天面勘察要求。
成果 2:完成 LTE 基站天面勘察数据的采集。

## 二、评价标准

成果评价标准如表 1.3.4 所示。

**表 1.3.4　任务成果评价参考表**

| 序号 | 任务成果名称 | 评价标准 | | | |
|---|---|---|---|---|---|
| | | 优秀 | 良好 | 一般 | 较差 |
| 1 | 掌握 LTE 基站天面勘察要求 | LTE 基站天面勘察要求的完整率为 90%～100% | LTE 基站天面勘察要求的完整率为 70%～90% | LTE 基站天面勘察要求的完整率为 50%～70% | LTE 基站天面勘察要求的完整率低于 50% |
| 2 | 完成 LTE 基站天面勘察数据采集 | LTE 基站天面勘察数据采集的准确率为 90%～100% | LTE 基站天面勘察数据采集的准确率为 70%～90% | LTE 基站天面勘察数据采集的准确率为 50%～70% | LTE 基站天面勘察数据采集的准确率低于 50% |

# 【任务思考】

一、基站选址有哪些原则?
二、天线的安装方式有哪些?
三、天线方位角的确定有哪些原则?
四、天线下倾角的设置不合理会引起什么现象?
五、GPS 天线的位置选择的要求有哪些?

# 【知识链接与拓展】

## 一、LTE 基站天面勘察的工具

基站天面勘察的工具如表 1.3.5 和图 1.3.3 所示。

**表 1.3.5　基站天面勘察工具**

| 序号 | 名称 | 用途及注意事项 |
| --- | --- | --- |
| 1 | GPS 定位仪 | 确定基站的经纬度和海拔高度 |
| 2 | 数码相机 | 拍摄基站周围无线传播环境、天面信息以及共站址信息 |
| 3 | 望远镜 | 观察周围环境 |
| 4 | 钳形接地电阻仪 | 测量建筑物接地网阻值 |
| 5 | 倾角仪 | 测量天线的下倾角 |
| 6 | 指南针 | 确定天线的方位角 |
| 7 | 卷尺 | 测量长度，建议用 30 m 以上的皮尺 |
| 8 | 激光测距仪 | 测量建筑物高度以及周围建筑物距离，勘察站点的距离等 |
| 9 | 角度仪 | 测量角度，可用于推算建筑物高度 |
| 10 | 便携计算机 | 记录、保存和输出数据 |
| 11 | 笔和纸 | 记录数据和绘制草图 |
| 12 | Mapinfo 软件 | 处理基站位置信息 |
| 13 | 地图 | 当地行政区域纸面地图，显示勘察地区的地理信息 |

(a) 指南针

(b) 数码相机

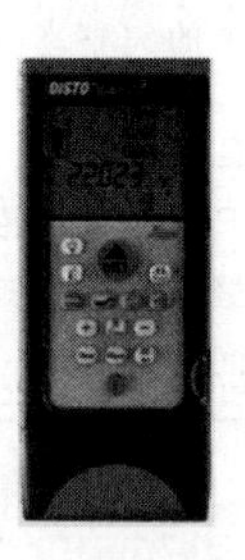

(c) 激光测距仪

(d) GPS定位仪

图 1.3.3　基站勘察工具

## 二、基站选址的原则

1. 满足覆盖和容量要求

参考链路预算的计算值，充分考虑基站的有效覆盖范围，使系统满足覆盖目标的要求，充分保证重要区域和用户密集区域的覆盖，包括党政军重要机关、机场火车站等交通枢纽、企业办公楼、商业中心、酒店和娱乐场所、通信企业、居民小区等。在选择站点时应进行需求预测，将基站设置在真正有话务和数据业务需求的地区。各类区域站间距建议如下。

- 市区：300～500 m；
- 郊区：500～1 000 m；
- 高速干线：1 000～3 000 m。（如机场高速这样的位于市内的高速）

2．满足网络结构要求

基站站址在目标覆盖区内尽可能平均分布，尽量符合蜂窝网络结构的要求，一般要求基站站址分布与标准蜂窝结构的偏差应小于站间距的 1/4。具体落实时应注意：

（1）在不影响基站布局的情况下，视具体情况尽量选择现有设施，以减少建设成本和周期。

（2）在市区楼群中选址时，可巧妙利用建筑物的高度，实现网络层次结构的划分。

（3）市区边缘或郊区的海拔很高的山峰（与市区高度差 100 m 以上），一般不考虑作为站址，一是便于控制覆盖范围和干扰，二是为了减少工程建设和后期维护的难度。

（4）避免将小区边缘设置在用户密集区域，良好的覆盖有且仅有一个主力覆盖小区。

3．避免周围环境对网络质量产生影响

天线高度在覆盖范围内基本保持一致，不宜过高，且要求智能天线主瓣方向 50 m 内无明显阻挡，同时在选择站址时还应注意以下几个方面：

（1）新基站应建在交通方便、市电可用、环境安全的地方；避免在大功率无线电发射台、雷达站或其他干扰源附近建站。

（2）新基站应建在远离树林处，以避免信号的快速衰落；在山区、岸比较陡或密集的湖泊区、丘陵城市及有高层玻璃幕墙建筑的环境中选址时，要注意信号反射及衍射的影响。

4．配套及其他要求

（1）基站站址宜选在交通便利、供电可靠、可方便提供传输的地方，并充分利用建设单位现有的站址和其他通信资源。

（2）站址的选择要保证智能天线有足够的安装空间，保证楼面承重满足需求。

## 三、杆塔的选择

杆塔的选择（天线的安装方式）及载体应根据天线的挂高和承重要求进行选择。三个方向的天线尽量保证安装在所在方向的楼面边缘或女儿墙边缘（天线不能被女儿墙阻挡），如图 1.3.4 所示。

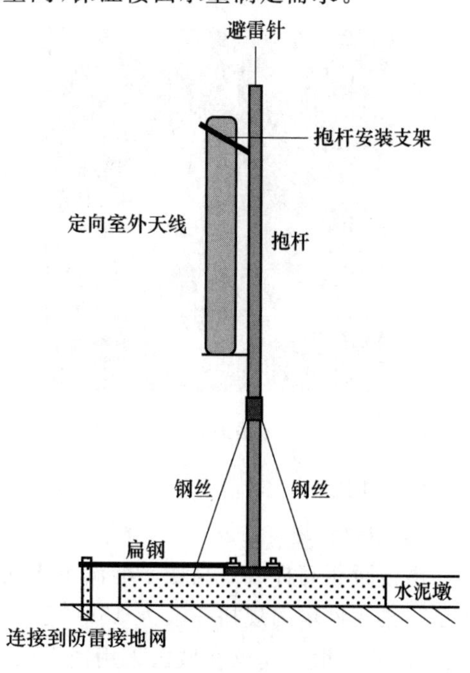

图 1.3.4　楼面天线安装示意图

**1．智能天线的典型安装设计方式及原则**

（1）楼面支撑杆

楼面支撑杆的固定方式有：靠女儿墙固定、在楼面加斜支撑固定。若靠女儿墙固定，支撑杆高度应控制在 4 m 以内；若在楼面加斜支撑固定，支撑杆高度应控制在 6 m 以内。楼面支撑杆主杆直径一般大于 75 mm，如图 1.3.5 所示。

图 1.3.5　楼面支撑杆示例图

（2）楼面超高杆

楼面超高杆的高度可为 8～15 m，主杆直径一般应大于 140 mm，主杆安装位置位于大楼的梁或柱头上。智能天线的楼面超高杆一般设计有两层平台，第一层平台用于安装智能天线，第二层平台用于安装 RRU，如图 1.3.6 所示。

（3）通信杆

通信杆一般设有两层平台，如图 1.3.7 所示。由于智能天线及抱杆的总重量较重，因此当现有通信杆的已有平台的抱杆用完时，不能再新加抱杆或平台，并且通信杆的原有馈线孔不能随意扩大。

图 1.3.6　楼面超高杆示例图

图 1.3.7　通信杆示例图

（4）铁塔

① 楼面铁塔

当楼面超高杆或升高架不能满足天线挂高的要求时，可以考虑采用楼面铁塔，如图 1.3.8 所示。楼面铁塔的规格一般为 15～25 m，对楼面的承重要求非常高，并且具有很明显的视觉冲击，因此一般不建议在城区采用楼面铁塔方式。

图 1.3.8　楼面铁塔示例图

② 地面铁塔

地面铁塔一般在城区以外的区域使用，如图 1.3.9 所示。地面铁塔的视觉冲击很大，但是相对于通信杆具有一定的价格优势，因此具体的建设方式应参考建设单位的意见综合考虑。

(5) 其他安装方式

① 阳台支撑杆

阳台支撑杆的固定方式有：靠阳台围墙固定、靠阳台内的房屋外墙固定、加斜支撑固定等。如图 1.3.10 所示，阳台支撑杆一般应控制在 2 m 以内，支撑杆主杆直径一般大于 75 mm。

图 1.3.9　地面铁塔示例图

图 1.3.10　阳台支撑杆示例图

② 楼体外墙支撑杆

支撑杆通过固定件用膨胀螺丝固定于楼体外墙上，如图 1.3.11 所示，支撑杆主杆距离外墙面不小于 200 mm，以便调整智能天线方位角。楼体外墙支撑杆一般应控制在 2 m 以内，支撑杆主杆直径一般大于 75 mm。

③ 楼面升高架

若楼面空间受限且承重允许，可以考虑选用楼面升高架，如图 1.3.12 所示。升高架高度一般为 6～12 m。升高架的视觉冲击较大，在城区应谨慎采用。

图 1.3.11 楼体外墙支撑杆示例图

图 1.3.12 楼面升高架示例图

## 四、天线方位角和下倾角的确定原则

1. 天线方位角的确定

在规划设计智能天线的方位角时，应注意以下原则：

(1) 建议在市区各个基站的三扇区采用尽量一致的方位角，尽量按蜂窝结构布局网络结构，确保覆盖均匀，减少覆盖空洞，减少重叠覆盖区。在具体工程中，可以根据实际情况进行方位角调整。

(2) 确定天线方位应避免天线主瓣沿街道(街道站点除外)与河流等地物辐射，避免波导效应造成的导频污染或孤岛。

(3) 使天线主瓣方向朝向重要区域和用户密集区域覆盖，减少基站和用户上、下行链路所需的发射功率。

(4) 由于智能天线的波束较窄，且智能天线的性能对 TD 系统网络覆盖效果有着极其重要的影响，因此在天线安装时对周围阻挡的要求也应更为严格，在设计勘察时应注意天线前方是否有阻挡。

(5) 两个相邻扇区定向天线的夹角不小于天线的水平半功率角，避免两天线的辐射区重叠太多。

2. 天线下倾角的确定

天线下倾角应根据实际情况确定。天线的下倾角对小区的覆盖范围、邻区干扰有着重要的影响，下倾角如果设置得过大，小区边缘的用户难以接入，而且会引起天线波瓣变形；下倾角如果设置得过小，可能会出现严重的越区覆盖现象，使得邻区干扰增大，降低系统的容量。

## 五、基站的 GPS 系统

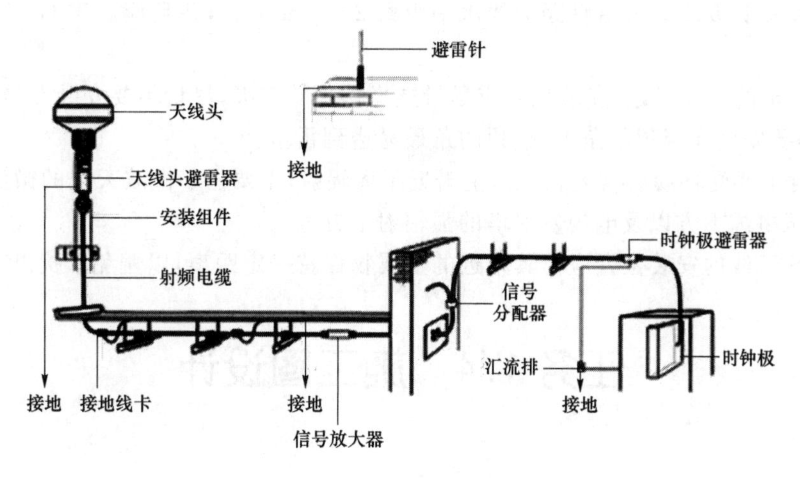


图 1.3.13　基站 GPS 系统图

1. GPS 安装示例

GPS 天线可安装在走线架、铁塔或女儿墙上，GPS 天线必须安装在较空旷位置，上方 90°范围内(或至少南向 45°)应无建筑物遮挡。GPS 天线需安装在避雷针保护范围内。同时，建议 GPS 天线安装位置高于其附近金属物一定距离，以避免干扰。GPS 线缆长度一般应小于 30 m，对于 GPS 安装有困难的站点可采用特殊手段使得 GPS 线缆长度达到 200 m(1/2 馈线，40 dB 高增益天线)，如图 1.3.14 所示。

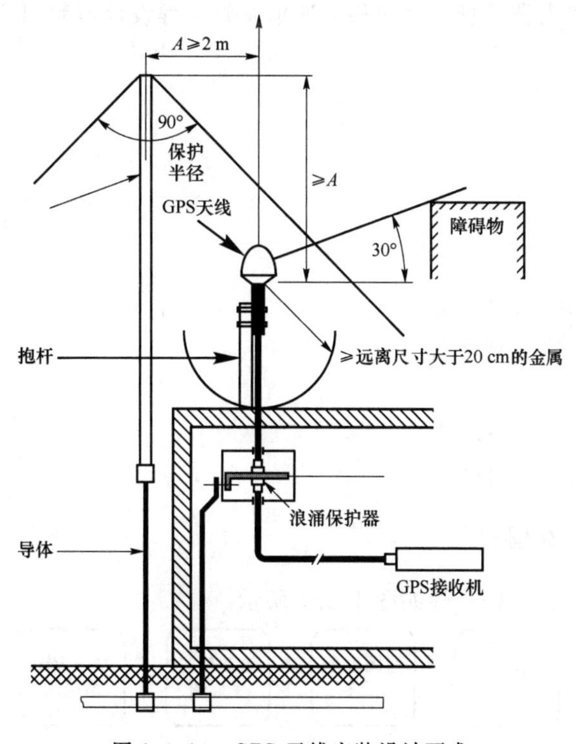


图 1.3.14　GPS 天线安装设计要求

2. GPS天线安装要求

(1) GPS天线需安装在避雷针保护范围内。若无铁塔或避雷针,应安装专门的避雷针,以满足建筑防雷设计要求。避雷针距天线水平距离2～3 m为宜,并且应高于GPS天线接收头0.5 m以上。

(2) 从防雷的角度考虑,安装位置应尽量选择楼顶的中央,尽量不要安装在楼顶四周的矮墙上,一定不要安装在楼顶的角上,楼顶的角最易遭到雷击。

(3) 注意不要受移动通信天线正面主瓣近距离辐射,不要位于微波天线的微波信号下方,不要位于高压电缆下方以及电视发射塔的强辐射下方。

(4) GPS天线的安装位置应与其附近的金属物保持一定距离,以避免干扰。

# 任务1.4 施工图设计

## 【任务描述】

工程设计是根据已确定的可行性研究报告对拟建工程的技术、经济、资源、环境等进行更加深入细致的分析,编制设计文件和绘制设计图纸的工作。需要对拟建工程的生产工艺流程、设备选型、建筑物外形和内部空间布置、结构构造以及周围环境的相互联系等方面提出清晰、明确、详尽的描述,并体现在图纸和文件上,以便据此施工建设。施工图设计是工程设计的关键任务,其技术要求高,工作具有规范性和复杂性,对后续移动通信工程施工具有指导作用。请以基站工程设计技术人员的身份完成移动通信基站工程设计与制图工作。

## 【任务分析】

### 一、任务的目标

1. 知识目标

(1) 熟悉工程图纸的基本要求;

(2) 熟悉设计文件的编制规范。

2. 能力目标

(1) 能够完成机房施工图设计;

(2) 能够完成天馈施工图设计。

### 二、完成任务的流程

完成本次任务的主要流程步骤如图1.4.1所示。

图1.4.1 任务流程示意图

要完成本次任务，需将人员分组完成各阶段绘图任务。本任务【知识链接与拓展】介绍了通信工程制图的统一规定，在绘图前应对所绘图纸的制图规范有足够的认识，在绘制过程中，也可参照案例进行相关知识的学习。

1. 理解各种图形符号、文字符号等所代表的含义，采用正确的识图方法和步骤读懂工程图纸内容，并进行详细的文字阐述，熟练完成本任务【技能训练】中的工程识图。

2. 完成资料整理，充分沟通解决技术问题，为绘图做好准备工作。相关细节请参考【技能训练】中的准备工作内容。

3. 绘制基站机房平面图（包括基站机房设备平面布置图、基站机房走线架布置图和基站机房设备走线路由示意图）。关于通信工程制图相关规范请参考本任务【知识链接与拓展】中的内容，基站机房平面图绘制在本任务【技能训练】有专项训练。

4. 绘制天馈施工图（包括基站天馈系统平面布置图和基站天馈系统安装侧视图）。

### 三、任务的重点

本次任务的重点是完成基站工程施工图的设计与绘制。

## 【技能训练】

### 一、训练目的

完成移动通信基站工程施工图设计。

### 二、训练用具

计算机、各类工程制图软件。

### 三、训练步骤

#### （一）步骤一工程识图

采用正确的工程读图方法，完成案例工程概况描述和工程量的统计。

1. 读出工程图纸的专业类别和建设类型，判断工程图纸为新建站、扩容站、改造站、RRU拉远站中的哪一种；建设性质是独建站还是共址站，若是共址站，是共址新建，还是共址升级等。

2. 理解无线通信基站工程图纸的组成，理解各组成部分的含义。

3. 熟悉本专业的工程图例，特别是常用图例。

4. 分解工程图纸的图块内容，对施工图上的机房建筑物和设备进行识别。

5. 通过四结合（图例与设备安装图结合、与标注结合、与文字说明结合、与主要工程量结合）读懂各图块所表现主题的具体含义。

6. 用文字描述读图结果。

### (二) 步骤二绘图准备

1. 资料整理

勘察完毕后应及时整理勘察资料，提交《工程现场勘察报告》及《基站规划勘察设计信息表》，为网络规划及设计提供资料。整理勘察资料，每个基站建一个文件夹，文件夹名称取为基站名称；内容包括基站图纸、勘察报告、相关的照片和草图。

(1) 原始纸质资料整理

勘察的原始纸质资料(基站勘察记录表和天面草图等)需按基站所在的区县或基站编号装订好，以备随时翻阅。

(2) 照片整理

照片编号原则为：

① 8个方向的照片分别命名为基站名称加上“0°”“45°”…“315°”等；

② 天面照片命名为：基站名称加上“天面01”“天面02”等。

(3) 勘察表整理

已勘察的基站，需及时填写“勘察记录汇总表”。保证信息翔实，以备后期统计之用。对于利用其他运营商基站机房的，需作好记录和统计。

2. 注意事项

(1) 根据现场记录草图和现场的勘测记录绘制工程图纸，机房、天馈的设计要遵循相应设计规范，图纸要遵循制图规范。

(2) 根据现场的勘测记录填写勘测报告，现场的一些特殊需求可在勘测报告的备注中说明。

(3) 勘测任务结束后，将本次勘测中各站点的概况、特殊问题、后续工程实施中可能遇到的问题和解决方法进行汇总，做本次勘测的总结。

(4) 信息整理完成后，为避免客户单方面的改变引发的无法安装等连锁问题，应督促客户尽快完成工前准备，工程图纸和勘测报告需要客户签字确认。

(5) 客户的安装条件不满足施工条件时，要及时通知客户；在特殊情况下，如客户对不满足安装要求的项目不承诺整改或无法变更站址，可跟局方签署勘察备忘录。

3. 问题沟通与处理

(1) 勘察完成后整理资料，在离开前向客户主管人员汇报勘察情况并取得认可。

(2) 如遇技术问题，可进一步与项目负责人联系，寻求帮助。

(3) 与其他方面沟通。

(4) 记录沟通结果，存档以备查询。

### (三) 步骤三绘制机房平面图

1. 基本要求和原则

要求绘制工程图纸，工程图应包括机房设备平面布置图和天馈系统安装图。图纸的基本要求如下：

(1) 图框使用统一制订的标准图框。

(2) 图形尺寸以毫米为单位，标注用毫米表示。

(3) 图纸中所有角度以磁北为基准，顺时针方向旋转。

(4) 在天馈系统俯视图中需标明磁北与建北的夹角，对于定向站还需标明 CELL1、

CELL2、CELL3间的角度关系及其与磁北的相互关系。

(5) 存放文件名称的规定：每个工程建一个文件夹，文件夹名称为工程名称及对应工程编号。基站建一个文件夹，作为整个工程文件夹的子文件夹，文件夹取名就是基站名称，比如：××基站。

机房布置应按优先等级递减顺序，并遵循以下原则。

(1) 安全第一原则

① 租用机房

A. 观察该楼房是否稳固结实、有无明显裂纹。

B. 城区基站机房内设备的安装必须考虑承重问题。设备列安装走向必须与预制板走向相垂直，以保证设备重量分摊在多块预制板上。机房在一楼可不考虑承重问题。机房在2楼及以上，蓄电池安装必须考虑槽钢加固。

② 屋顶新建活动机房

观察活动机房安装位置附近楼房屋面的梁、柱体、墙体、墙体交叉等情况，详细准确地记录机房安装点的位置及尺寸。

(2) 严格遵循电力电缆与信号电缆走线不交叉的原则

弄清并仔细绘制所有设备线缆的起止点、走线路由，严格做到线缆不交叉，保证给监理、施工方提供明确的信息。

(3) 考虑工程施工的方便性

根据门和馈线窗位置、房间长宽分布、预制板走向等因素合理安排设备在机房内的布置。例如，进门处须留出能方便搬运2 000×600×600机架的较宽敞空间，交流配电箱前无设备阻挡，下缘距地1 500 mm安装，设备机架前后至少需留有600 mm的空间以方便施工操作等。

2. 绘制基站机房设备平面布置图

机房设备平面布置图是机房走线架布置图、机房设备走线路由示意图的基础，如图1.4.2所示，机房内设备合理布局至关重要。

新机房的设备平面布置图，就是机房的整体布局规划。设计人员要基于责任心，向客户提供专业、可扩展性强、操作性强的方案，反映在图纸上要求整齐、不零乱。

所有城区站都必须先绘制出该图，交由项目组指定负责人审核通过后，才能进行后续图纸的绘制，以避免不必要的人工浪费。

对于农村站，应先根据围墙开门、铁塔位置，确定机房的开门方向、馈窗位置。

(1) 基站机房设备平面布置图内容

① 机房情况(门、窗、墙、馈线洞位置等)；

② 原有和新增设备的位置；

③ 尺寸标注(设备、机房尺寸详细尺寸，不要出现封闭标注)；

④ 必要的说明文字；

⑤ 设备列表(机房内原有、新增的设备)；

⑥ 基站站名、设计人、编号、图纸名称、图例等图框内文字填写。

(2) 图纸布局说明

机房设备平面布置图大体分为左、右两个部分：

① 右边是设备表和说明，由项目组提供标准模板。每个基站均需根据具体情况进行修改，其他需特别注明的情况也要在文字说明中体现。在样图中需更改的文字为虚线椭圆内的文字。

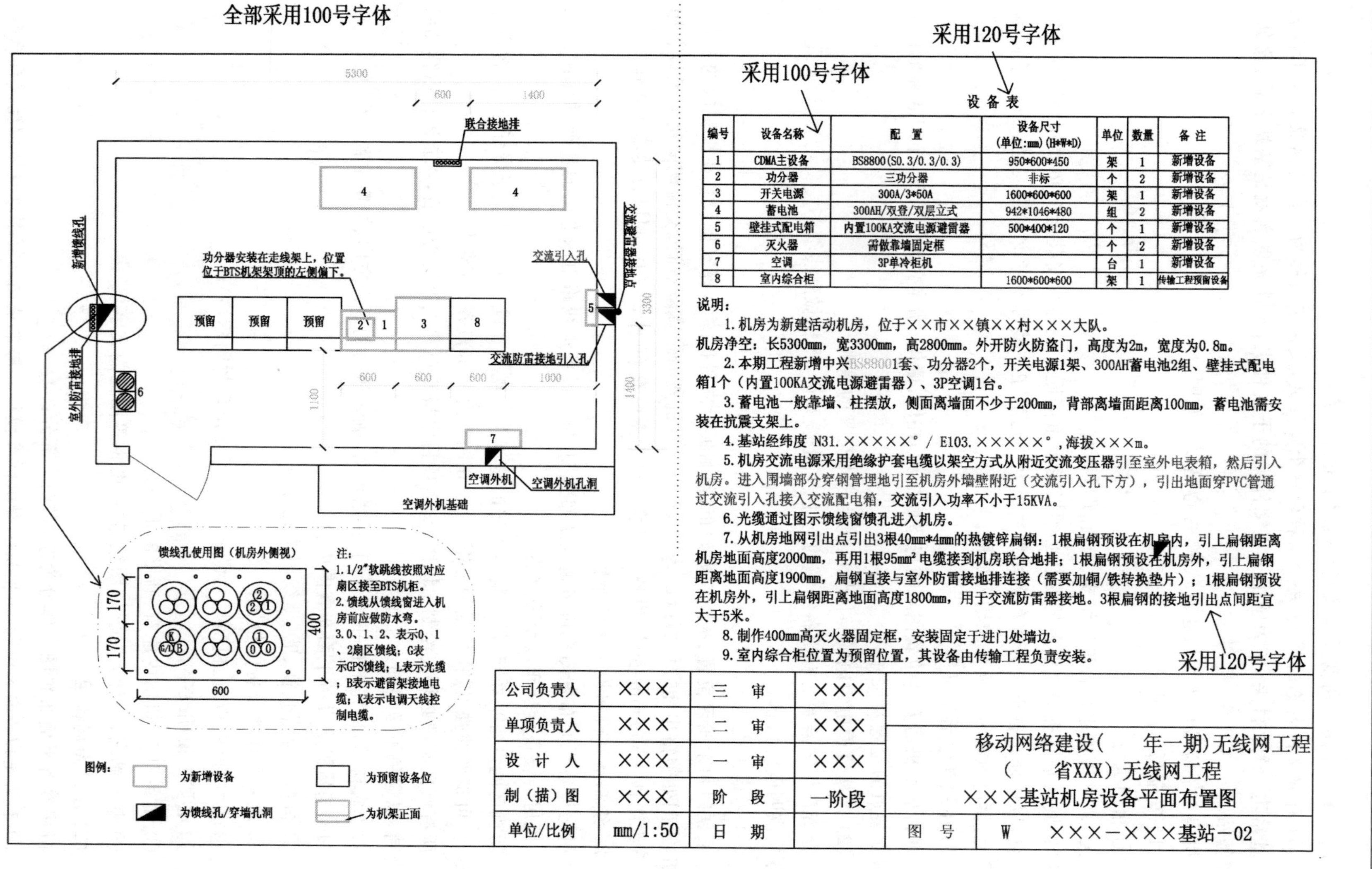


设 备 表

| 编号 | 设备名称 | 配 置 | 设备尺寸 (单位:mm)(H*W*D) | 单位 | 数量 | 备 注 |
|---|---|---|---|---|---|---|
| 1 | CDMA主设备 | BS8800(S0.3/0.3/0.3) | 950*600*450 | 架 | 1 | 新增设备 |
| 2 | 功分器 | 三功分器 | 非标 | 个 | 2 | 新增设备 |
| 3 | 开关电源 | 300A/3*50A | 1600*600*600 | 架 | 1 | 新增设备 |
| 4 | 蓄电池 | 300AH/双登/双层立式 | 942*1046*480 | 组 | 2 | 新增设备 |
| 5 | 壁挂式配电箱 | 内置100KA交流电源避雷器 | 500*400*120 | 个 | 1 | 新增设备 |
| 6 | 灭火器 | 需做靠墙固定框 | | 个 | 2 | 新增设备 |
| 7 | 空调 | 3P单冷柜机 | | 台 | 1 | 新增设备 |
| 8 | 室内综合柜 | | 1600*600*600 | 架 | 1 | 传输工程预留设备 |

说明：

1. 机房为新建活动机房，位于××市××镇××村×××大队。机房净空：长5300mm，宽3300mm，高2800mm。外开防火防盗门，高度为2m，宽度为0.8m。

2. 本期工程新增中兴BS88001套、功分器2个，开关电源1架、300AH蓄电池2组、壁挂式配电箱1个（内置100KA交流电源避雷器）、3P空调1台。

3. 蓄电池一般靠墙、柱摆放，侧面离墙面不少于200mm，背部离墙面距离100mm，蓄电池需安装在抗震支架上。

4. 基站经纬度 N31.×××××° / E103.×××××°，海拔×××m。

5. 机房交流电源采用绝缘护套电缆以架空方式从附近交流变压器引至室外电表箱，然后引入机房。进入围墙部分穿钢管埋地引至机房外墙壁附近（交流引入孔下方），引出地面穿PVC管通过交流引入孔接入交流配电箱，交流引入功率不小于15KVA。

6. 光缆通过图示馈线窗馈孔进入机房。

7. 从机房地网引出点引出3根40mm*4mm的热镀锌扁钢：1根扁钢预设在机房内，引上扁钢距离机房地面高度2000mm，再用1根95mm² 电缆接到机房联合地排；1根扁钢预设在机房外，引上扁钢距离地面高度1900mm，扁钢直接与室外防雷接地排连接（需要加铜/铁转换垫片）；1根扁钢预设在机房外，引上扁钢距离地面高度1800mm，用于交流防雷器接地。3根扁钢的接地引出点间距宜大于5米。

8. 制作400mm高灭火器固定框，安装固定于进门处墙边。

9. 室内综合柜位置为预留位置，其设备由传输工程负责安装。

| 公司负责人 | ××× | 三　审 | ××× | |
|---|---|---|---|---|
| 单项负责人 | ××× | 二　审 | ××× | 移动网络建设(　　年一期)无线网工程<br>(　　省XXX)无线网工程<br>×××基站机房设备平面布置图 |
| 设 计 人 | ××× | 一　审 | ××× | |
| 制（描）图 | ××× | 阶　段 | 一阶段 | |
| 单位/比例 | mm/1:50 | 日　期 | | 图　号　W　×××－×××基站－02 |

图 1.4.2　基站机房设备平面布置图

② 左边是机房内设备平面布置图，其中图标部分相对统一。

(3) 机房内设备布置要求

① 首先，确定馈线窗在墙体的安装位置。

② 其次，根据机房内预制板走向，确定设备列走向、蓄电池安装走向、槽钢安装位置。

③ 最后，根据勘察情况（开门位置、窗户位置、机房四周情况、馈窗位置等）确定机房的分区。机房大致分为电源区、设备区两部分。

A. 电源区

开关电源：无线基站机房中，设备馈线通过馈窗往外布放到楼顶天面。考虑到将来扩容的需求，电源区应尽量设置在机房靠里、远离馈窗的部分。

蓄电池、交流配电箱：蓄电池、交流配电箱等只通过电源线缆与开关电源连接，且均布置在开关电源附近，共同形成相对独立的电源区。上述设备之间的连接线缆不会离开该区域，将来机房扩容，电源线与信号线也不会发生交叉。根据避免强、弱电电缆交叉的原则，交流配电箱需安装在开关电源旁的侧墙上。室外交流引入线通过交流引入孔进入机房后，穿 PVC 管沿墙体上行到交流配电箱，和开关电源就近连接。

交流引入孔、地线引入孔：交流引入孔、地线引入孔一般布置在蓄电池所在侧的外墙。但交流引入位置不同，可能导致交流引入孔在机房其他位置。例如，楼内引电，业主同意在楼内走线，则交流引入孔就可布置在交流配电箱侧的墙体上。

B. 设备区

考虑机房的可扩展性，机房布置时需预留 1～2 个扩容机柜位置。对于超小型机房，需保证一个预留机柜位。

④ 地排、馈窗、空调位置

联合接地排、馈线孔均需安排在走线架的正中位置。如样图所示的联合接地排安装位置，可使其与有设备的接地线直线连接，便于线缆区分和绑扎。

(4) 图纸绘制要求

① 机房

A. 尺寸及比例

必须按照实际尺寸绘制机房图纸，原则上绘制比例为 1∶50。对于尺寸较大的旧机房，可先按照实际尺寸及比例绘制完机房，再把图框、图签、说明、图例等按照一定比例放大（放大至能将机房图纳入图框内），以保证打印后整张图纸的比例和其他普通机房的比例一致。

B. 墙体

机房要求横长竖宽，四面墙体统一为 240 mm 厚（特殊材料、需处理部分，如新隔墙、彩钢板、120 mm 薄墙等，均需特别注明）。

C. 窗

窗统一为蓝色，中部加一横线标注（并标注窗至两侧墙体的距离）。

D. 门

门统一绘制为外开、1 000 mm 宽，开门方向以方便设备搬运为宜。

E. 机柜预留位

在图中用虚线绘制机柜预留位置，给客户提供设备扩容后的机房布局。

② 标注线

A. 标注线与字体高度接近，长度相当。

B. 同一排标注线高度需完全一致，同一区域内标注线的斜线应大致平行。通过绘图中的定位方法可以实现。

C. 标注线与墙体线、设备边缘线间的距离为 100 mm，保证图纸美观协调。

③ 字号

样图中列举了所有文字字号要求，在图纸绘制中需严格遵守。

3. 绘制基站机房走线架布置图

如图 1.4.3 所示，基站机房走线架布置图应具备以下内容：

(1) 机房的情况、走线架的位置、馈线洞的确切位置(必要时用侧视图)；

(2) 尺寸标注(特别是与走线架有关的尺寸)；

(3) 必要的说明文字(走线架高度、宽度等)；

(4) 基站的站名、设计人、编号、图纸名称等图框内文字。

绘图时要注意：

(1) 和设备列平行的走线架，其前缘应平齐开关电源前缘正上方安装；

(2) 竖走线架右缘平齐开关电源左缘安装；

(3) 删掉无用信息，只保留和走线架相关的信息(如走线架、爬梯的标注，走线架相对于墙体距离的标注等)；

(4) 所有设备的图层均改为原有设备，同时设备边缘线由粗变细。

4. 绘制基站机房设备布线路由示意图

如图 1.4.4 所示，基站机房设备布线路由图应具备以下内容：

(1) 机房的情况(门、窗、墙、馈线洞的位置等)；

(2) 原有和新增设备的位置；

(3) 尺寸标注(设备、机房的详细尺寸，不要出现封闭标注)；

(4) 室内防雷接地排的具体位置，各种线缆的走线路由；

(5) 线缆列表(各种线缆的长度、数量及提供方)。

绘图时要注意：

(1) 除蓄电池抗震支架保护地与蓄电池直流输入线可在爬梯处有交叉外，其他所有线缆均不得交叉；

(2) 删除设备上方及附近走线架的短横线，以清晰地体现所有线缆；

(3) 线缆与线缆之间、线缆与设备边缘、线缆与走线架之间保持间隔一致，以打印后能清楚地区分所有线缆为准；

(4) 标注密集处，采用样图右侧的标注方法，保持整齐美观；

(5) 所有线缆两端均需用箭头标注；

(6) 绘图完成后，仔细检查所有线缆是否绘制齐全。

### (四) 步骤四绘制天馈施工图

1. 绘制基站天馈系统平面布置图

如图 1.4.5 所示，基站天馈系统平面布置图应具备以下内容：

(1) 天线塔与机房建筑物相对位置(要标明机房在建筑物中位置)；

(2) 磁北、建北、各小区方位角；

(3) 天线在安装平台的位置情况；

(4) 尺寸标注；

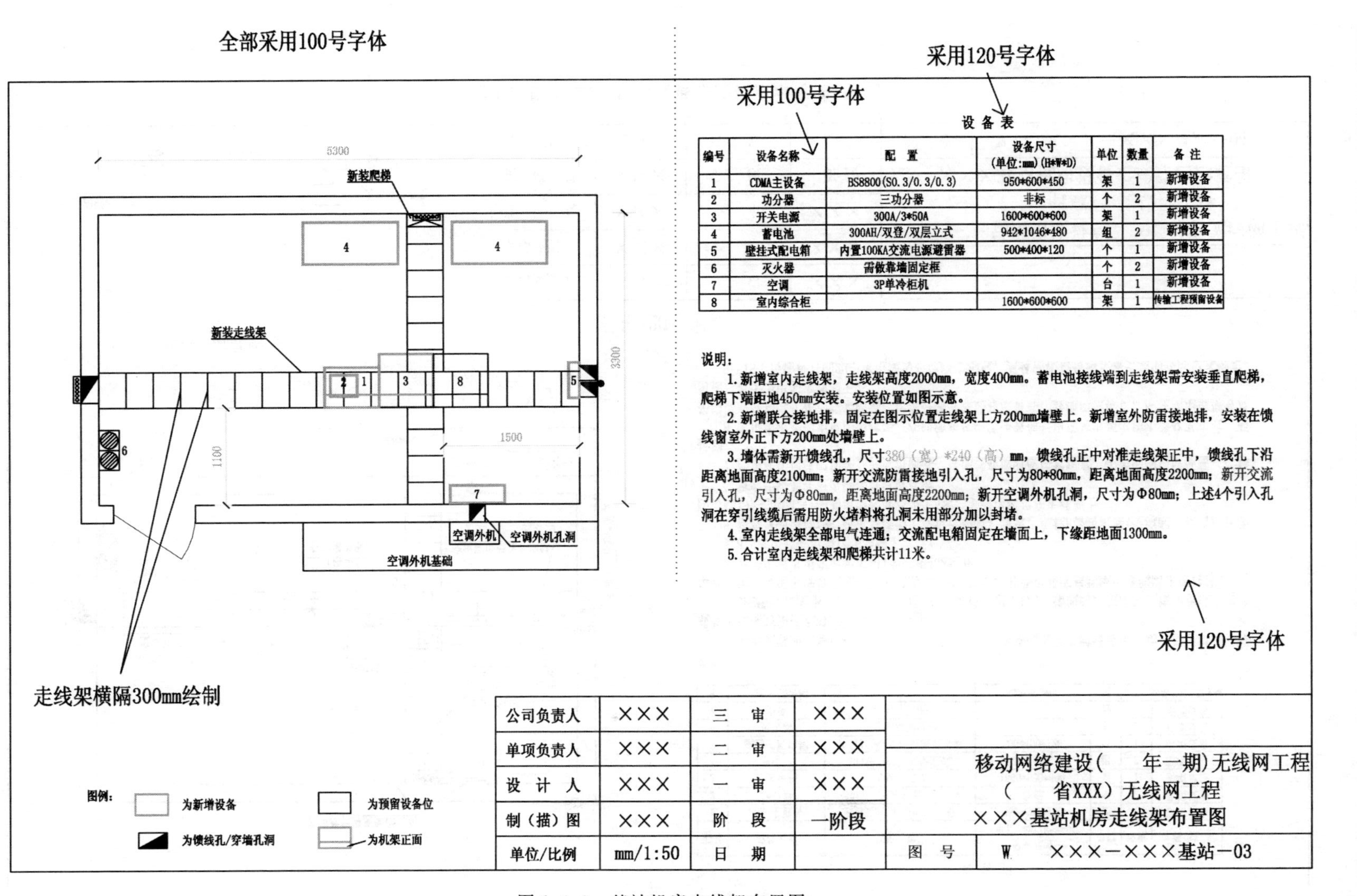


设 备 表

| 编号 | 设备名称 | 配　置 | 设备尺寸 (单位:mm)(H*W*D) | 单位 | 数量 | 备 注 |
|---|---|---|---|---|---|---|
| 1 | CDMA主设备 | BS8800(S0.3/0.3/0.3) | 950*600*450 | 架 | 1 | 新增设备 |
| 2 | 功分器 | 三功分器 | 非标 | 个 | 2 | 新增设备 |
| 3 | 开关电源 | 300A/3*50A | 1600*600*600 | 架 | 1 | 新增设备 |
| 4 | 蓄电池 | 300AH/双登/双层立式 | 942*1046*480 | 组 | 2 | 新增设备 |
| 5 | 壁挂式配电箱 | 内置100KA交流电源避雷器 | 500*400*120 | 个 | 1 | 新增设备 |
| 6 | 灭火器 | 需做靠墙固定框 |  | 个 | 2 | 新增设备 |
| 7 | 空调 | 3P单冷柜机 |  | 台 | 1 | 新增设备 |
| 8 | 室内综合柜 |  | 1600*600*600 | 架 | 1 | 传输工程预留设备 |

说明：

1. 新增室内走线架，走线架高度2000mm，宽度400mm。蓄电池接线端到走线架需安装垂直爬梯，爬梯下端距地450mm安装。安装位置如图示意。

2. 新增联合接地排，固定在图示位置走线架上方200mm墙壁上。新增室外防雷接地排，安装在馈线窗室外正下方200mm处墙壁上。

3. 墙体需新开馈线孔，尺寸380（宽）*240（高）mm，馈线孔正中对准走线架正中，馈线孔下沿距离地面高度2100mm；新开交流防雷接地引入孔，尺寸为80*80mm，距离地面高度2200mm；新开交流引入孔，尺寸为Φ80mm，距离地面高度2200mm；新开空调外机孔洞，尺寸为Φ80mm；上述4个引入孔洞在穿引线缆后需用防火堵料将孔洞未用部分加以封堵。

4. 室内走线架全部电气连通；交流配电箱固定在墙面上，下缘距地面1300mm。

5. 合计室内走线架和爬梯共计11米。

图 1.4.3　基站机房走线架布置图

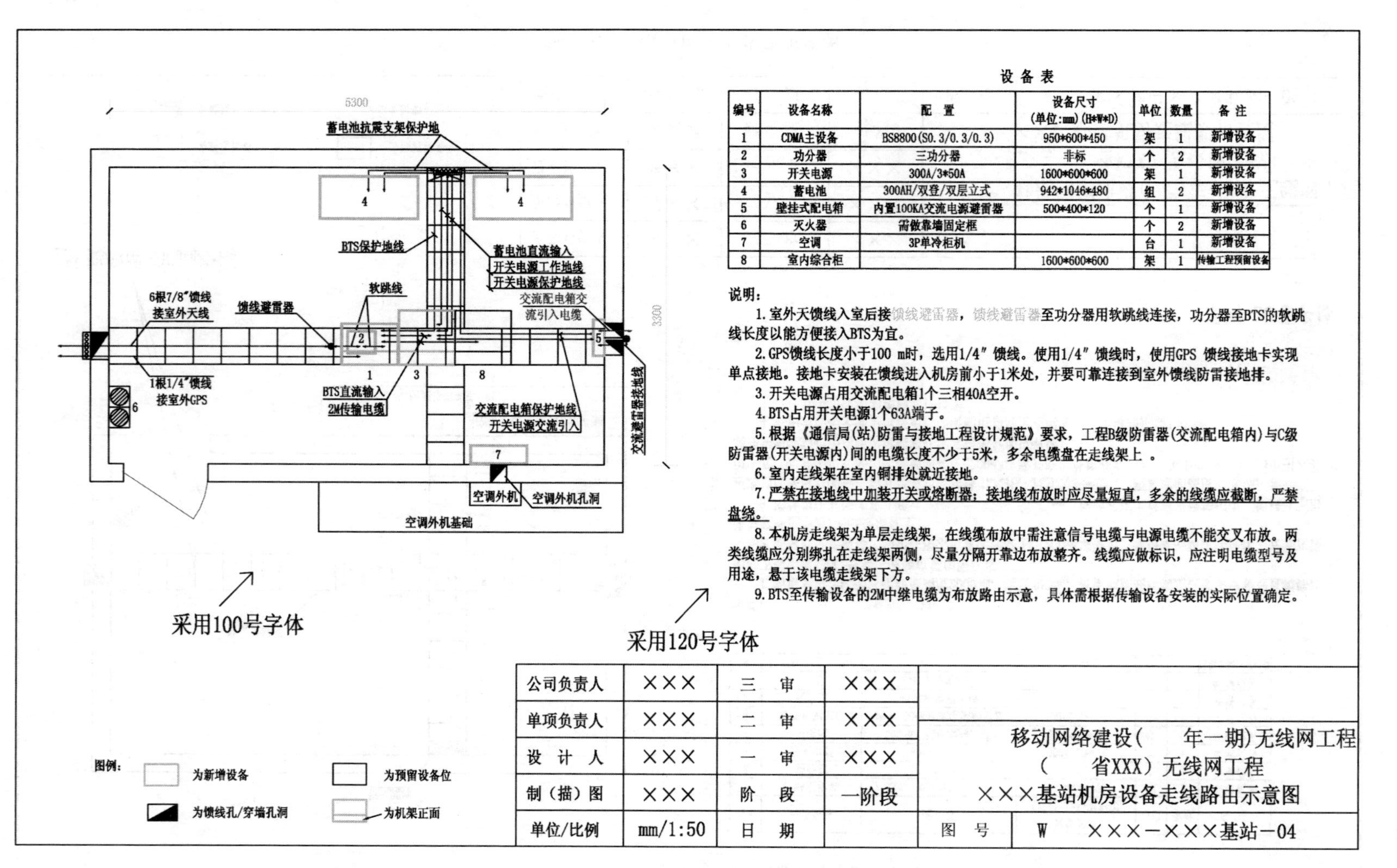


设 备 表

| 编号 | 设备名称 | 配 置 | 设备尺寸(单位:mm)(H*W*D) | 单位 | 数量 | 备 注 |
|---|---|---|---|---|---|---|
| 1 | CDMA主设备 | BS8800(S0.3/0.3/0.3) | 950*600*450 | 架 | 1 | 新增设备 |
| 2 | 功分器 | 三功分器 | 非标 | 个 | 2 | 新增设备 |
| 3 | 开关电源 | 300A/3*50A | 1600*600*600 | 架 | 1 | 新增设备 |
| 4 | 蓄电池 | 300AH/双登/双层立式 | 942*1046*480 | 组 | 2 | 新增设备 |
| 5 | 壁挂式配电箱 | 内置100KA交流电源避雷器 | 500*400*120 | 个 | 1 | 新增设备 |
| 6 | 灭火器 | 需做靠墙固定框 | | 个 | 2 | 新增设备 |
| 7 | 空调 | 3P单冷柜机 | | 台 | 1 | 新增设备 |
| 8 | 室内综合柜 | | 1600*600*600 | 架 | 1 | 传输工程预留设备 |

说明:

1. 室外天馈线入室后接馈线避雷器，馈线避雷器至功分器用软跳线连接，功分器至BTS的软跳线长度以能方便接入BTS为宜。

2. GPS馈线长度小于100 m时，选用1/4″馈线。使用1/4″馈线时，使用GPS 馈线接地卡实现单点接地。接地卡安装在馈线进入机房前小于1米处，并要可靠连接到室外馈线防雷接地排。

3. 开关电源占用交流配电箱1个三相40A空开。

4. BTS占用开关电源1个63A端子。

5. 根据《通信局(站)防雷与接地工程设计规范》要求，工程B级防雷器(交流配电箱内)与C级防雷器(开关电源内)间的电缆长度不少于5米，多余电缆盘在走线架上 。

6. 室内走线架在室内铜排处就近接地。

7. 严禁在接地线中加装开关或熔断器；接地线布放时应尽量短直，多余的线缆应截断，严禁盘绕。

8. 本机房走线架为单层走线架，在线缆布放中需注意信号电缆与电源电缆不能交叉布放。两类线缆应分别绑扎在走线架两侧，尽量分隔开靠边布放整齐。线缆应做标识，应注明电缆型号及用途，悬于该电缆走线架下方。

9. BTS至传输设备的2M中继电缆为布放路由示意，具体需根据传输设备安装的实际位置确定。

| 公司负责人 | ×××| 三 审 | ××× | |
|---|---|---|---|---|
| 单项负责人 | ××× | 二 审 | ××× | 移动网络建设(　　年一期)无线网工程<br>(　　省XXX) 无线网工程<br>×××基站机房设备走线路由示意图 |
| 设 计 人 | ××× | 一 审 | ××× | |
| 制(描)图 | ××× | 阶 段 | 一阶段 | |
| 单位/比例 | mm/1:50 | 日 期 | | 图 号　W　×××－×××基站－04 |

图 1.4.4　基站机房设备布线路由示意图

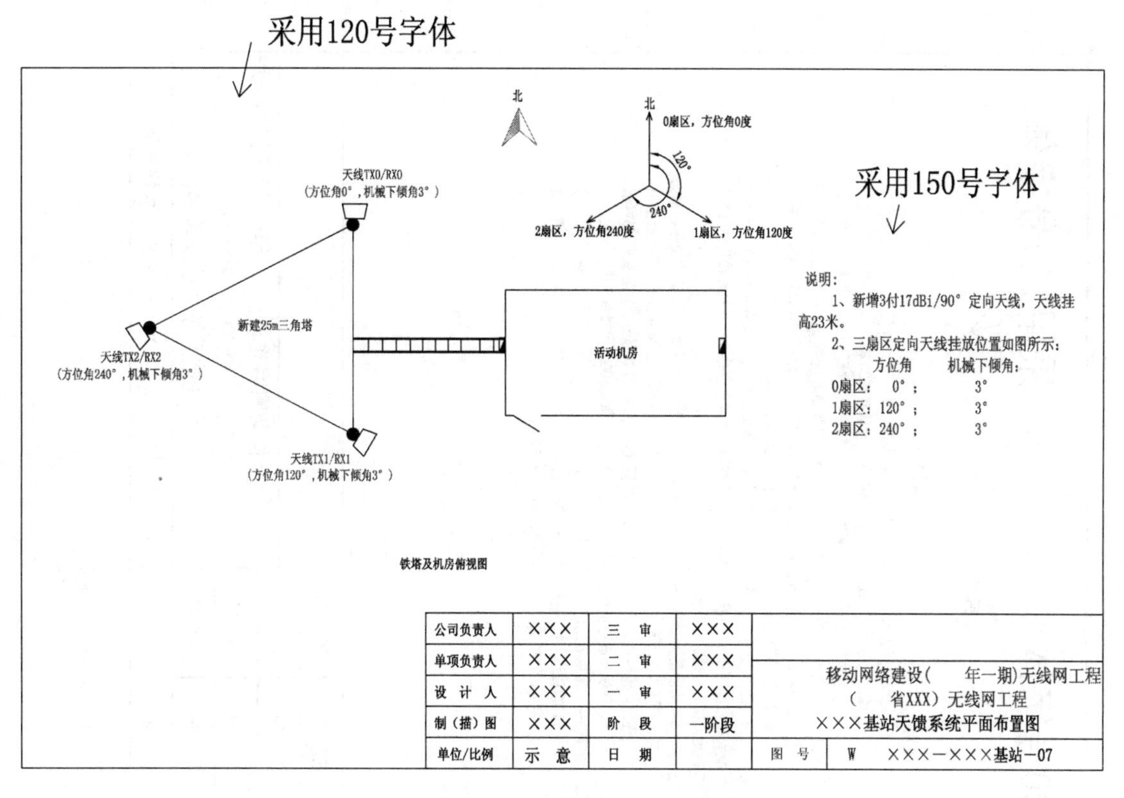


图 1.4.5　基站天馈系统平面布置图

(5) 必要的说明文字；

(6) 基站站名、编号、图纸名称等图框内文字。

绘图时要注意：

(1) 先按照楼房实际尺寸绘制出整体框架结构，再缩小到适应于图框的尺寸，放置在图框中，保持所有图框大小统一。

(2) 正北方向、三个扇区方向的方位角信息标注。注意每个扇区的角度标注均以正北为起点按顺时针方向旋转计算。

(3) 反映楼面的主要信息(如移动、联通支撑杆、铁塔的相对位置等)。

(4) 绘制走线架路由、爬梯安装位置，并标注其段落长度。长度精确到 1 m，不足 1 m 按 1 m 计。

(5) 用虚线绘制机房、机房开门、馈窗的相对位置。

(6) 绘制铁塔、每根抱杆的安装位置。

(7) 绘制馈线第一～第三接地点的位置。

(8) 绘制 GPS 天线的安装位置。

(9) 本图只反映平面的角度信息(如正北方向、各扇区的方位角)，天线挂高、下倾角等信息在侧视图中反映。

(10) 天线机械下倾角，需根据勘察的实际情况(天线安装位置的视野开阔性、周围建筑密度、主要覆盖目标位置等)，结合规划的角度来确定。

2. 绘制基站天馈系统安装侧视图

基站天馈系统安装侧视图如图 1.4.6 所示，以地面至天线底部位置计算天线挂高，准确标注天线挂高、下倾角及抱杆高度。农村站侧视图中，说明部分采用 120 号字。

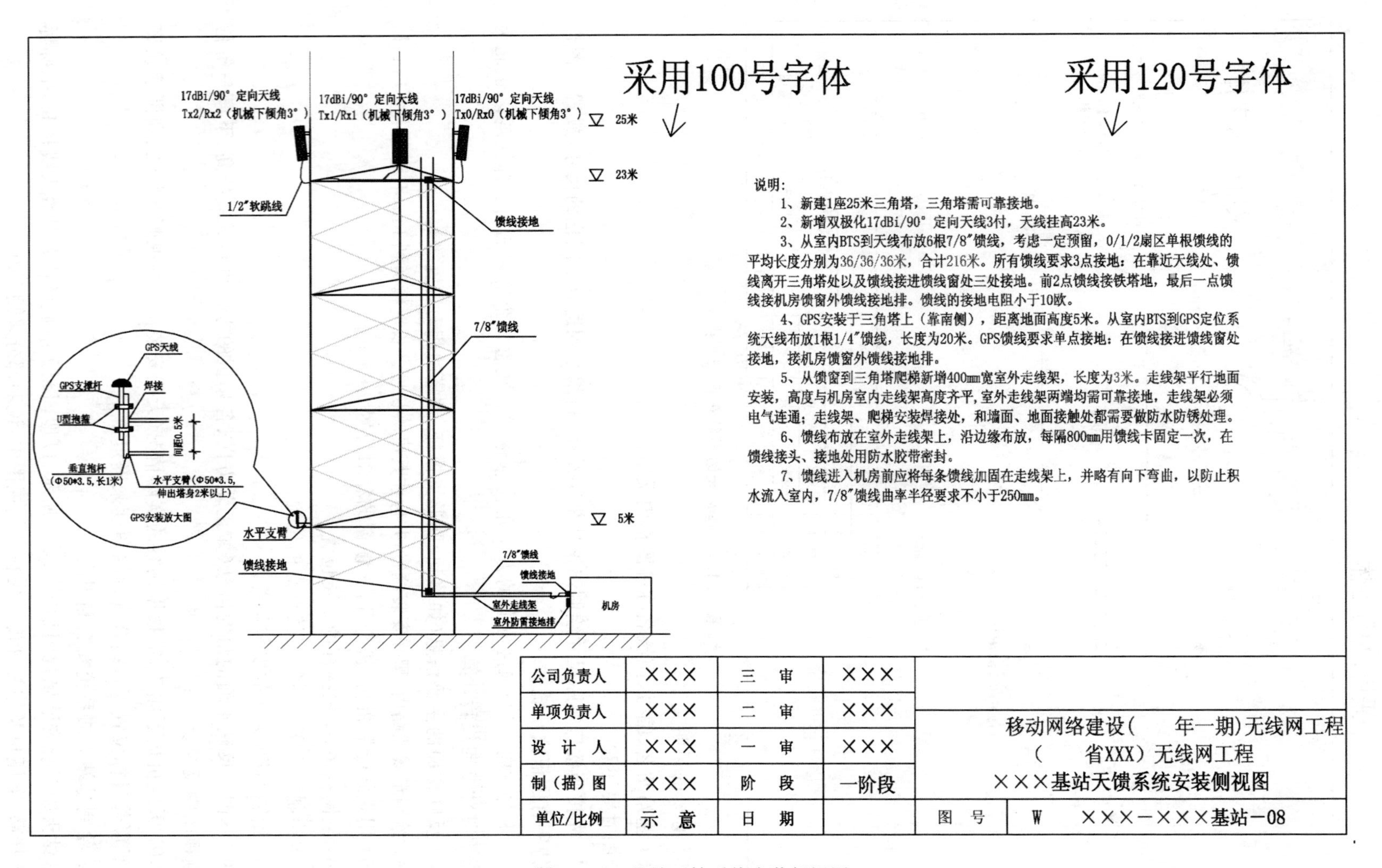


图 1.4.6　基站天馈系统安装侧视图

### (五)步骤五图纸信息管理

1. 勘察完毕后对现场草图和勘察记录进行整理,每个基站分别整理归档。

(1) 根据现场草图和勘察记录进行图纸的绘制;

(2) 机房、天馈和铁塔的设计要遵循相应的设计规范,绘制图纸要遵循相应的图纸规范;

(3) 绘制完成后需要进行核对检查,对需要特别说明和着重强调的地方要重点关注;

(4) 绘制好的图纸要按照规定的要求命名,一个基站要放在一个文件夹里,文件夹名称就是基站名,并发给勘察设计工程师进行统一的管理接口。

2. 图纸绘制完毕后要保证按时传递到下游环节,保证工程施工的顺利进行。

(1) 图纸要统一发给勘察设计工程师,便于图纸的统一管理和修改协调;

(2) 绘制好的图纸要发给网络设计工程师,便于制作领货清单,保证发货的按时进行;

(3) 绘制好的图纸要发给工程施工人员及现场安装督导,便于是他们按图施工,保证工程质量;

(4) 图纸要发给工程中所有需要图纸的相关工作人员,保证图纸的即时传递和准确性;

(5) 图纸更新后要发给所有相关人员,保证图纸的实时性。

## 【任务评价】

### 一、任务成果

成果1:绘制基站机房平面图(含基站机房设备平面布置图、基站机房走线架布置图和基站机房设备走线路由示意图)。

成果2:绘制天馈施工图(含基站天馈系统平面布置图和基站天馈系统安装侧视图)。

### 二、评价标准

成果评价标准如表1.4.1所示。

表1.4.1 任务成果评价参考表

| 序号 | 任务成果名称 | 评价标准 | | | |
|---|---|---|---|---|---|
| | | 优秀 | 良好 | 一般 | 较差 |
| 1 | 绘制基站机房平面图 | 能熟练绘制三类图纸,规范准确 | 能熟练绘制两类图纸,规范准确 | 能熟练绘制一类图纸,规范准确 | 在规定时间内没有完成绘制 |
| 2 | 绘制天馈施工图 | 完成率为90%~100% | 完成率为70%~90% | 完成率为50%~60% | 完成率低于50% |

## 【任务思考】

一、请画出基站、板状定向天线、馈线、功分器的图形符号。

二、请问绘图准备工作具体有哪些?

三、请问基站机房设备平面布置图应具备哪些内容?

四、请问绘制基站机房走线架布置图要注意哪些问题?

五、请问基站机房走线架布置图应具备哪些内容?

六、请问如何完成图纸信息管理?

# 【知识链接与拓展】

## 一、图形符号

通信工程图纸是通过图形符号、文字符号、文字说明及标注表达的。按不同专业的要求将上述元素画在一个平面上就组成了一张工程图纸。为了读懂图纸就必须了解和掌握图纸中各种图形符号、文字符号等所代表的含义。专业人员通过图纸了解工程规模、工程内容,统计出工程量,编制出工程预算。阅读图纸、统计工程量的过程称为识图。

为了使通信工程的图纸规格统一、画法一致、图面清晰,既符合施工、存档和生产维护的要求,又有利于提高设计效率、保证设计质量和满足通信工程建设的需要,要求依据表 1.4.2 所示国家级行业标准编制通信工程制图与图形符号标准。

表 1.4.2　国家级行业标准

| | |
|---|---|
| GB/T 4728.1～13 | 《电气简图用图形符号》 |
| GB/T 6988.1～7 | 《电气制图国家标准》 |
| GB/T 50104—2001 | 《建筑制图标准》 |
| GB/T 7929—1995 | 《1∶500　1∶1 000　1∶2 000 地形图图式》 |
| GB 7159—1987 | 《电气技术中的文字符号制订通则》 |
| GB 7356—1987 | 《电气系统说明书用简图的编制》 |
| YD/T 5015—2007 | 《电信工程制图与图形符号规定》 |

1. 通信工程制图的总体原则

(1) 工程制图应根据表述对象的性质、论述的目的与内容,选取适宜的图纸及表达手段,以便完整地表述主题内容。

(2) 图面应布局合理,排列均匀,轮廓清晰且便于识别。

(3) 图纸中应选用合适的图线宽度,避免图中的线条过粗或过细。

(4) 应正确使用国家标准和行业标准规定的图形符号。派生新的符号时,应符合国家标准符号的派生规律,并应在合适的地方加以说明。

(5) 在保证图面布局紧凑和使用方便的前提下,应选择合适的图纸幅面,使原图大小适中。

(6) 应准确地按规定标注各种必要的技术数据和注释,并按规定进行书写或打印。

(7) 工程图纸应按规定设置图衔,并按规定的责任范围签字。各种图纸应按规定顺序编号。

(8) 总平面图、机房平面图、移动通信基站天线位置及馈线走向图应设置指北针。

2. 图形符号

(1) 图形符号的使用

若标准对同一项目给出了几种形式，选用时应遵守以下规则：

① 优先使用“优选形式”；

② 在满足需要的前提下，宜选用最简单的形式(如“一般符号”)；

③ 在同一种图纸上应使用同一种形式。

在一般情况下，对同一项目宜采用同样大小的图形符号；在特殊情况下，为了强调某方面或便于补充信息，可使用不同大小的符号和不同粗细的线条。

绝大多数图形符号的取向是任意的。为了避免导线的弯折或交叉，在不引起错误理解的前提下，可以将符号旋转或取镜像形态，但文字和指示方向不得倒置。

标准中图形符号的引线是作为示例绘制的，在不改变符号含义的前提下，引线可以取不同的方向。但在某些情况下，引线符号的位置会影响符号的含义。例如，电阻器和继电器线圈的引线位置不能从方框的另外两侧引出，应用中应加以识别。

为了保持图画符号的布置均匀，围框线可以不规则地画出，但是围框线不应与元器件相交。

(2) 图形符号的派生

在国家通信工程制图标准规定中只是给出了图形符号有限的例子，如果某些特定的设备或项目标准中未作规定，允许根据已规定的符号组图规律进行派生。

派生图形符号是利用原有符号加工成新的图形符号，应遵守以下规律：

① (符号要素)＋(限定符号)→(设备的一般符号)；

② (一般符号)＋(限定符号)→(特定设备的符号)；

③ 利用 2～3 个简单符号→(特定设备的符号)；

④ 一般符号缩小后可作限定符号使用。

对急需的个别符号(如派生困难等原因，一时找不出合适的符号)，可暂时使用方框中加注文字符号的方式。

(3) 移动通信工程图纸常用的图形符号

移动通信工程图纸常用的图形符号如表 1.4.3 所示。

**表 1.4.3　移动通信工程图纸常用图形符号**

| 序号 | 名　称 | 图　例 | 说　明 |
|---|---|---|---|
| 1 | 原有设备或其他专业安装设备 | □（细线方框） | 可在方框中加注设备名称、编号、类型等信息 |
| 2 | 新装设备或本专业安装设备 | □（粗线方框） | |

续表

| 序号 | 名 称 | 图 例 | 说 明 |
| --- | --- | --- | --- |
| 3 | 预留位置 |   |  |
| 4 | 在原有设备中扩容 | 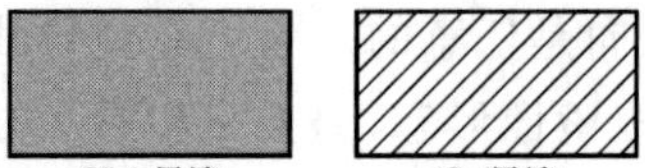 (Visio图纸) (Cad图纸) |  |
| 5 | 拆除现有设备 | 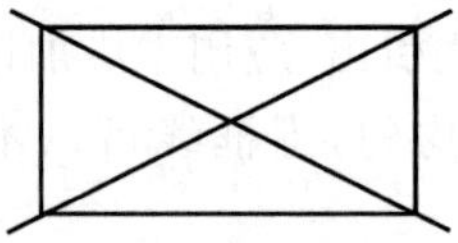  |  |
| 6 | 边框线 |   |  |
| 7 | 现有连接 |   |  |
| 8 | 本期新增连接或新布放电缆 |  | 上走线 |
| 9 | 本工程布放电缆 |  | 下走线 |
| 10 | 拆除现有连接，拆除现有电缆 | 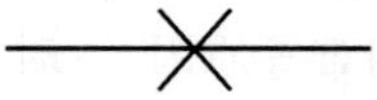  |  |
| 11 | 走线梯 |  | $W=$ $H=$ （$H$ 为线梯至地板安装高度，粗线表示本工程新增线梯） |
| 12 | 光纤槽 | 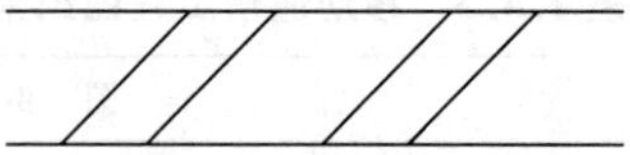  | $W=$ $H=$ （$H$ 为线梯至地板安装高度） |
| 13 | 直流电源走线梯 | 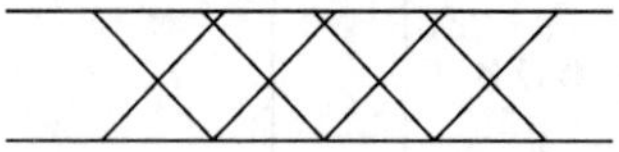  | $W=$ $H=$ （$H$ 为线梯至地板安装高度，粗线表示本工程新增线梯） |
| 14 | 交流电源线梯 | 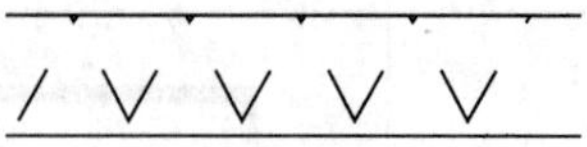  | $W=$ $H=$ （$H$ 为线梯至地板安装高度，粗线表示本工程新增线梯） |
| 15 | 电源线槽 | 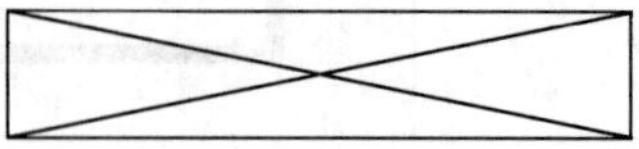  |  |

续表

| 序号 | 名　称 | 图　例 | 说　明 |
| --- | --- | --- | --- |
| 16 | 手机 |   |  |
| 17 | 基站 | 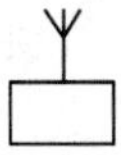  |  |
| 18 | 全向天线 |   |  |
| 19 | 板状定向天线 |   |  |
| 20 | 八木天线 |   |  |
| 21 | 吸顶天线 |   |  |
| 22 | 抛物面天线 |   |  |
| 23 | 馈线 |   |  |
| 24 | 泄漏电缆 |   |  |
| 25 | 二功分器 | 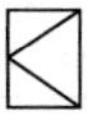  |  |
| 26 | 三功分器 | 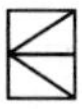  |  |
| 27 | 耦合器 | 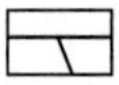  |  |
| 28 | 合路器 | 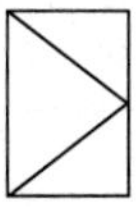  |  |
| 29 | 干放 | 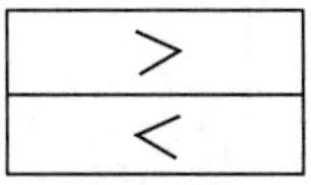  |  |
| 30 | 吸顶全向天线 |   |  |

**续表**

| 序号 | 名　称 | 图　例 | 说　明 |
|---|---|---|---|
| 31 | 梯用定向天线 | | |
| 32 | 吸顶定向天线 | | |
| 33 | 壁挂定向天线 | | |
| 34 | GPS 天线 | | |
| 35 | 塔顶放大器 | | |
| 36 | 馈线接地点 | | |
| 37 | 楼面杆 | | |
| 38 | 扇区方向 | CELL1(N30°) N 40° CELL2(N150°) CELL3(N270°) | |
| 39 | 网管设备 | | |
| 40 | 路由器/集线器/以太网交换机 | | 不同类型以汉字标注 |
| 41 | ODF/DDF 架 | | |
| 42 | 软交换机 | | 可以加注文字符号表示设备的等级、容量、用途、规模及局号。例如，必要时增加以下符号表示不同的设备、局、站：<br>• SS—软交换机；<br>• MSC Server—MSC 软交换服务器；<br>• GK—关守 |

续 表

| 序号 | 名　称 | 图　例 | 说　明 |
| --- | --- | --- | --- |
| 43 | 媒体网关 |   | 可以加注文字符号表示设备的等级、容量、用途、规模及局号。例如,必要时增加以下符号表示不同的设备、局、站：<br>• TG—中继网关；<br>• SG—信令网关；<br>• MGW—移动接入网关；<br>• AG—接入网关；<br>• GW—IP 电话网关；<br>• IAD—综合接入设备 |
| 44 | HLR<br>SCP<br>SGSN<br>PDSN | 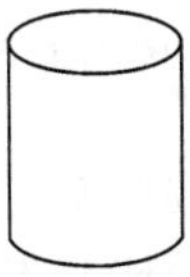  | 可以加注文字符号表示设备的等级、容量、用途、规模及局号。例如,必要时增加以下符号表示不同的设备、局、站：<br>• HLR—归属位置寄存器；<br>• SCP—业务控制点；<br>• SGSN—业务 GPRS 支持节点；<br>• PDSN—分组数据服务节点 |
| 45 | 局域网交换机/HUB | 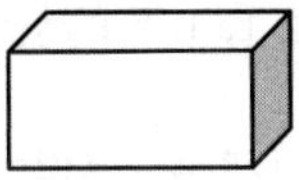  | 可以加注文字符号表示设备的等级、容量、用途、规模及局号。例如,必要时增加以下符号表示不同的设备局、站：<br>• L3—三层交换机；<br>• L2—二层交换机；<br>• HUB—集线器 |
| 46 | 路由器 | 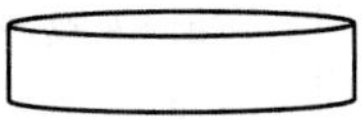  | 可以加注文字符号表示设备的等级、容量、用途、规模及局号。例如,必要时增加以下符号表示不同的设备局、站：<br>• ROUTER—路由器；<br>• GGSN—网关 GPRS 支持节点 |

## 二、图幅尺寸

1. 工程图纸幅面和图框大小应符合国家标准 GB/T 6988.1—1997《电气技术用文件的编制》“第 1 部分：一般要求”的规定，一般应采用 A0、A1、A2、A3、A4 及其加长的图纸幅面。图纸的幅面和图框尺寸应符合表 1.4.4 的规定和图 1.4.7 的格式。

表 1.4.4 幅面和图框尺寸 (单位:mm)

| 幅面代号 | A0 | A1 | A2 | A3 | A4 |
|---|---|---|---|---|---|
| 图框尺寸($B\times L$) | 841×1 189 | 594×841 | 420×594 | 297×420 | 210×297 |
| 侧边框距($c$) | 10 | | | 5 | |
| 装订侧边框距($a$) | 25 | | | | |

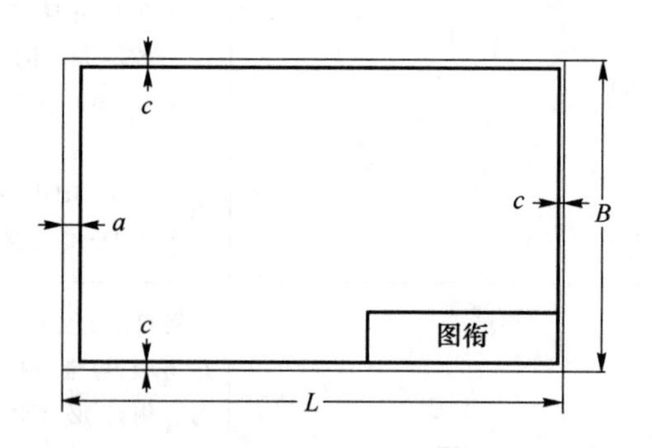


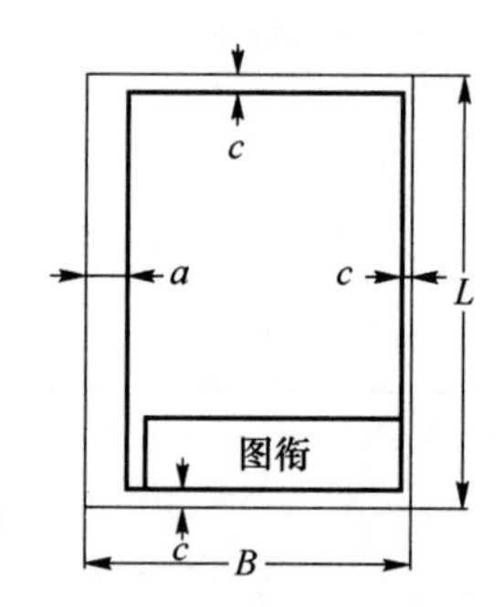


图 1.4.7 图框格式

当上述幅面不能满足要求时,可按照 GB/T 4457.1《机械制图图纸幅面及格式》的规定加大幅面,也可在不影响整体视图效果的情况下将图纸分割成若干张图绘制。

2. 根据表述对象的规模大小、复杂程度、所要表达的详细程度、有无图衔及注释的数量来选择较小的合适幅面。

## 三、图线型式及其应用

1. 线型分类及其用途应符合表 1.4.5 的规定。

表 1.4.5 线型分类及其用途表

| 图线名称 | 图线型式 | 一般用途 |
|---|---|---|
| 实线 | ———————— | 基本线条:图纸主要内容用线、可见轮廓线 |
| 虚线 | - - - - - - - - | 辅助线条:屏蔽线、机械连接线、不可见轮廓线、计划扩展内容用线 |
| 点画线 | —·—·—·— | 图框线:表示分界线、结构图框线、功能图框线、分级图框线 |
| 双点画线 | —··—··— | 辅助图框线:表示更多的功能组合或从某种图框中区分不属于它的功能部件 |

2. 图线宽度可从以下系列中选用:0.25 mm,0.35 mm,0.5 mm,0.7 mm,1.0 mm,1.4 mm。

3. 通常宜选用两种宽度的图线。粗线的宽度宜为细线宽度的两倍,主要图线采用粗线,次要图线采用细线。

4. 对复杂的图纸也可采用粗、中、细三种线宽,线的宽度按 2 的倍数依次递增。但线宽种类也不宜过多。

5. 使用图线绘图时,应使图形的比例和配线协调恰当,重点突出,主次分明。在同一张图纸上,按不同比例绘制的图样及同类图形的图线粗细应保持一致。

6. 应使用细实线作为最常用的线条。在以细实线为主的图纸上,粗实线应主要用于图纸的图框及需要突出的部分。指引线、尺寸标注线应使用细实线。

7. 当需要区分新安装的设备时，宜用粗线表示新建，细线表示原有设施，虚线表示规划预留部分。在改建的通信工程图纸上，需要表示拆除的设备及线路用“×”来标注。

8. 平行线之间的最小间距不宜小于粗线宽度的两倍，且不能小于 0.7 mm。在使用线型及线框表示图形用途有困难时，可用不同颜色来区分。

## 四、比例

1. 对于平面布置图、管道及光(电缆)线路图、设备加固图及零件加工图等图纸，应按比例绘制；方案示意图、系统图、原理图等可不按比例绘制，但应按工作顺序、线路走向、信息流向排列。

2. 对于平面布置图、线路图和区域规划性质的图纸，宜采用以下比例：1∶10，1∶20，1∶50，1∶100，1∶200，1∶500，1∶1 000，1∶2 000，1∶5 000，1∶10 000，1∶50 000 等。

3. 对于设备加固图及零件加工图等图纸宜采用的比例为：1∶2，1∶4 等。

4. 应根据图纸表达的内容深度和选用的图幅，选择合适的比例。

5. 对于通信线路及管道类的图纸，为了更方便地表达周围环境的情况，可采用沿线路方向按一种比例，而周围环境的横向距离采用另外的比例，或示意性绘制。

## 五、尺寸标注

一个完整的尺寸标注应由尺寸数字、尺寸界线、尺寸线及其终端等组成。

1. 图中的尺寸数字，应注写在尺寸线的上方或左侧，也可注写在尺寸线的中断处，但同一张图样上注法应一致。具体标注应符合以下要求：

(1) 尺寸数字应顺着尺寸线方向写且符合视图方向，数字高度方向和尺寸线垂直且不得被任何图线通过，当无法避免时，应将图线断开，在断开处填写数字。在不致引起误解时，对非水平方向的尺寸，其数字可水平地注写在尺寸线的中断处。角度的数字应注写成水平方向，且应注写在尺寸线的中断处。

(2) 尺寸数字的单位除标高、总平面图和管线长度以米(m)为单位外，其他尺寸均以毫米(mm)为单位。按此原则标注尺寸可不加单位的文字符号。若采用其他单位，应在尺寸数字后加注计量单位的文字符号。

2. 尺寸界线用细实线绘制，且宜由图形的轮廓线、轴线或对称中心线引出，也可利用轮廓线、轴线或对称中心线作尺寸界线。尺寸界线应与尺寸线垂直。

3. 尺寸线的终端，可以采用箭头或斜线两种形式，但在同一张图中只能采用一种尺寸线终端形式，不得混用。具体标注应符合以下要求：

(1) 采用箭头形式时，两端应画出尺寸箭头，指到尺寸界线上，表示尺寸的起止。尺寸箭头宜用实心箭头，箭头的大小应按可见轮廓线选定，其大小在图中应保持一致。

(2) 采用斜线形式时，尺寸线与尺寸界线必须相互相垂直。斜线用细实线，且方向及长短应保持一致。斜线方向应以尺寸线为准，逆时针方向旋转 45°，斜线长短约等于尺寸数字的高度。

有关建筑用尺寸标注，可按 GB/T 50104—2001《建筑制图标准》要求执行。

## 六、字体及写法

图中书写的文字(包括汉字、字母、数字、代号等)均应字体工整、笔画清晰、排列整齐、间隔均匀。其书写位置应根据图面妥善安排,文字多时宜放在图的下面或右侧。

文字书写应自从左向右水平方向书写,标点符号占一个汉字的位置。中文书写时,应采用国家正式颁布的汉字,字体宜采用宋体或仿宋体。

文字的字高,应从3.5,5,7,10,14,20(单位为mm)系列中选用。如需要书写更大的字,其高度应按$\sqrt{2}$的比值递增。图样及文字说明中的字,宜采用长仿宋字体,宽度与高度的关系应符合表1.4.6的规定。大标题、图册封面、地形图等的汉字,也可书写成其他字体,但应易于辨认。

**表1.4.6 长仿宋字体宽与字高的对应关系** (单位:mm)

| 字高 | 20 | 14 | 10 | 7 | 5 | 3.5 |
|---|---|---|---|---|---|---|
| 字宽 | 14 | 10 | 7 | 5 | 3.5 | 2.5 |

图中的"技术要求""说明"或"注"等字样,应写在具体文字的左上方,并使用比文字内容大一号的字体书写。具体内容多于一项时,应按下列顺序号排列:

1,2,3,…

(1),(2),(3),…

①,②,③,…

在图中所涉及数量的数字,均应用阿拉伯数字表示。计量单位应使用国家颁布的法定计量单位。

## 七、图衔

通信工程勘察设计制图常用的图衔种类有通信工程勘察设计各专业常用图衔、机械零件设计图衔和机械装配设计图衔。对于通信管道及线路工程图纸来说,当一张图不能完整地画出时,可分为多张图纸进行,这时,第一张图纸使用标准图衔,其后序图纸使用简易图衔。

通信工程图纸图衔的位置应在图面的右下角,其常用标准图衔为长方形,大小宜为30 mm×180 mm(高×长)。图衔应包括图名、图号、设计单位名称、单位主管、部门主管、总负责人、单项负责人、设计人、审核(人)、校核(人)等内容。常用标准图衔的规格要求如图1.4.8所示,简易图衔规格要求如图1.4.9所示。

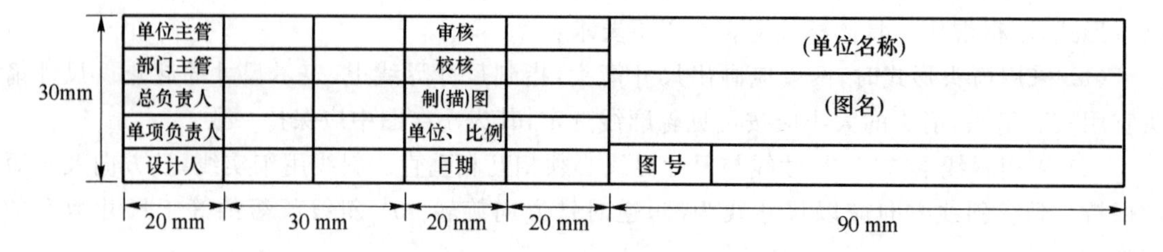


图1.4.8 常用标准图衔

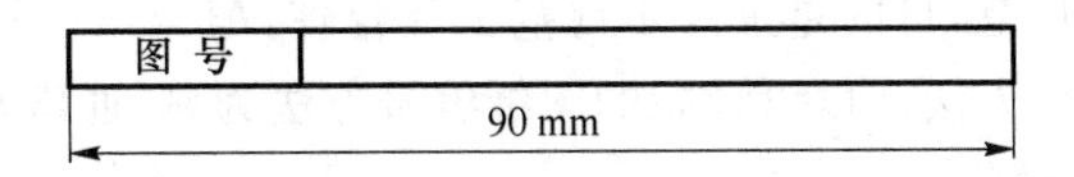


图 1.4.9　简易图衔

## 八、图纸编号

设计图纸编号的编排应尽量简洁，应符合以下要求：

1. 设计图纸编号的组成应按以下规则执行：

[工程计划号]——[设计阶段代号]——[专业代号]——[图纸编号]

同计划号、同设计阶段、同专业而多册出版时，为避免编号重复可按以下规则执行。

[工程计划号]——[设计阶段代号]—(A)—[专业代号]—(B)—[图纸编号]

2. 工程计划号应由设计单位根据工程建设方的任务委托和工程设计管理办法，统一给定。

3. 设计阶段代号：应符合表 1.4.7 的规定。

**表 1.4.7　设计阶段代号表**

| 设计阶段 | 代号 | 设计阶段 | 代号 | 设计阶段 | 代号 |
|---|---|---|---|---|---|
| 可行性研究 | Y | 初步设计 | C | 技术设计 | J |
| 规划设计 | G | 方案设计 | F | 设计投标书 | T |
| 勘察报告 | K | 初设阶段的技术规范书 | CJ | 修改设计 | 在原代号后加 X |
| 咨询 | ZX | 施工图设计(一阶段设计) | S | | |

4. 常用专业代号：应符合表 1.4.8 的规定。

**表 1.4.8　常用专业代号表**

| 名称 | 代号 | 名称 | 代号 |
|---|---|---|---|
| 长途明线线路 | CXM | 海底电缆 | HDL |
| 长途电缆线路 | CXD | 海底光缆 | HGL |
| 长途光缆线路 | CXG 或 GL | 市话电缆线路 | SXD 或 SX |
| 水底电缆 | SDL | 市话光缆线路 | SXG 或 GL |
| 水底光缆 | SGL | 通信线路管道 | GD |

备注：

① 用于大型工程中分省、分业务区编制时的区分标识，可以是数字 1、2、3 或拼音字母的字头等。

② 用于区分同一单项工程中不同的设计分册(如不同的站册)，宜采用数字(分册号)、站名拼音字头或相应汉字表示。

③ 图纸代号：图纸代号为工程计划号、设计阶段代号、专业代号相同的图纸间的区分号，应采用阿拉伯数字简单地编制(同一图号的系列图纸用括号内加注分号表示)。

④ 总说明附的总图和工艺图纸一律用 YZ，总说明中引用的单项设计的图纸编号不变；土建图纸一律用 FZ。

5. 图纸编号案例

在上述国家通信行业制图标准对设计图纸的编号方法规定的基础上，每个设计单位都有自己内部的一套完整的规范，目的是进一步规范工程管理，配合项目管理系统实施，不断地改进和完善设计图纸的编号方法。以设计院的图纸编号方法为例，通常具体规定如下。

（1）一般图纸编号原则

图纸编号＝专业代号（2～3位字母）＋地区代号（2位数字）＋单册流水号（2位数字）＋图纸流水号（3位数字）。例如，江苏联通南京地区传输设备安装工程初步设计中的网络现状图的编号为GS0101-001。

通用图纸编号＝专业代号（2位数字）＋TY＋图纸流水号（3位数字）。例如，江苏联通南京地区传输设备安装工程初步设计通用图纸编号为GSTY-001。

图纸流水号由单项设计负责人确定。

（2）线路设计定型图纸编号原则

线路定型图编号按国家统一编号，如RK-01，指小号直通人孔定型图；JKGL-DX-01，指架空光缆接头、预留及引上安装示意图。

（3）特殊情况图纸编号原则

若同一个图名对应多张图，可在图纸流水号后加（$x/n$），除第一张图纸外，后序图纸可以使用简易图衔，但图衔不得省略。“$n$”为该图名对应的图纸总张数，“$x$”为本图序号。例如，“××路光缆施工图”有20张图，则图号依次为“XL0101-001(1/20)～XL0101-001(20/20)”。这样编号便于审查和阅读。

# 项目二　基站工程安装与验收

本项目以某基站新建单项工程为载体，以基站安装过程为导向，引入基站安装施工准备、基站室内设备安装、基站室外系统安装和基站安装施工验收4个典型工作任务，让学习者具备基站工程中进行施工安装的能力。

## 任务2.1　基站安装施工准备

### 【任务描述】

某基站建设项目已经完成工程招投标工作，中标单位为保证工程进度、质量，提高工程管理水平，需严格遵循施工准备工作程序和内容要求，完成施工准备、编制施工组织设计方案。请以某基站建设项目中标单位的一名项目经理的身份组建项目小组，进行施工准备，做好施工组织设计的编制工作。

### 【任务分析】

#### 一、任务的目标

1. 知识目标

(1) 掌握施工准备工作流程、具体内容及工作要求；

(2) 掌握技术准备、现场准备、物资准备的工作重点。

2. 能力目标

(1) 能够编写《××基站建设项目施工组织方案》；

(2) 能够按照流程完成施工准备工作；

(3) 能够按要求填写安装环境检查表。

#### 二、完成任务的流程

完成本次任务的主要流程如图2.1.1所示。

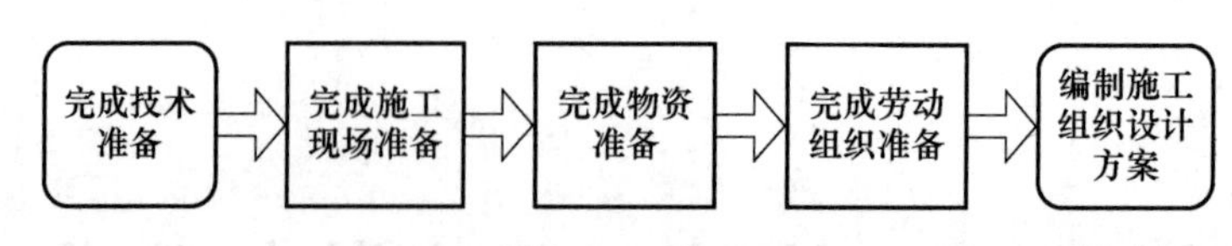


图 2.1.1 任务流程

1. 技术准备是施工准备的核心。由于任何技术的差错或隐患都可能引起人身安全和质量事故,因此项目经理必须带领项目组认真地做好技术准备工作,且一定要做好安全宣贯工作。

2. 施工现场是全体施工人员为建设优质、高效、低消耗的工程,而有节奏、均衡连续工作生产的活动空间。施工现场准备工作,主要是为了给基站工程的施工创造有利的条件和物资保证。

3. 器材、线缆、工具和设备等是保证施工顺利进行的物资基础,这些物资的准备工作必须在工程开工之前完成。

4. 劳动组织准备关系到任务 2.2、任务 2.3 的进行,每个小组设置的施工组织机构,决定了项目施工机构的名额及人选、分工与协作是否合适。

### 三、任务的重点

本次任务的重点是技术准备、施工现场准备、编制施工组织设计。

## 【技能训练】

### 一、训练目的

完成基站工程施工准备工作。

### 二、训练用具

与基站工程相关的器材、工具及设备、环境检查表格、施工组织设计样例等。

### 三、训练步骤

#### (一) 完成技术准备

1. 施工图设计审核

审查施工图设计的程序通常分为自审、会审两个阶段。首先,每个小组自行完成施工图自审;接着,请业主方代表、监理工程师、施工单位技术员等完成会审工作,提出设计不合理之处。

每个小组收到施工项目的有关技术文件后,应尽快地组织组内技术人员对施工图设计进行熟悉,写出自审记录。自审施工图设计的记录应包括对设计图纸的疑问和对设计图纸的有关建议等。

进行会审模拟时,首先由施工图的原设计向与会者说明拟建工程的设计依据、意图和功能要求,并对特殊结构、新材料、新工艺和新技术提出设计要求。接着施工技术员根据自审记录以及对设计意图的了解，提出对施工图设计的疑问和建议；在统一认识的基础上，对所探讨的问题逐一地做好记录，形成"施工图设计会审纪要"，由业主方正式行文，作为与设计文件同时使用的技术文件和指导施工的依据，以及业主与施工单位进行工程结算的依据。

2. 技术交底

请施工项目负责人对本组的其他人员进行技术交底。交底的形式可以是培训、宣贯等。

3. 搜集资料，现场查勘

请施工项目负责人带领其他组员到施工场地完成与施工图的核对、现场查勘工作，做好记录。

### (二) 完成施工现场准备

在基站设备和天馈系统安装工程开始以前，必须对机房、屋面的建筑和环境条件进行检查，做好记录，填入表 2.1.1。

**表 2.1.1　安装环境检查表**

| 序号 | 检查项目 | 基站名称： | 检查结果 | 备注 |
| --- | --- | --- | --- | --- |
| | | 检查要求：通过打"√"，不通过打"×"，不检查的打"/" | | |
| 1 | 机房土建 | 机房建筑及装修是否完成，且承重满足要求 | | |
| 2 | 电源系统 | 电源是否到位，且容量足够 | | |
| | | 端子是否满足要求 | | |
| 3 | 传输系统 | 传输是否到位、调通 | | |
| 4 | 室内保护地系统 | 地排和接地母线是否到位，且接地电阻＜5 Ω | | |
| 5 | 室外防雷地系统 | 地排和接地母线是否到位，且接地电阻＜5 Ω | | |
| 6 | 室内走线架 | 室内走线架是否安装，且适合走线 | | |
| 7 | 馈窗 | 馈窗余孔是否足够，如需后期安装馈窗，馈洞是否开好，且尺寸符合要求 | | |
| 8 | 空调设备 | 空调设备是否到位 | | |
| 9 | 铁塔 | 铁塔是否就绪 | | |
| 10 | 抱杆 | 抱杆是否安装就绪，且符合安装位置、方位角要求 | | |
| | | 抱杆尺寸是否符合天线安装要求 | | |
| 11 | 室外走线架(桥) | 室外走线架(桥)是否就绪，且适合走线 | | |
| | | 室外走线架(桥)是否良好接地 | | |

请根据知识链接中的条目，判断实验机房、楼顶天馈场地是否满足装机条件，走线架是否满足安装条件，铁塔或走线架是否具备馈线接地处。

### (三) 完成物资准备

施工项目负责人带领其他组员完成安装物资准备工作，做好记录，填入任务单中。具体准备工作如下。

1. 货物分配

因货物分配环节涉及的设备、物料特别多，准备繁杂，故仅做知识了解，不做实际模拟。

2. 开箱验货

开箱验货环节仅做知识了解,不做实际模拟。交钥匙方式下的开箱验货和货物移交过程如下:

(1) 核对装箱单;

(2) 木箱的开箱和货物检查;

(3) 纸箱的开箱和货物检查;

(4) 货物验收移交。

### (四) 完成劳动组织准备

完成劳动组织准备工作,确定项目小组的组织结构图(可以使用 VISIO 或 XMIND),建立对应的岗位责任制度。

### (五) 编制施工组织设计方案

按照编制程序和知识链接内容所给的施工组织设计的主要内容,完成某基站工程项目的施工组织设计编制工作。施工组织设计的编制程序如图 2.1.2 所示。

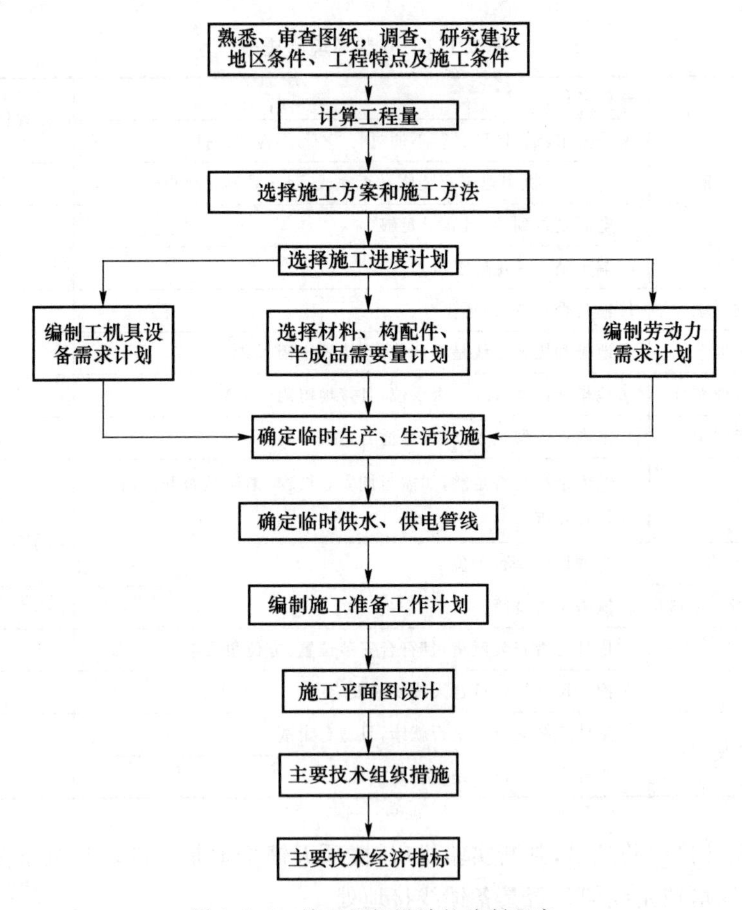


图 2.1.2 施工组织设计的编制程序

## 【任务评价】

## 一、任务成果

成果1:编写《××基站建设项目施工组织方案》1份。

成果2:准备好的工具、仪表清单1份。

## 二、评价标准

成果评价标准如表2.1.2所示。

**表2.1.2　任务成果评价参考表**

| 序号 | 任务成果名称 | 评价标准 | | | |
|---|---|---|---|---|---|
| | | 优秀 | 良好 | 一般 | 较差 |
| 1 | ××基站建设项目施工组织方案 | 方案内容完整率为100%,无技术错误 | 方案内容完整率为80%～99%,无技术错误 | 方案内容完整率为60%～79%,无技术错误 | 方案内容完整率低于60%,有明显的技术错误 |
| 2 | 工具、仪表清单 | 清单完整率为90%～100% | 清单完整率为70%～90% | 清单完整率为50%～70% | 清单完整率低于50% |

# 【任务思考】

一、在施工准备过程中,如果遇到线缆抽检有质量问题该怎么办?

二、若遇到设计图与实际环境有较大出入,该如何解决?

三、如何完成施工技术交底?

四、典型的施工组织设计方案包括哪些主要内容?

# 【知识链接与拓展】

## 一、施工准备概述

### (一)施工准备的目的

1. 遵循工程施工程序

“施工准备”是施工程序的一个重要阶段。现代工程施工是非常复杂的生产活动,必须严格按建设施工程序进行,这是社会主义市场经济规律和其技术规律决定的。只有做好施工准备的相关工作,才能取得良好的建设效果。

2. 降低施工风险

工程项目施工的生产受自然因素的影响及外界干扰较大,因此可能遭遇的风险较多。做好充分的准备、加强应变能力、采取预防措施,能有效地降低施工风险。

3. 创造工程开工和顺利施工条件

工程项目施工会耗用大量材料,使用许多工机具和设备,耗用各工种人力资源,涉及各种复杂的技术问题，还要处理广泛的社会关系，因而需要通过周密准备和统筹安排，才能使施工有序顺利地开展，使施工得到各方面条件的保障。

4. 提高企业经济效益

做好施工准备工作，能调动各种积极因素，提高工程质量、合理组织资源进度、降低工程成本，从而提高企业社会效益和经济效益。反复的实践证明，准备工作直接影响生产的整个过程。如果重视准备工作，积极创造有利施工条件，则该项目常常能顺利进行，取得施工的主动权；反之，如果忽视准备工作，违背施工程序，或者仓促开工，常常在工程施工进行时处处被动，受到各种掣肘，甚至导致重大经济损失。

**（二）施工准备的分类**

1. 按施工准备的范围不同分类

按工程项目施工准备工作的范围不同，可分为全场性施工准备、单位工程施工条件准备和分部分项工程作业条件准备三种。

(1) 全场性施工准备

以一个整体工程为对象进行的施工准备。特点是其目的、内容都是为全场性施工服务的，它不仅要为全场性的施工提供有利条件，还要兼顾单位工程施工准备。全场性施工准备包括技术、组织、物资、劳力和现场准备，是各项准备工作的基础。

(2) 单位工程施工条件准备

它是以一个单一工程对象（如某一基站）而进行的施工条件准备工作。单位工程施工准备是全场性施工准备的继续和具体化，要求做得细致，预见到施工中可能出现的各种问题，能确保单位工程均衡、连续和科学合理地施工。它不仅为该单位工程在开工前做好一切准备，而且要为分部分项工程做好施工准备工作。

(3) 分部分项工程作业条件准备

它是以一个分部分项工程为对象而进行的作业条件准备。

施工准备工作，必须实行分工负责和统一领导的制度，做到谁施工谁准备。全场性准备由施工总包单位担任整体规划和平时的管理；单位工程施工准备，由单位工程负责人组织开展。施工有一定的工期，有充分的准备才能全面提高经济效益和加快建设进度。

2. 按拟建工程所处的施工阶段的不同分类

按拟建工程所处的施工阶段不同，可分为开工前的施工准备和各施工阶段前的施工准备两种。

(1) 开工前的施工准备

为拟建工程正式开工提供必要的施工条件，在开工之前所进行的各项准备工作。可能是全场性准备，也可能是单位工程准备。

(2) 各施工阶段前的施工准备

为施工阶段正式开工提供必要的施工条件，在拟建工程开工后，各施工阶段开工前所进行的准备工作。各阶段的施工内容有差别，所需物资条件、技术条件、现场布置和组织要求等也不同，所以必须在各施工阶段开始之前做好相关准备工作。

综上所述，不仅在拟建工程开工前需做好准备，而且伴随工程的进展，在各工程阶段开始前也要做好准备。施工准备既有阶段性，又有连续性，所以必须有步骤、有计划、分阶段和分期地进行，贯穿整个工程项目的始终。

各项准备工作并不是孤立的、分离的，而是相互配合，相互补充的。为了加快准备工作的速度、提高准备工作的质量，需要强化设计单位、建设单位和施工单位之间的协调，建立健全责任制度和检查制度，使施工准备工作有组织、有领导、分期分批、有计划地进行，贯穿整个工程始终。

## 二、施工准备的流程

### （一）完成技术准备

1. 施工图设计审核

在工程开工前，施工图设计审核可以使参与施工的工程管理及技术人员充分地了解和掌握设计图纸的设计意图、工程特点和技术要求；通过审核，发现施工图设计中存在的问题和错误，在施工图设计会审会议上提出，为施工项目实施提供一份准确、齐全的施工图纸。审查施工图设计的程序通常分为自审、会审两个阶段。

（1）施工图的自审

收到施工项目的有关技术文件后，应尽快地组织组内技术人员对施工图设计进行熟悉，写出自审的记录，填入任务单。自审施工图设计的记录应包括对设计图纸的疑问和对设计图纸的有关建议等。

施工图设计审核的内容：施工图设计是否完整、齐全，以及施工图纸和设计资料是否符合国家有关工程建设的法律法规和强制性标准；施工图设计是否有误，各组成部分之间有无矛盾；工程项目的施工工艺流程和技术要求是否合理；对施工图设计中的工程复杂、施工难度大和技术要求高的施工部分或应用新技术、新材料、新工艺部分，现有施工技术水平和管理水平能否满足工期和质量要求；明确施工项目所需主要材料、设备的数量、规格、供货情况；施工图中穿越铁路、公路、桥梁、河流等技术方案的可行性；找出施工图上标注不明确的问题并记录。工程预算是否合理。

（2）施工图设计会审

施工图设计会审一般由业主方主持，由设计单位、施工单位和监理单位参加，四方共同进行施工图设计的会审。

进行会审时，首先由施工图的原设计向与会者说明拟建工程的设计依据、意图和功能要求，并对特殊结构、新材料、新工艺和新技术提出设计要求。接着施工技术员根据自审记录以及对设计意图的了解，提出对施工图设计的疑问和建议；在统一认识的基础上，对所探讨的问题逐一地做好记录，形成"施工图设计会审纪要"，由业主方正式行文，作为与设计文件同时使用的技术文件和指导施工的依据，以及业主与施工单位进行工程结算的依据。

审定后的施工图设计与施工图设计会审纪要，都是指导施工的法定性文件；在施工中既要满足规范、规程，又要满足施工图设计和会审纪要的要求。

2. 技术交底

为确保所承担的工程项目满足合同规定的质量要求，保证项目的顺利实施，应使所有参与施工的人员熟悉并了解项目的概况、设计要求、技术要求、工艺要求。技术交底是确保工程项目质量的关键环节，是质量要求、技术标准得以全面认真执行的保证。交底的形式可以是培训、宣贯等。

施工中对业主方或监理提出的有关施工方案、技术措施及设计变更的要求在执行前进行技术交底，技术交底要做到逐级交底，随接受交底人员岗位的不同交底的内容有所不同。

(1) 技术交底的依据：技术交底应在合同交底的基础上进行，主要依据有施工合同、施工图设计、工程摸底报告、设计会审纪要、施工规范、各项技术指标、管理体系要求、作业指导书、业主方或监理工程师的其他书面要求等。

(2) 技术交底的内容：工程概况、施工方案、质量策划、安全措施、"三新"技术、关键工序、特殊工序(若没有，可缺省)、质量控制点、施工工艺(遇有特殊工艺要求时要统一标准)、法律、法规、对成品和半成品的保护措施、质量通病预防及注意事项。

3. 搜集资料，现场查勘

为了做好施工准备工作，除了要掌握有关拟建工程的书面资料外，还应该做好拟建工程的实地勘测和调查，搜集建设工程当地的自然条件资料和技术经验资料；深入实地查勘施工现场情况，获得有关数据的第一手资料，这对于拟定一个先进合理、切实可行的施工方案尤为重要。

### (二) 完成施工现场准备

在基站设备和天馈系统安装工程开始以前，必须对机房、屋面的建筑和环境条件进行检查。具体检查细项包括：

(1) 机房、屋面结构、塔结构是否牢固，承载应符合通信设备安装要求。

(2) 机房内外土建工程全部竣工，室内墙壁、地面已干燥，机房门窗符合通信机房设计要求，房门锁和钥匙齐全。

(3) 检查现场情况确定合理馈线走向，实测长度。

(4) 现场环境不会对施工人员职业健康产生危害。

1. 机房应具备装机条件

请根据以下条目，判断是否满足装机条件。

(1) 机房配套建筑需满足工程设计需要。有关建筑已完工并经验收合格，室内墙面、地面已完全干燥，门窗开关应可靠安全。

(2) 机房馈线孔洞窗已安装，位置、尺寸、数量等均应符合设计要求。

(3) 新机房时，空调已安装完毕并可正常使用，配置容量适当的空调。室内湿度应符合设计要求。

(4) 机房接地系统必须符合工程设计的要求，机房内应设有工作地排，保护地排，机房外应设有防雷地排(各地排规格和孔洞符合工程设计要求)，各地排有接地引入线($40\times4\ mm^2$扁钢或 $95\ mm^2$ 铜线)牢固连接，接地电阻符合设计要求。

(5) 市电已引入机房，机房照明系统已能正常使用。

(6) 配套的走线架、电源、传输设备已安装。

(7) 机房承重满足设备安装要求。

(8) 机房建筑必须符合 YD5002—1994《邮电建筑防火设计标准》的有关规定。机房内及其附近严禁存放易燃易爆等危险品。

2. 天线抱杆应具备的安装条件

请根据以下条目，判断是否满足安装条件。

(1) 铁塔抱杆

① 天线抱杆、悬臂及塔体必须紧固连接，符合安全要求；抱杆和悬臂必须防锈抗腐蚀；抱杆位置设置应符合工程设计要求，抱杆应垂直地面(左右偏差不超过1°)。

② 天线抱杆应满足天线系统水平分离度和垂直隔离度的要求。

③ 所有天线抱杆必须处于避雷针45°保护范围之中。

(2) GPS天线抱杆

GPS天线一般应安装在铁塔或楼顶南面可选择的最开阔处，与GPS天线杆成45°角范围内应无阻挡；抱杆应垂直，误差在1°以内。铁塔GPS支架悬臂伸出塔体长度大于1 m。建议抱杆长度1 m左右，直径75 mm。

3. 馈线走线架应具备的安装条件

请根据以下条目，判断走线架是否满足安装条件。

(1) 室外走线架宽度不小于0.4 m，横档间距不大于0.8 m，横档宽度不大于50 mm，横档厚度不小于5 mm。

(2) 从铁塔和桅杆到馈线孔必须有连续的走线架。为使馈线进入室内更安全、更合理，施工更安全便利，高层机房外爬墙走线架应在馈线孔以下留1.5～2 m长。

(3) 走线架需有足够的支撑力承重。

4. 铁塔或走线架应具备馈线接地处

请根据以下条目，判断铁塔或走线架是否具备馈线接地处。

(1) 新建铁塔按照主馈线接地要求预留接地位置。

A点：平台上距抱杆底1～2 m处，每根抱杆各1处。

B点：塔体下部爬梯笼两侧横铁上2处，高于60 m的铁塔还应在塔中央爬梯笼两侧横铁上加2处。

A、B点接地铜排建议采用40 mm×4 mm铜条制作，孔洞建议采用椭圆型。

(2) 楼顶走线架安装主馈线时，相应的位置应有可供接地的孔洞。

### (三) 完成物资准备

器材、线缆、工具和设备等是保证施工顺利进行的物资基础，这些物资的准备工作必须在工程开工之前完成。根据各种物资的需要量计划，分别落实货源，安排运输和储备，使其满足连续施工的要求。具体工作包括：

(1) 根据施工预算、分部(项)工程施工方法和施工进度的安排，拟定物资的需要量计划。

(2) 根据各种物资需要量计划，组织货源，确定供应地点和供应方式，签订供应合同。

(3) 根据各种物资的需要量计划和合同，拟运输计划和运输方案。

(4) 按照施工总平面图的要求，组织物资按计划时间进场，在指定地点，按规定方式进行储存或堆放。

(5) 基站安装施工涉及大量物资分配、发送与接收，必须做到分货发货有条不紊才能保证工程的进度及总体成本控制。

1. 货物分配

因货物分配环节涉及的设备、物料特别多，准备繁杂。通常一个标准的基站系统由基站机柜、交流供电、直流供电、天馈、传输等设备共同组成。基站安装涉及机柜、电源柜、电池组、综合业务柜、电源线、传输线、馈线、天线等多种物资的调配安装。因此在发货时必须严格按照基站设计规划进行物资调配，主要设备及其相关辅料、工机具仪表都必须准备充分，尤其是扎带、接地夹、标签等小件必须足量发货。

2. 开箱验货

在非交钥匙方式下，开箱时要求客户方和工程督导(供货商工程师或合作方工程师)必须同时在场，如开箱时双方不同时在场，则出现货物差错问题，由开箱方负责。

在交钥匙方式下，工程督导与订单管理工程师进行货物的开箱、验收和移交，并签字确认。

开箱验货的操作和货物问题的反馈方法，除不需客户方签字外，其余与非交钥匙工程的操作方法一样。货物在整个工程初验合格后一起移交给客户。

下面着重介绍非交钥匙方式下的开箱验货和货物移交过程。

(1) 核对装箱单

开箱前，双方需要检查包装箱是否有破损，发现破损时应立即停止开箱，并与供货商当地办事处订单管理工程师取得联系，等候处理。同时检查现场包装箱件数与《装箱单》是否相符，运达地点是否与实际安装地点相符，若出现不符，工程督导应将经客户签字确认的《货物问题反馈表》反馈给当地办事处订单管理工程师。

当以上各项检查通过，即可开箱验货。

货运包装箱分木箱和纸箱两种，现场应根据不同的包装箱使用不同工具开箱。通常《装箱单》装在 1 号纸箱中，该纸箱可能贴有红色标签以便识别。

(2) 木箱的开箱和货物检查

木箱一般用于包装机柜等沉重物品。

机柜的包装件包括木箱、泡沫包角和胶袋，如图 2.1.3 所示。开箱前最好将包装箱搬至机房或机房附近(空间允许情况下)进行开箱，以免搬运时损伤机柜。

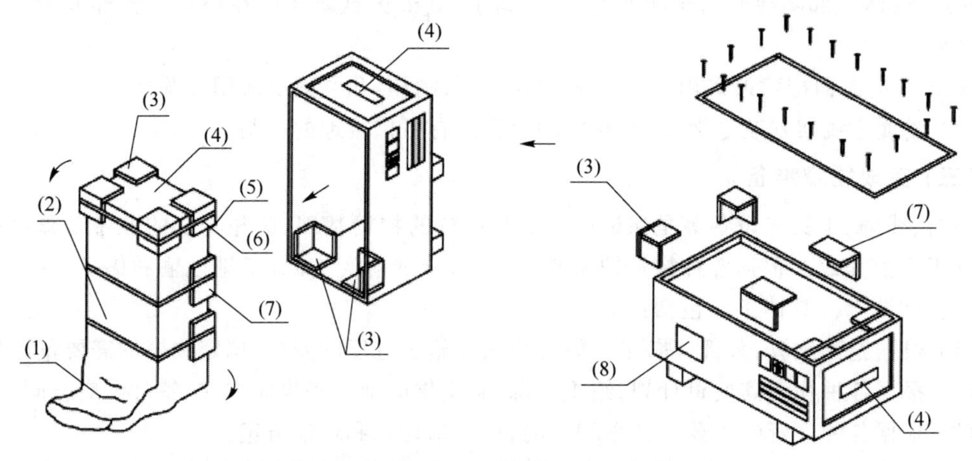


(1)防潮袋；(2) 机柜后面；(3)包角泡沫；(4)机柜顶部；
(5)机柜前面；(6)压敏胶带；(7)直角泡沫；(8)装箱标签。

图 2.1.3　木箱包装示意图

开箱步骤如下：

① 用羊角锤、钳子、一字螺丝刀、撬杠启掉包装铁皮，打开包装箱盖板；

② 使用一字螺丝刀插入木箱面板接缝处，将其松动，然后再插入撬杠将其撬开，直至完全将这面包装板去掉；

③ 将货物拉出，注意拉出之前不能去除货物包装胶袋；

④ 除去货物包装胶袋。

开箱后进行货物检查，主要检查：

① 机柜的外观有无缺陷，整个机柜是否扭曲变形；

② 机柜的前、后门是否齐全配套；

③ 机柜顶盖是否完好，标识是否清晰；

④ 插框板名条及假面板等是否安装齐全；

⑤ 机柜内部卫生情况是否符合要求；

⑥ 馈线夹等其他货物是否齐备且没有损坏。

(3) 纸箱的开箱和货物检查

纸箱一般用来包装单板、模块和终端设备等物品。单板是置于防静电保护袋中运输的。袋中一般有干燥剂，以保持袋内干燥。单板包装如图 2.1.4 所示。

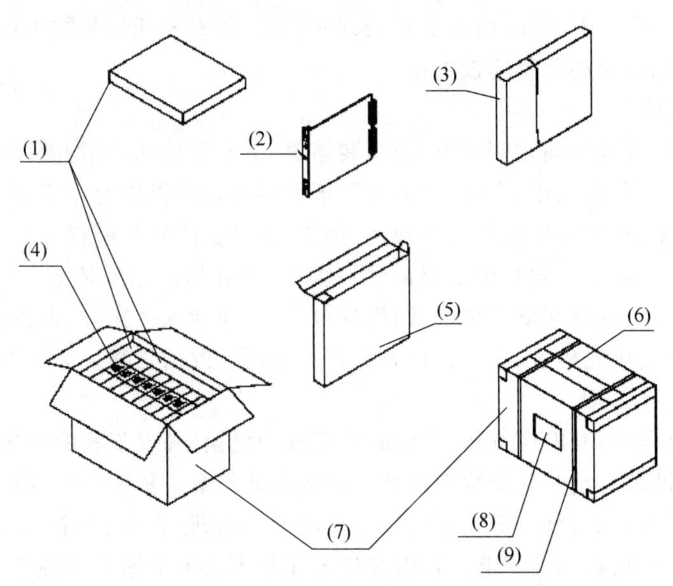


(1)泡沫板；(2)单板；(3)防静电袋；(4)单板标签；(5)单板盒；
(6)压敏胶带；(7)纸箱；(8)纸箱标签；(9)打包带。

图 2.1.4　单板包装示意图

拆封时必须采取防静电保护措施，以免损坏设备；同时，还必须注意环境温、湿度的影响。

注意当设备从一个温度较低、较干燥的地方拿到温度较高、较潮湿的地方时，必须至少等 30 分钟以后再拆封。否则，可能会由于潮气凝聚在设备表面，而损坏设备。

开箱步骤如下：

① 查看纸箱标签，了解箱内单板类型、数量；

② 用斜口钳剪断打包带；

③ 用裁纸刀沿箱盖盒缝处划开胶带，在用刀时注意不要插入过深避免划伤内部物品；

④ 打开纸箱，取出泡沫板；

⑤ 浏览单板盒标签，查看数量是否与纸箱标签上注明的数量相符，然后取出单板盒；

⑥ 打开单板盒，从防静电袋中取出单板。

开箱过程中要注意以下问题：

① 拿取单板时必须采取防静电保护措施；单板盒打开后，单板外还有一层普通袋包装和一层防静电袋包装，请妥善保管这两个袋子，以便在备板保存和故障板返修中使用。

② 开箱后进行货物检查，下一箱开箱之前必须对本箱进行检查，在确认本单板盒内确实是空的以后再拆下一箱，避免失误。切忌纸箱内还有未取出的单板便将纸箱扔掉，给施工带来麻烦。

开箱后主要检查：

① 内部包装是否有破损情况。

② 单板和模块等物品的数量、型号是否与《装箱单》内容相符。

③ 是否存在印制板断裂,元器件脱落等现象。

④ 检查计算机终端的显示器、键盘、鼠标是否齐全,有无损坏。

⑤ 检查时需要注意,如果内部包装有破损处,请详细记录检查结果;在内部无破损的情形下,拆包后对设备,尤其是对易造成电气特性不良状况的器件进行完整情况检查时,应以设备供应商为主进行检查,如有损坏,由其负责处理或赔偿;若发现任何货物不符合情况,应及时和设备供应商联系;已检验的货物应按类摆放。

(4) 货物验收移交

验货完毕,若货物没有问题则双方须在《装箱单》上签字确认,货物随即移交给客户保管。

在验货过程中,若《装箱单》上标明"欠货",请直接反馈至供货商办事处订单管理工程师进行后续处理,同时签署《装箱单》;如出现缺货、错货、多发货或货物破损等情况,则双方签署《开箱验货备忘录》和《装箱单》,同时由工程督导如实填写《货物问题反馈表》,反馈给当地办事处订单管理工程师,并负责有问题货物(连同内外包装)的原状保存完好,以便查证。

与客户方货物交接完毕后,若因客户方保管不善而导致的货物损坏或遗失,责任应由客户方承担。

在整个安装过程中,若出现货物、器件的损坏或需更换、补发货物的情况,工程人员应认真填写《货物问题反馈表》,及时反馈给当地办事处货管员备案。货物应存放在专用的房间里,由客户方指定的责任人负责管理,房间环境应满足温湿度合理、灰尘少、振动小、有良好的接地、无强电磁干扰及无生物破坏等要求。若因客户方保管不善而导致的货物损坏或遗失,责任应由客户方承担。

**(四) 完成劳动组织准备**

1. 建立拟建工程项目的领导机构

施工组织机构的建立应遵循以下的原则:根据拟建工程项目的结构、规模和复杂程度,确定项目施工的领导机构名额及人选;分工与协作相结合;把有工作效率、有创新精神、有施工经验的人员安排在领导层;认真执行因事设职、因职选人的原则。

2. 建立精干的施工队伍

施工队伍的组建要充分考虑工种、专业的配合,各级别工人的比例要符合流水施工组织方式的要求,要能满足合理的劳动组织,确定是建立专业施工队伍,抑或是混合施工队伍,要坚持精干、合理的原则;进而制订出劳动力需求计划。

3. 集结施工力量、组织劳动力进场

工地的领导机构确立后,按照劳动力需求计划和开工时间,组织劳动力进场。同时要及时进行文明施工和安全等方面教育,并安排好生活后勤保障。

4. 向施工队工人进行施工组织设计、计划和技术交底

交底是为了把设计内容、施工计划和施工技术等具体要求详尽地向施工队工人介绍。这是技术责任制和落实计划的较好选择。

交底需要在分部分项工程或单位工程开工前按时进行,以保证工程严格地按照设计图纸、施工组织设计、安全操作规程和施工验收规范等要求进行施工。

交底的内容有工程的施工进度计划、月(旬)作业计划;施工组织设计;安全保障措施、质量标准、验收规范和成本控制措施的要求;新技术、新材料、新结构和新工艺的实施计划和保障办

法;图纸会审时确定的技术核定和设计变更事项。交底时根据管理架构逐级进行,从上至下直到工人。口头交底、书面交底和现场示范都属于交底的方式。施工队接受交底后,要组织工人进行仔细的研究分析,搞清楚质量标准、关键技术、操作要领和安全措施。根据需要进行示范,并做好任务分工及配合协作,建立健全岗位责任制。

5. 建立健全各项管理制度

施工现场的各项管理制度,直接影响到各项施工内容的顺利进展。有章不循其后果是严重的,而无章可循更是危险的。为此必须建立健全相关管理制度。通常内容如下:技术档案管理制度;质量检查验收制度;材料设备验收检查制度;技术责任制度;交底制度;施工图纸会审与学习制度;考勤制度;职工考核制度;安全施工制度;耗材出入库制度;工地经济核算制度;工具使用保养制度。

### (五) 编制施工组织设计方案

施工组织设计是企业控制和指导施工的文件,必须结合工程实体,内容要科学合理。在编制前应会同各有关部门及人员,共同讨论和研究施工的主要技术措施和组织措施。

施工组织设计一般应包括:工程概况说明;施工现场平面布置;项目管理班子主要管理人员;劳动力计划;施工进度计划;施工进度施工工期保证措施;主要工机具设备;主体施工方案和方法及质量保障措施;各种管线等基础结构质量保障措施;采用新工艺新技术专利技术;各工序间的协调;安全保障措施;冬季、雨季施工措施;施工现场维护措施;现场保护措施;现场文明施工;交验后服务措施等内容。

施工方案的制订要从工期要求、技术可行性、保证质量、降低成本等方面综合考虑。选择和确定各项工程的主要施工方法和适用、经济的施工方案。

## 三、施工组织架构

图 2.1.5 为典型的工程施工组织架构图。

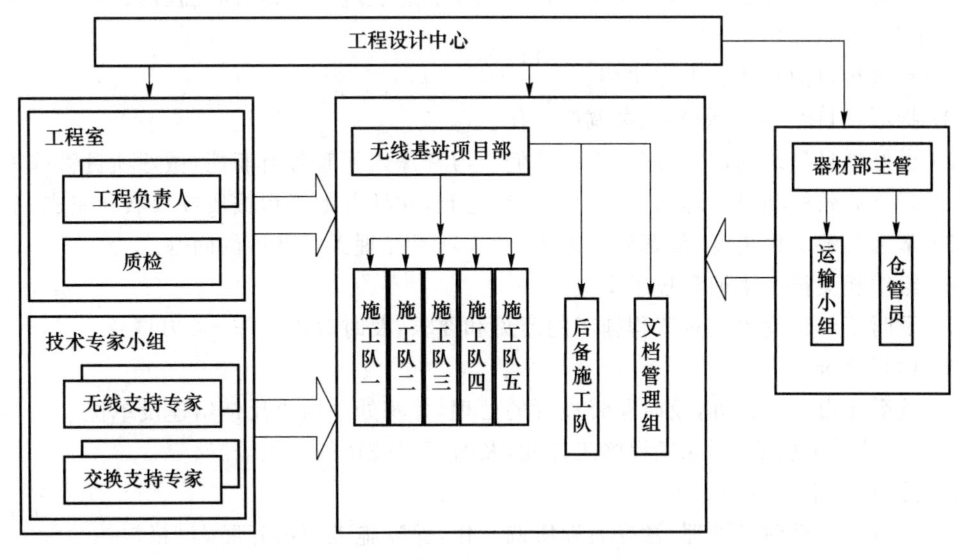


图 2.1.5　典型的工程施工组织架构图

其中,工程设计中心负责工程的宏观控制管理及组织策划。项目部负责工程的具体实施,包括质量、进度控制,安全文明施工管理及对外关系的协调。工程室负责收集、处理和反馈建设单位的意见;负责工程实施过程中的质量检查和质量监督。技术专家小组负责技术支持保障及技术培训。图 2.1.6 是工程施工人员岗位设置图,具体的岗位职责如下。

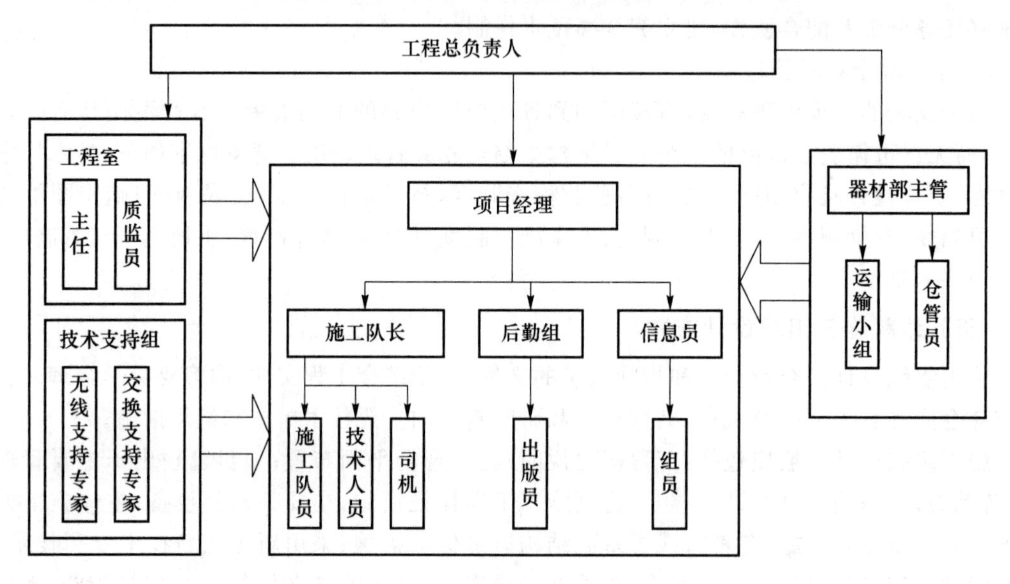


图 2.1.6　工程施工人员岗位设置

1. 工程总负责人(经理)

(1) 负责招投标相关事宜,负责总体施工方案的制订。

(2) 负责整个工程合同的组织实施,并阶段性地对合同的履行情况加以总结,报工程局领导。

(3) 协调公司内部各部门的工作,事先做好各地方人员调配工作。

(4) 工程结束后拜会客户,对建设单位的意见和建议进行总结,向工程局领导提交报告。

2. 工程室(主任)

(1) 负责项目的整体管理和协调。

(2) 指派项目经理,并做好人员调配工作。

(3) 做好项目经理的职能分工,组织他们学习并深入了解各自职能,做好项目管理工作。

(4) 建立高效的项目管理制度。组织例行检查,保证各地工程按质按量顺利完成。

(5) 掌握各地工程进度,负责调度人手,解决项目经理无法处理的问题。

(6) 组织相关技术培训和技术交流。

(7) 及时了解建设单位对工程施工的意见和要求,及时改进工作。

(8) 项目评价。

(9) 接受建设单位投诉,及时监督投诉的处理,并将处理结果反馈给建设单位。

(10) 对建设单位负责,在工程施工期间,及时了解公司的施工情况。

3. 无线项目组(经理)

(1) 负责本工程项目管理,做好后勤协调工作,保障施工顺畅开展。

(2) 积极、主动与建设单位的工程管理人员联系,在工程开工前就工程的开展、流程等进行必要的沟通,并取得一致意见;在施工中,及时、虚心听取建设单位对服务质量的意见。

(3) 在工程开工前,与建设单位的工程管理人员和施工队沟通,确定进度计划和施工细则;组织相关技术人员认真学习设计文件,并做好开工的准备工作。

(4) 按照进度计划和建设单位的指示安排施工队进场施工。

(5) 在工程施工过程中,与建设单位的工程管理人员随时沟通,了解建设单位的意见并及时回应,积极配合。

(6) 对工程中发生的问题及时进行协调和处理,重大技术问题请求支持专家给予支持。

(7) 按照施工进度计划控制施工进度,在施工进度出现偏差或由于其他原因需要调整时,及时调派人手,保证工程进度。

(8) 定期巡视施工现场,控制施工质量。出现质量问题,及时要求施工队进行整改。

(9) 根据每月计划对仓库设备、材料进行核查,发现缺货少料的情况要上报建设单位。

(10) 对分包单位施工质量把关。

(11) 管理和监督工程文件的编写和归档,并对文档的完整性、真实性、有效性进行审核。

4. 信息员

(1) 负责工程各项资料的整理出版。

(2) 负责对施工信息进行收集并上报建设单位。

5. 施工队长

(1) 接受项目经理分派的任务,严格按照质量要求、进度要求进行施工。

(2) 合理地安排施工队员的工作任务,高效率、高质量地完成施工任务。

(3) 遵守机房的各项规章制度,严格要求施工人员。

(4) 随时检查施工人员的施工质量,对关键工序要严格把关,对工程质量负责。

(5) 定期对施工工具、调测仪表、车辆状态进行检查,定期补充常用的后备材料。

(6) 按照文档要求,及时填写各类工程文档。

(7) 保证安全文明施工。

(8) 严格按照有关调测规程、技术指标、质量要求、进度要求进行基站调测。

(9) 负责竣工文件原始资料的收集整理。

6. 质监小组组长

(1) 对工程室负责,对建设单位负责,在工程施工期间检查无线部的各项工作是否符合施工规范、质量要求、安全规定、文档填写要求。

(2) 对每个地区基站的安装、调测进行抽查。

7. 技术支持专家

(1) 24 h 提供远程技术支持。对于紧急情况,根据需要到现场解决问题。

(2) 跟踪新技术,向工程技术人员及建设单位的工程管理人员提供新技术讲座。

## 四、施工组织设计

1. 施工组织设计的基本概念

施工组织设计是指导拟建工程施工全过程各项活动的技术、经济和组织的综合性文件。

施工组织设计要根据国家的有关技术政策和规定、设计图纸和组织施工的基本原则,从拟建工程施工全局出发,结合工程的具体条件,合理地组织安排,采用科学的管理方法,不断地改进施工技术,有效地使用人力、物力,安排好时间和空间,以期达到耗工少、工期短、质量高和造价低的最优效果。

编制一个好的施工组织设计可以大大降低标价,提高竞争力。编制的原则是:在保证工期和工程质量的前提下，尽可能使工程成本最低，价格合理。

2. 施工组织设计的编制原则及依据

在编制施工组织设计时，应根据施工的特点和以往积累的经验，遵循以下几项原则。

(1) 认真贯彻国家对通信工程建设的各项方针和政策，严格执行建设程序。历史的经验表明：凡是遵循基本建设程序，建设就能顺利进行；否则，不但会造成施工的混乱，影响工程质量，而且还可能会造成严重的浪费或工程事故。因此，认真执行基本建设程序，是保证工程顺利进行的重要条件。另外在工程建设过程中，必须认真贯彻执行国家对工程建设的有关方针和政策。

(2) 科学地编制进度计划，严格遵守要求的工程竣工及交付使用期限。

(3) 遵循施工工艺和技术规律，合理安排工程施工程序和施工顺序。

(4) 在选择施工方案时，要注意结合工程特点和现场条件，使技术的先进适用性和经济合理性相结合；还要符合操作规程要求、验收规范和有关安全、防火及环卫等规定，确保施工质量和现场安全。

(5) 对于在雨季、冬季施工的项目，应落实季节性施工措施，保证生产的均衡性和连续性。

(6) 多利用正式工程、已有设施，尽量减少各类临时性设施；尽可能就近利用本地资源，合理安排运输、装卸与储存作业，减少物资运输量，避免二次搬运；精心进行场地规划布置，节约施工用地。

(7) 要贯彻"百年大计，质量第一"和预防为主的方针，制订质量保证的措施，预防和控制影响工程质量的各种因素。

(8) 要贯彻安全生产的方针，制订安全保证措施。

施工组织设计应以工程对象的类型和性质、所在地的自然条件和技术经济条件及收集的其他资料等作为编制依据。主要应包括：

(1) 经过复核的工程量清单及开工、竣工的日期要求；

(2) 施工图纸及设计单位对施工的要求；

(3) 建设单位可能提供的条件和水、电等的供应情况；

(4) 各种资源的配备情况，如机械设备来源、劳动力来源等；

(5) 施工现场的自然条件、施工条件和技术经济条件资料；

(6) 现行相关规范、规程等资料。

# 任务 2.2　基站室内设备安装

## 【任务描述】

LTE 基站机房一般位于楼顶，基站室内设备主要有基带处理单元(BBU)、蓄电池、交流配电箱等，室内安装施工包括设备的网口、光接口模块、上跳线、SCTE 板卡、BBU 机箱、电源线、蓄电池(串联、并联)、扎带固定走线、零火地三线接线等操作。请以某基站建设项目中标单位的一名项目经理的身份，带领项目小组按照安装规范和要求完成对 4G 基站室内设备的安装。

# 【任务分析】

## 一、任务的目标

1. 知识目标

(1) 熟悉机房施工规范和注意事项；

(2) 掌握 BBU、蓄电池、交流配电箱等设备的外观、型号、参数等知识；

(3) 掌握 BBU、蓄电池、交流配电箱等设备的部件构成和功能。

2. 能力目标

(1) 能够完成机房检查；

(2) 能够选取并正确使用设备组装工具；

(3) 能够独立组装设备并正确安装设备；

(4) 安装结束后能够进行安装检查。

## 二、完成任务的流程

完成本次任务的主要流程如图 2.2.1 所示。

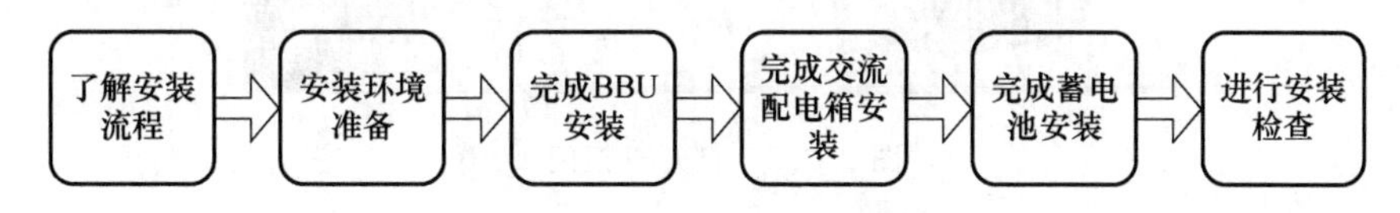


图 2.2.1　任务流程示意图

1. 为了保证基站安全、稳定、可靠地工作，安装设备的机房首先要考虑的问题是使基站处于良好的工作环境之中，设备机房的房屋结构、采暖通风、供电供水、照明和消防等项目应按国家和行业标准设计施工。具体内容可参考【知识链接与拓展】中的“四、安装准备工作”。

2. 为防止错误安装，工程技术人员在安装前必须熟悉基站的系统结构、单板功能和子板接口等。具体内容可参考【知识链接与拓展】中的“一、EMB5116 主设备(BBU)介绍”。

3. 基站主设备的安装包括机框内安装、线缆连接和走线，安装结束后还应进行检查，具体内容可参考【知识链接与拓展】中的“五、EMB5116 主设备的安装规范”和【技能训练】。交流配电箱和蓄电池的知识不在本教材中作介绍，可参考通信电源类课程的知识点。

## 三、任务的重点

本次任务的重点是按施工规范完成基站主设备的安装。

# 【技能训练】

## 一、训练目的

完成 LTE 基站室内设备的安装。

## 二、训练用具

移动通信虚拟现实系统开发软件(针对 EMB5116 TD－LTE 基站主设备)、HTC/富士通虚拟现实头盔、手柄等。

## 三、训练步骤

### (一) 完成 BBU(EMB5116)的安装

按提示【打开机柜门】,用手柄依次对网口、光接口模块,SCTE 板卡和 BBU 机箱进行操作并观察,如图 2.2.2 和图 2.2.3 所示。

图 2.2.2　打开机柜门 1

图 2.2.3　打开机柜门 2

1. 操作网口,展示对端设备,如图 2.2.4 和图 2.2.5 所示。

图 2.2.4　操作网口 1

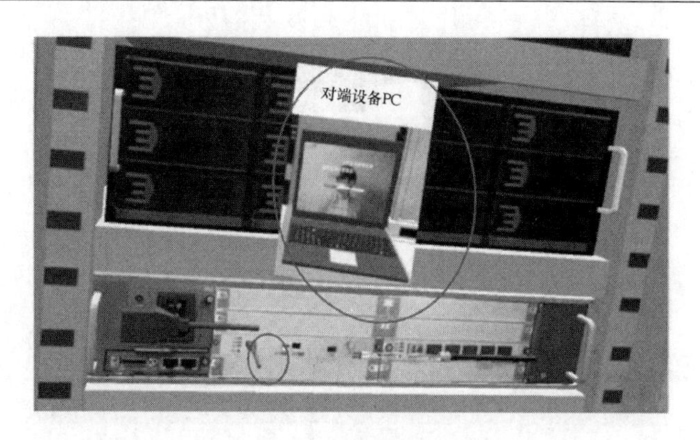


图 2.2.5　操作网口 2

2. 操作光纤并展示对端设备,如图 2.2.6 和图 2.2.7 所示。

图 2.2.6　操作光纤 1

图 2.2.7　操作光纤 2

3. 操作上跳线并展示对端设备,如图 2.2.8 和图 2.2.9 所示。

图 2.2.8　操作上跳线 1

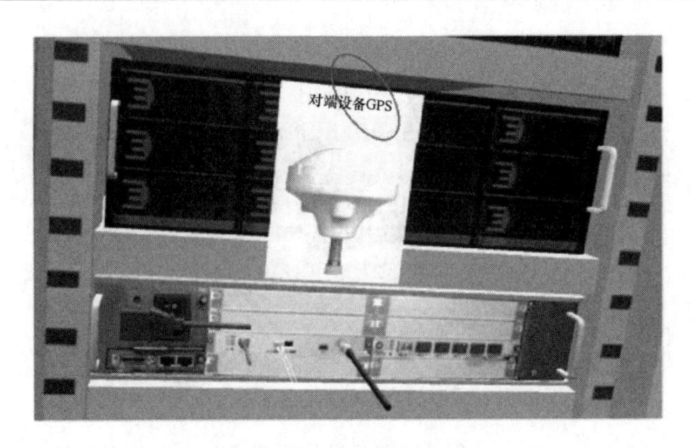


图 2.2.9　操作上跳线 2

4. 操作并观察 SCTE 板卡，如图 2.2.10 和图 2.2.11 所示。

图 2.2.10　操作并观察 SCTE 板卡 1

图 2.2.11　操作并观察 SCTE 板卡 2

5. 操作并观察 BBU 机箱，如图 2.2.12 所示。

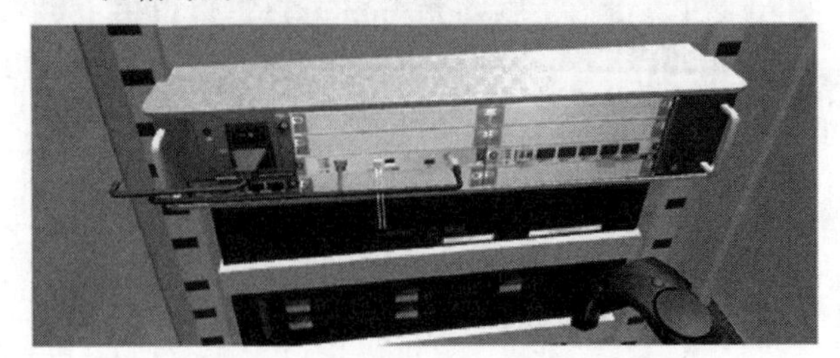

图 2.2.12　操作并观察 BBU 机箱

6.安装电源线，如图 2.2.13 和图 2.2.14 所示。

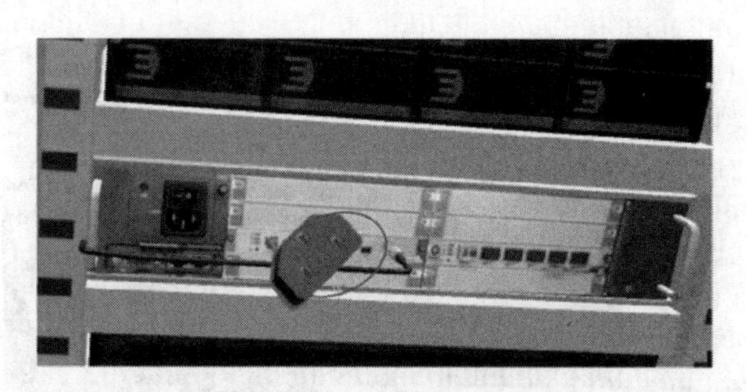

图 2.2.13　安装电源线 1

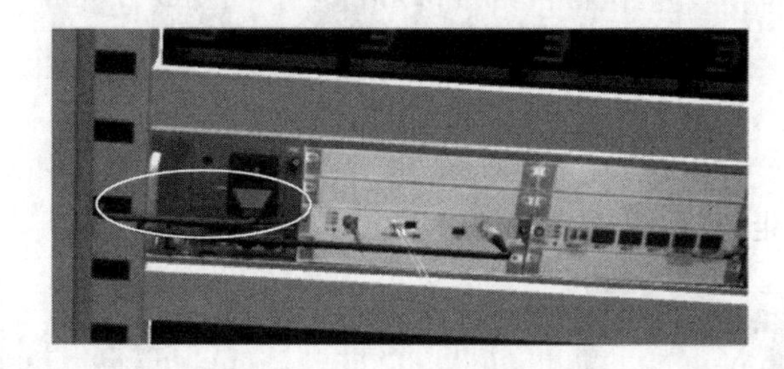

图 2.2.14　安装电源线 2

## （二）完成蓄电池的安装

移动到蓄电池的机架前，用手柄拾取电源线后将蓄电池串联起来，然后将蓄电池和设备连接起来。

1. 串联蓄电池，如图 2.2.15 和图 2.2.16 所示。

图 2.2.15　串联蓄电池 1

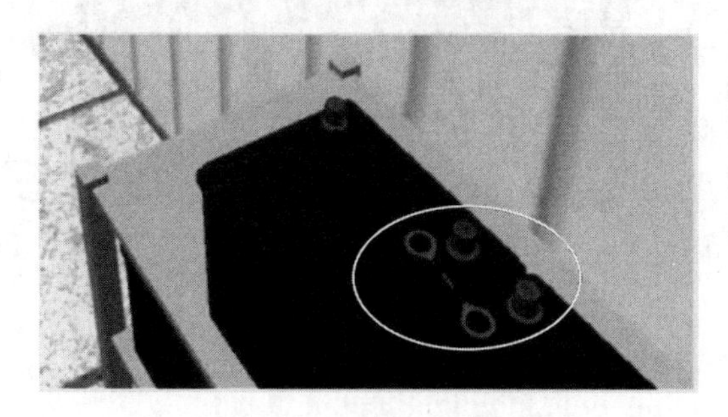

图 2.2.16　串联蓄电池 2

2. 连接蓄电池和设备,如图 2.2.17 所示。

图 2.2.17　连接蓄电池和设备

3. 使用扎带固定走线,如图 2.2.18 所示。

图 2.2.18　使用扎带固定走线

**(三) 完成交流配电箱的安装**

移动到交流配电箱附近,打开电源箱的门,手柄依次拾取火线三芯线(红色、黄色和绿色)、蓝色的零线和黄绿色的地线,并依次连接到配电箱的合适位置。

1. 打开电箱门,如图 2.2.19～图 2.2.21 所示。

图 2.2.19　打开电箱门 1

图 2.2.20　打开电箱门 2

图 2.2.21　打开电箱门 3

2. 连接火线到合适位置，如图 2.2.22～图 2.2.24 所示。

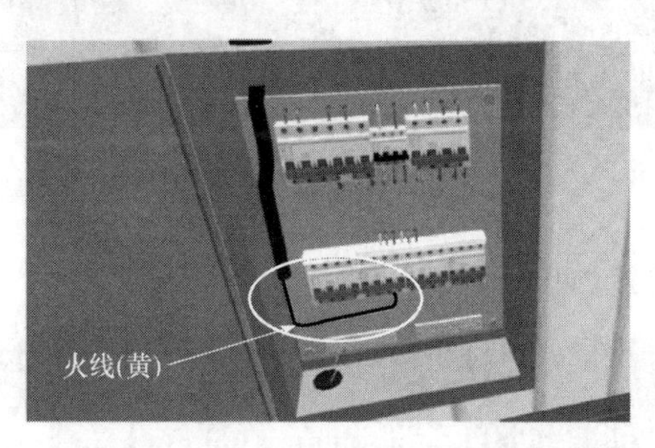


图 2.2.22　连接火线到合适位置 1

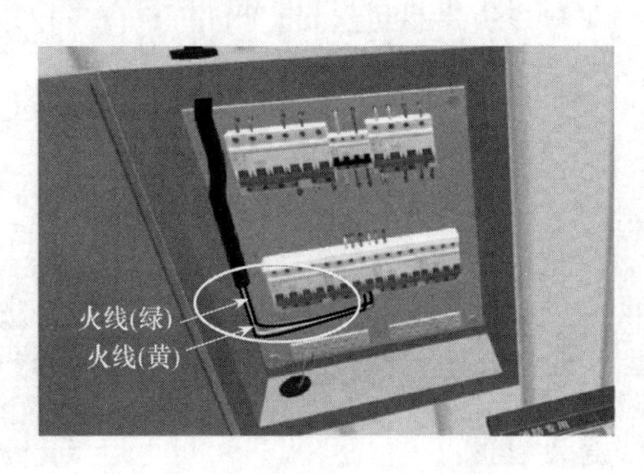


图 2.2.23　连接火线到合适位置 2

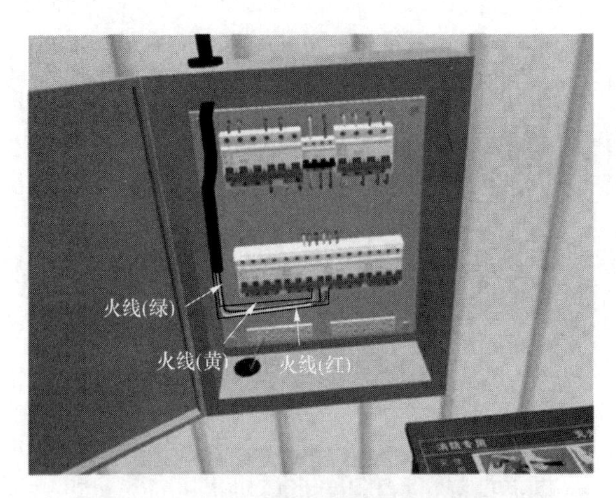


图 2.2.24　连接火线到合适位置 3

3. 连接零线到合适位置，如图 2.2.25 所示。

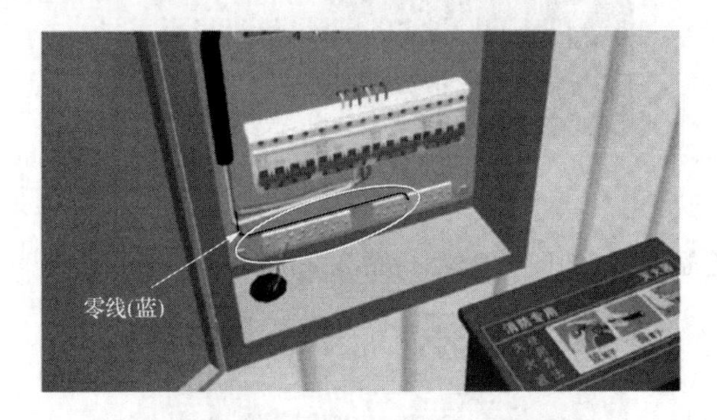


图 2.2.25　连接零线到合适位置

4. 连接地线到合适位置，如图 2.2.26 所示。

图 2.2.26　连接地线到合适位置

# 【任务评价】

## 一、任务成果

成果1:掌握EMB5116基站主设备系统结构,含单板功能和子板接口。
成果2:完成EMB5116基站室内设备安装。

## 二、评价标准

成果评价标准如表2.2.1所示。

**表2.2.1　任务成果评价参考表**

| 序号 | 任务成果名称 | 评价标准 | | | |
|---|---|---|---|---|---|
| | | 优秀 | 良好 | 一般 | 较差 |
| 1 | 掌握EMB5116基站主设备系统结构,含单板功能和子板接口 | 画出EMB5116满配置面板图的准确率为90%~100% | 画出EMB5116满配置面板图的准确率为70%~90% | 画出EMB5116满配置面板图的准确率为50%~70% | 画出EMB5116满配置面板图的准确率低于50% |
| 2 | 完成EMB5116基站室内设备安装 | 在LED上展示的安装步骤准确率为90%~100% | 在LED上展示的安装步骤准确率为70%~90% | 在LED上展示的安装步骤准确率为50%~70% | 在LED上展示的安装步骤准确率低于50% |

# 【任务思考】

一、安装前对室内走线架的检查内容有哪几项?
二、安装过程中使用的主要仪表有哪些?
三、EMB5116直流电源输入和交流电源输入的硬件配置有何不同?
四、EMB5116的SCTE子板面板上有哪些接口,对应的接插件类型和线缆是什么?
五、对19英寸机柜内接线位置及走线有何规定?

# 【知识链接与拓展】

## 一、EMB5116主设备(BBU)介绍

EMB5116 TD-LTE是一种为了适应多种可能的应用环境而开发的紧凑型基站产品,其体积小,安装条件简单,支持挂墙、机柜等方式,配置灵活多样,可用于室内分布应用及室外宏蜂窝应用。

1. 网络结构

EMB5116 TD-LTE在LTE网络中的位置如图2.2.27所示。

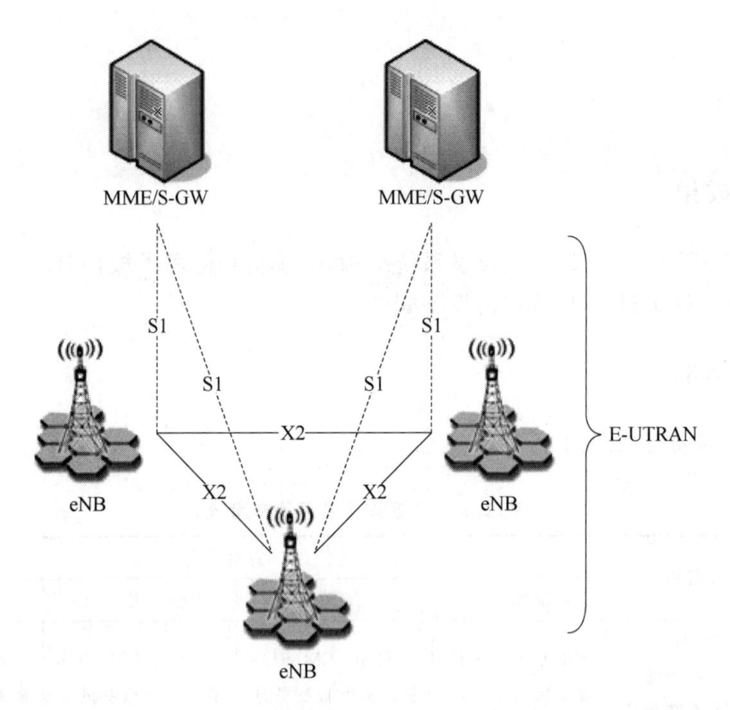


图 2.2.27　EMB5116 TD-LTE(eNode B)在 LTE 网络中的位置

2. 系统结构

EMB5116 TD-LTE 基站系统结构如图 2.2.28 所示。

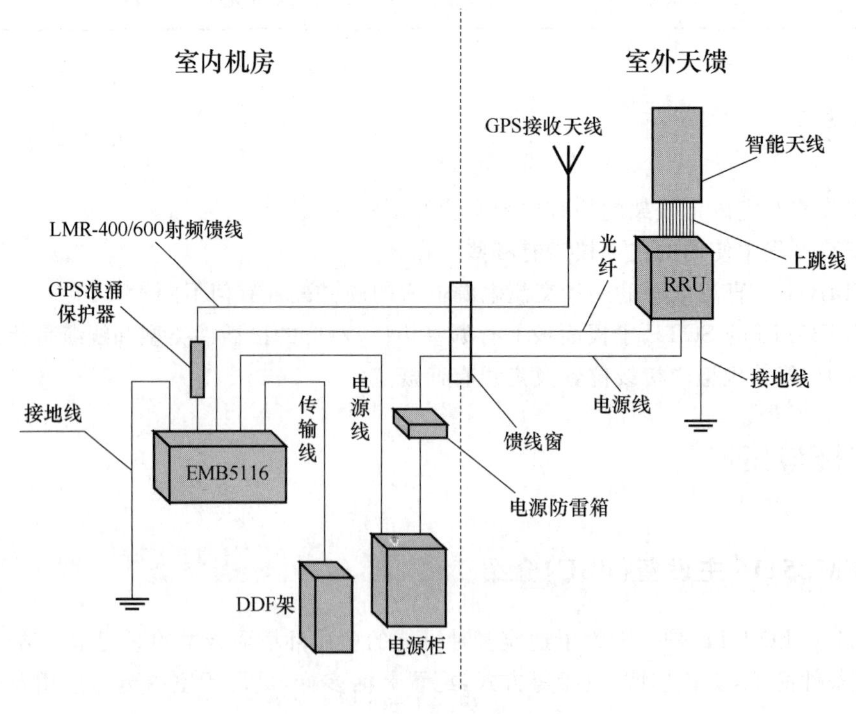


图 2.2.28　EMB5116 系统结构图

3. 基站主设备整体结构

基站主设备为EMB5116 TD-LTE系统的核心部分，采用19英寸2U标准机箱，机箱内共12个板卡槽位，其中8个全宽业务槽位，1个半宽业务槽位，2个电源槽位和1个风扇槽位，如图2.2.29所示。

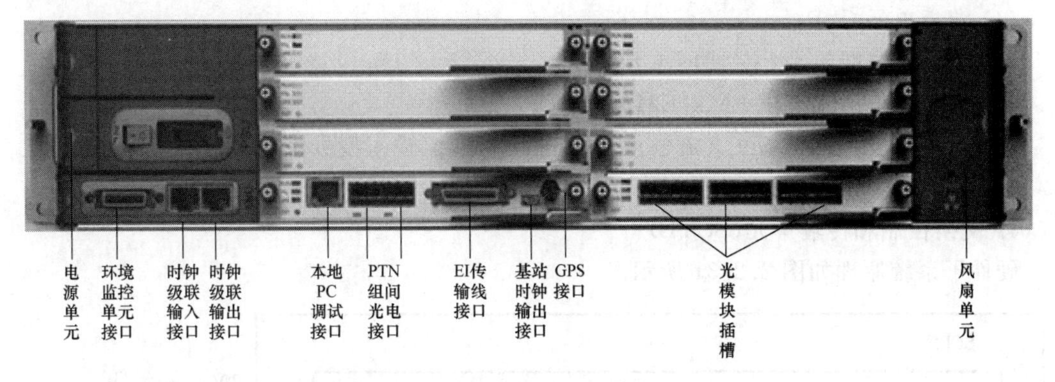


注：此电源模块为直流模块，交流模块体积大，占据两个直流模块位置。

| | | | | | | | |
|---|---|---|---|---|---|---|---|
| 6HP | 电源 SLOT 11 | 业务 | SLOT 3 | 业务 | SLOT 7 | 风扇 SLOT 8 | 4HP |
| | | 业务 | SLOT 2 | 业务 | SLOT 6 | | 4HP |
| 6HP | 电源 SLOT 10 | 业务 | SLOT 1 | 业务 | SLOT 5 | | 4HP |
| 4HP | 电源 SLOT 9 | 业务 | SLOT 0 | 业务 | SLOT 4 | | 4HP |

图2.2.29　EMB5116 TD-LTE整体布局设计示意图

根据电源情况需要主要有两种硬件配置，如图2.2.30所示。

| | | | | | |
|---|---|---|---|---|---|
| PSA SLOT 11 | BPOG | SLOT 3 | BPOG | SLOT 7 | FC SLOT 8 |
| PSA SLOT 10 | BPOG | SLOT 2 | BPOG | SLOT 6 | |
| | SCTE | SLOT 1 | BPOG | SLOT 5 | |
| EMx SLOT 9 | | SLOT 0 | BPOG | SLOT 4 | |

(a) 直流输入

| | | | | | |
|---|---|---|---|---|---|
| PSC SLOT 10 | BPOG | SLOT 3 | BPOG | SLOT 7 | FC SLOT 8 |
| | BPOG | SLOT 2 | BPOG | SLOT 6 | |
| EMx SLOT 9 | SCTE | SLOT 1 | BPOG | SLOT 5 | |
| | | SLOT 0 | BPOG | SLOT 4 | |

(b) 交流输入

图2.2.30　机框内硬件单元排布示意图

硬件配置主要包括：

(1) SCTE 板卡;
(2) BPOG 板卡;
(3) ETPE 板卡;
(4) 背板单元 CBP;
(5) 风机及滤网单元 FC(滤网单元选配);
(6) 环境监控单元模块 EMx(EMA/EMD);
(7) 直流/交流电源单元〔直流输入型号(PSA)、交流输入型号(PSC)〕;
(8) 主机箱。

4. 交换控制和传输单元(SCTE)

硬件子系统原理如图 2.2.31 所示。

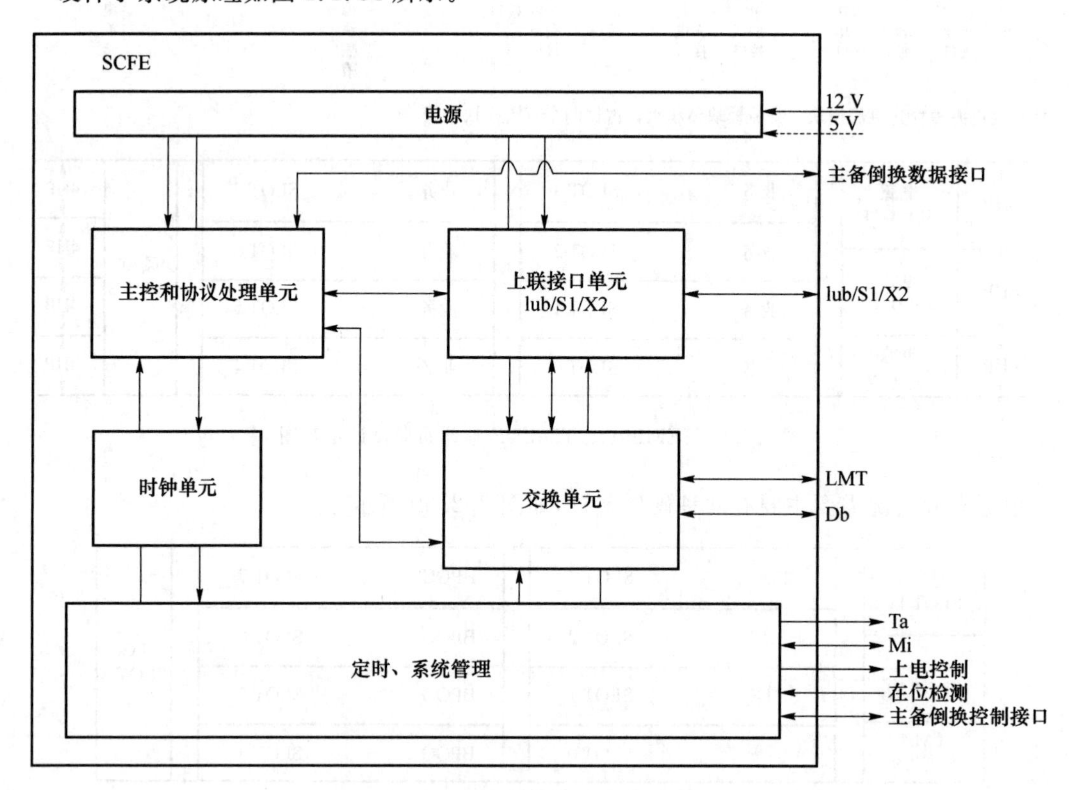


图 2.2.31 SCTE 硬件子系统原理框图

(1) 功能

① 实现 EMB5116 TD-LTE 与 EPC 之间的 S1/X2 接口,2 路 GE/FE 传输;
② 实现 EMB5116 TD-LTE 的业务和信令交换功能;
③ 实现 EMB5116 TD-LTE 的所有控制和上联接口协议控制面处理;
④ 实现 EMB5116 TD-LTE 的高稳时钟和保持功能;
⑤ 实现 EMB5116 TD-LTE 单板卡的上电和节电等控制;
⑥ 实现 EMB5116 TD-LTE 单板卡的在位检测和存活检测;
⑦ 实现 EMB5116 TD-LTE 的时钟和同步码流分发;
⑧ 实现 EMB5116 TD-LTE 不依赖于单板软件的机框管理;
⑨ 实现 EMB5116 TD-LTE 系统的主备冗余备份。

(2) 子板的接口

SCTE 子板面板设计有一个用于本地维护使用的以太网 RJ45 电连接接口，两个用于与 S1/X2 连接的 SFP 光连接接口，一个用于连接 GPS 天线的 SMA 电连接接口，一个用于测试时钟的 USB 电连接接口，接口说明如表 2.2.2 所示。

**表 2.2.2　SCTE 子板面板接插件描述**

| 名称 | 接插件类型 | 对应线缆 | 说　明 |
| --- | --- | --- | --- |
| GE0 | SFP 连接器 | BBU 与交换机连接的 EPC 之间的 S1/X2 接口千兆以太网光纤 | 用于实现与 EPC 的千兆数据相连，输入/输出，FE/GE 自适应 |
| GE1 | SFP 连接器 | BBU 与交换机连接的 EPC 之间的 S1/X2 接口千兆以太网光纤 | 用于实现与 EPC 的千兆数据相连，输入/输出，FE/GE 自适应 |
| LMT | RJ45 连接器 | BBU 与本地维护终端或者交换机之间的以太网线缆 | 用于实现与本地维护终端的连接，输入/输出，FE/GE 自适应 |
| GPS | SMA 母头连接器 | BBU 与 GPS 天线之间的射频线缆 | 用于实现与 GPS 天线相连，输入/输出 |
| TST | MiniUSB 连接器 | BBU 与测试仪表之间的连接线缆 | 提供测试时钟，10 Mbit/s，80 ms，5 ms |

5. 传输扩展单元(ETPE)

硬件子系统原理框图如图 2.2.32 所示。

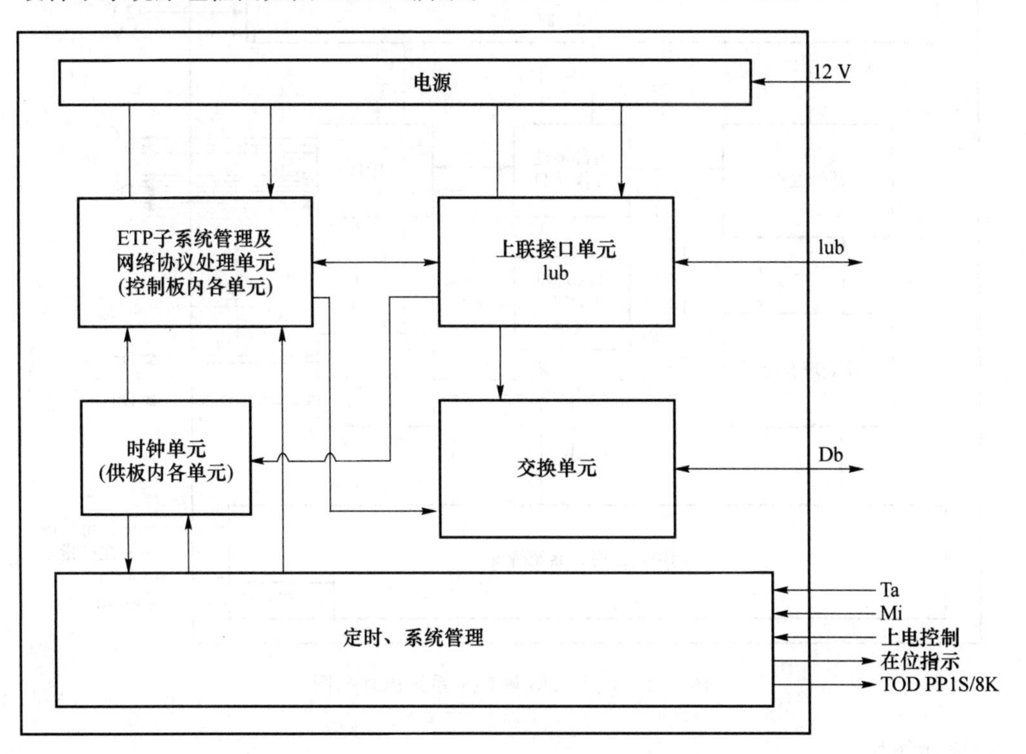


图 2.2.32　ETPE 硬件子系统原理框图

(1) 功能

① 1 路 FE 电接入,实现 S1/X2 和 IEEE 1588 V2 消息通路功能;

② 1 路 FE 光接入,实现 S1/X2 和 IEEE 1588 V2 消息通路功能;

③ 2 个 GE 口,用于连接 SCTE 子系统进行业务数据及控制信令的传输;

④ 1 路 PP1S 和 TOD 消息输出,用于系统同步。

(2) 子板的接口

ETPE 子板面板设计 1 路百兆以太网光口作为 S1 接口,1 路百兆以太网电口作为 S1 接口。接插件描述如表 2.2.3 所示。

**表 2.2.3 ETPE 子板面板接插件描述**

| 名称 | 接插件类型 | 对应线缆 | 说 明 |
|---|---|---|---|
| ETH0 | RJ45 连接器 | BBU 与交换机连接的 S1/X2 接口以太网线 | 用于实现与 EPC 的百兆数据相连,输入/输出,支持 1588 V2 |
| ETH1 | SFP 连接器 | BBU 与交换机连接的 S1/X2 接口光纤 | 用于实现与 EPC 的百兆数据相连,输入/输出,支持 1588 V2 |

6. 基带处理和 Ir 接口单元(BPOG)

硬件子系统原理框图如图 2.2.33 所示。

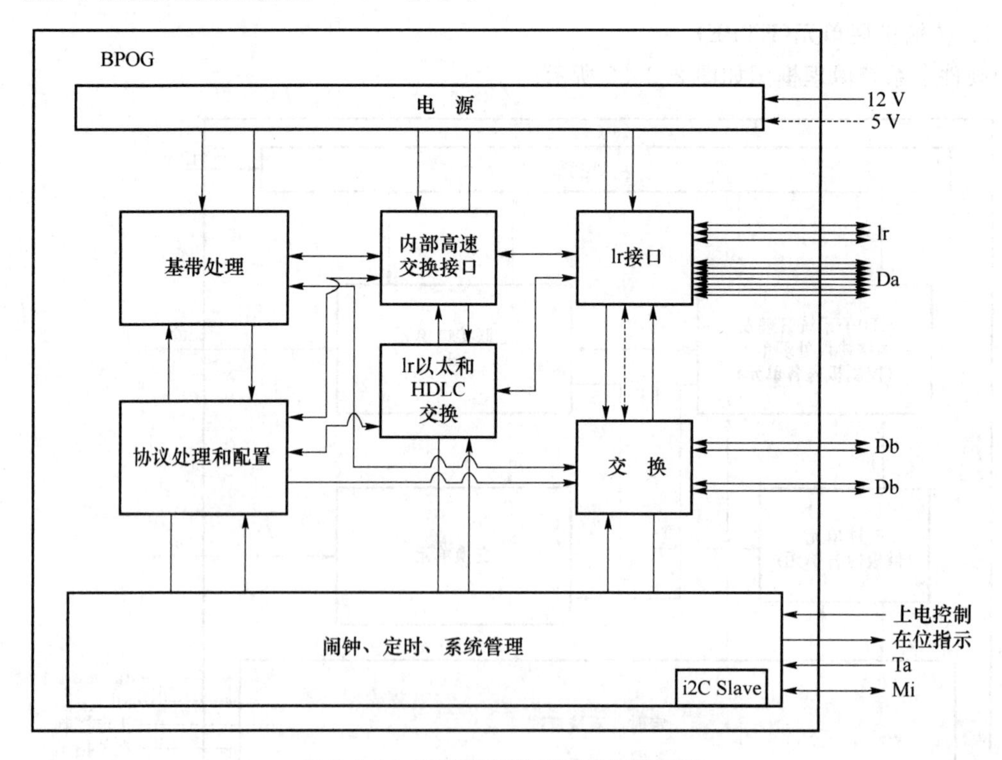


图 2.2.33 BPOG 硬件子系统原理框图

主要功能如下:

(1) 实现标准 Ir 接口;

(2) 实现基带数据的汇聚和分发;

(3) 实现 TD-LTE 物理层算法；

(4) 实现 TD-LTE 的 MAC 算法；

(5) 实现 TD-LTE 中 S1/X2 接口协议；

(6) 接收 SCTE 的电源控制信号控制上下电，实现板卡节电功能；

(7) 接收 SCTE 的同步时钟和同步码流，实现与系统的同步；

(8) 实现 I2C 功能，配合完成自身的系统管理。

7. 环境监控单元 EMx(EMA/EMD)

(1) 功能

① 实现对外环境监控，干接点输入输出和智能口；

② 实现对外时钟级联；

③ 接收 SCTE 的电源控制信号控制上、下电，实现板卡节电功能；

④ 实现 I2C 功能，配合完成自身的系统管理和数据传输；

⑤ 实现 GPS/BD 光纤拉远功能。

(2) EMA 子板的接口

EMA 单元面板设计有一个用于环境监控的 SCSI-26 电连接口，实现干接点和环境监控智能控制；一个用于对下级 eNode B 提供同步信号的 RJ45 电连接接口，一个用于接收上级 eNode B 的输出同步信号的 RJ45 电连接接口，实现本级 eNode B 的同步参考。接口说明如表 2.2.4 所示。

**表 2.2.4　EMA 子板面板接插件描述**

| 名称 | 接插件类型 | 对应线缆 | 说　明 |
|---|---|---|---|
| EVM | SCSI-26 母头连接器 | BBU 与环境监控设备之间的信号线缆 | 用于实现对外设备的监控，线缆采用一分多出线方式 |
| SSI | RJ45 连接器 | BBU 与上级 BBU 的同步连接线缆 | 用于实现与上级 BBU 的同步连接，输入 PP1S 和 TOD |
| SSO | RJ45 连接器 | BBU 与下级 BBU 的同步连接线缆 | 用于实现与下级 BBU 的同步连接，传输 PP1S 和 TOD |

(3) EMD 子板的接口

EMD 单元面板设计有一个用于环境监控的 SCSI-26 电连接口，实现干接点和环境监控智能控制；一个用于时钟级联的 RJ45 电连接接口；一个用于 GPS/BD 光纤拉远的 SFP 接口。接口说明如表 2.2.5 所示。

**表 2.2.5　EMD 子板面板接插件描述**

| 名称 | 接插件类型 | 对应线缆 | 说　明 |
|---|---|---|---|
| EVM | SCSI-26 母头连接器 | BBU 与环境监控设备之间的信号线缆 | 用于实现对外设备的监控，线缆采用一分多出线方式 |
| RCI | SFP 连接器 | GPS/BD 光纤拉远的光纤接口 | 用于实现与 GPS/BD 天线的连接 |
| SSIO | RJ45 连接器 | BBU 与下级 BBU 的同步连接线缆 | 用于实现与上下级 BBU 的同步连接，传输 PP1S 和 TOD |

8. 风扇单元(FC)

FC 实现三个部分的功能:风扇单元的温度测量(温度传感功能)、风扇转速测定和风扇转速控制。

(1) 温度传感主要对风扇盘内部的环境温度进行测量,并通过通信口上报给主控板 SCTE 做后续处理;

(2) 转速测定主要实现对三个风扇的转速数据采集,并通过 I2C 总线接口上报给主控板 SCTE 做后续处理;

(3) 风扇转速控制是根据系统环境需求调节各个风扇的转速,以实现最佳的功耗和噪声控制。

9. 电源单元(PSA&PSC)

(1) PSA

PSA 单元将外部−48 V 电源进行 DC/DC 变换后,输出 12VDC 提供 EMB5116 TD-LTE 整站的工作电源,提供额定功率 420 W。

PSA 单元前面板设计有一个直流电源输入电连接口,一个电源开关控制接插件,用于控制 EMB5116 TD-LTE 的整站电源。接口说明如表 2.2.6 所示。

**表 2.2.6 PSA 子板前面板接插件描述**

| 名称 | 接插件类型 | 对应线缆 | 说　明 |
|---|---|---|---|
| −48 V 电源 | DB 电源连接器 | BBU 与电源设备之间的电源线缆 | 用于实现 EMB5116 TD-LTE 的电源输入 |
| 电源开关控制 | 开关连接器 | 无 | 开关基站电源 |

(2) PSC

PSC 单元将外部 220V 交流进行 AC/DC 变换后,输出 12VDC 提供 EMB5116 TD-LTE 整站的工作电源,提供额定功率 420 W。

PSC 单元前面板设计有一个交流电源输入电连接口,一个电源开关控制接插件,用于控制 EMB5116 TD-LTE 的整站电源。接口说明如表 2.2.7 所示。

**表 2.2.7 PSC 子板前面板接插件描述**

| 名称 | 接插件类型 | 对应线缆 | 说　明 |
|---|---|---|---|
| 220VAC | 组合电源连接器(带开关) | BBU 与电源设备之间的电源线缆 | 用于实现 EMB5116 TD-LTE 的电源输入 |

## 二、EMB5116 安装流程

EMB5116 安装流程如图 2.2.34 所示。

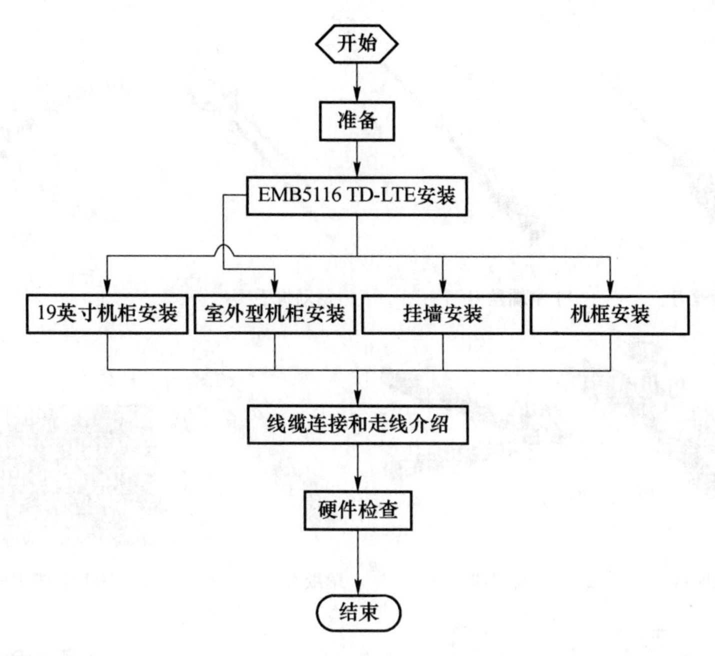


图 2.2.34　EMB5116 安装流程图

## 三、安装通用工具与仪表

安装通用工具与仪表如表 2.2.8 和图 2.2.35 所示。

**表 2.2.8　安装通用工具与仪表**

| | | |
|---|---|---|
| 通用工具 | 丈量画线工具 | 长卷尺、水平仪、记号笔 |
| | 打孔工具 | 6 mm 冲击钻、配套钻头若干、吸尘器 |
| | 钳工工具 | 尖嘴钳、斜口钳、老虎钳、手电钻、锉刀、手锯、剥线钳、手柄压线钳、打线刀、RJ-45 水晶头压线钳、液压钳 |
| | 辅助工具 | 毛刷、中号羊角锤、裁纸刀、皮老虎、电烙铁、焊锡丝、梯子、橡胶锤、指北针、力矩扳手、热风枪（电热风枪或液化气热风枪） |
| 仪表 | | 万用表、500 伏兆欧表（测绝缘电阻用）、光功率计、地阻测量仪 |
| 其他 | | 防静电手腕、防静电手套 |

## 四、安装准备工作

1. 机房环境检查

（1）机房荷载要求大于或等于 350 kg/m²。

（2）机房的高度大于或等于 2.5 m。

（3）馈线洞应设置在走线架上方，同时馈线窗配有防水和密封装置。

（4）机房的门窗应具有较好的密封防尘功能、防盗装置，机房内具备防火设施。

（5）机房应该装修完毕，达到干净、整洁。

（6）机房是否安装空调。

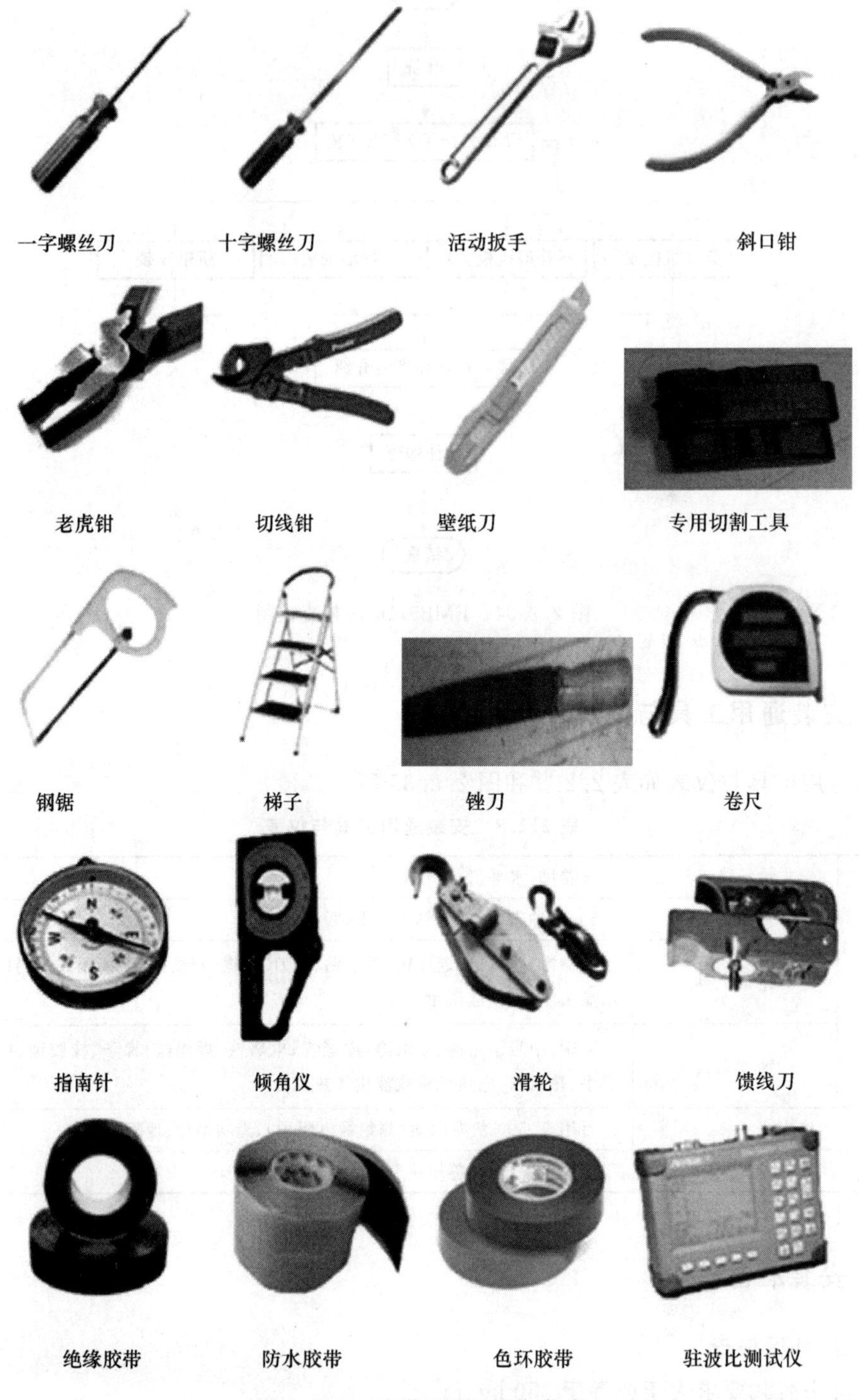


图 2.2.35　安装通用工具与仪表

2. 电源部分检查

(1) 电源柜能提供－48 V/63 A(100 A)电源，63 A 的空开主要用在市区，而 100 A 的空开主要用在郊区、乡镇、农村等。

(2) 具备蓄电池组，电池架良好接地。

(3) 机房引入交流市电，开关电源工作正常。

(4) 机房内具备良好的照明，四周墙面安装 220 V 电源。

(5) 插座(三芯)。

(6) 检查电源柜有无二次下电。

3. 机架安装位置检查

(1) 依照图纸查看主设备是否有安装位置，位置是否合理。

(2) 主设备的前面应留有大于 0.6 m 的空间，以便开启设备的前门。

(3) 主设备支持靠墙安装，但是在条件允许的情况下，建议背面保留 0.2 m 的空间，以便主设备散热。

(4) 主设备在机房内占据的最小面积 1 000 mm×1 000 mm。

4. 室内走线架检查

(1) 走线架的高度距地面 2.2 m，宽度 0.5 m。

(2) 走线架要良好接地，接地线线径大于或等于 35 $mm^2$。

(3) 走线架连接处要做好互联，连接线径大于或等于 25 $mm^2$。

(4) 竖直走线架要垂直。

(5) 水平走线架必须达到水平，误差小于或等于 1 cm。

5. 机房接地检查

(1) 工作地排和保护地排不能互联。

(2) 室内主地排使用大于或等于 95 $mm^2$ 的接地线单独引入大地。

(3) 机房接地电阻要小于或等于 5 Ω。

(4) 室内主地排应安装在走线架下方。

6. 传输部分检查

传输的接线端子已准备就绪且数量满足工程要求。

7. 开箱检查

(1) 设备包装检查：打开设备包装之前，需要检查设备外包装的破损情况。如果是运输环节中造成的损坏，要在有厂家代表在场的情况下，打开包装，迅速检查设备机架和硬件各功能板卡是否存在其他损伤，同时将受损情况详细通知发货人。

(2) 机架拆箱：小心拆箱，按照“设备装箱清单”所列款项，逐一核查包装箱内的设备及其附件数量。

8. 准备其他资料

(1)《××基站安装手册》；

(2)《××基站安装规范》；

(3) 设计图纸包括机房平面图、走线路由图、天馈平面图等；

(4) 基站辅材配置清单。

## 五、EMB5116 主设备的安装规范

EMB5116 TD-LTE 主设备安装方式有：19 英寸标准机柜安装、挂墙安装、室内挂墙机框安装三种方式，机箱外观如图 2.2.36 所示。

图 2.2.36　BBU 机箱外观图

1. 19 英寸标准机柜安装方式

(1)安装空间要求

在 19 英寸标准机柜中安装时,BBU 机箱推荐安装空间要求如下:

① 左侧应预留至少 25 mm 通风空间。

② 右侧应预留至少 25 mm 通风空间。

③ 面板前应预留至少 80 mm 布线空间。

④ 当多个 BBU 机箱安装在 19 英寸标准机柜中时,相邻两个 BBU 之间的上下间距应不小于 1 U(1 U=44.45 mm)。

(2)安装规范

① 设备安装完成后,应保证水平/垂直倾斜角度误差在±1°以内。

② 机箱安装牢固。

③ 板卡槽位正确,并且插接牢固。

④ 未安装板卡的空槽位必须安装空面板。

⑤ 机箱各部件无损坏、变形、掉漆等现象。

19 英寸标准机柜安装完成后,如图 2.2.37 所示。

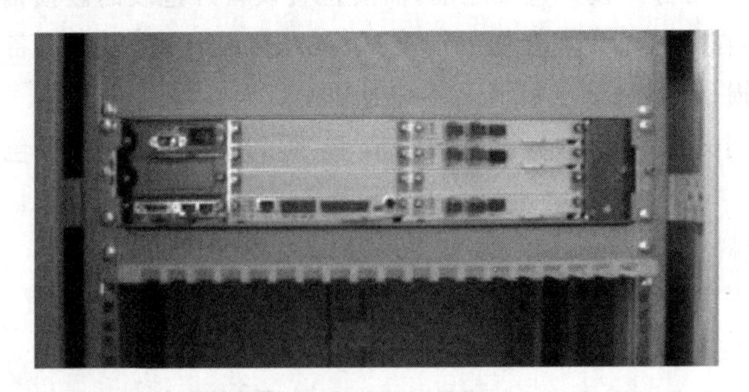

图 2.2.37　BBU 机箱 19 英寸标准机柜安装图

2. 挂墙安装方式

(1) 安装空间要求

挂墙安装时,BBU 机箱推荐安装空间要求如下:

① 左侧应预留至少 600 mm 维护空间。

② 右侧应预留至少 300 mm 维护空间。

③ 前方应预留至少 600 mm 维护空间。

④ 机箱面板距地面应预留至少 1 000 mm 布线空间。

(2) 安装规范

① 将膨胀螺栓孔内部、外部的灰尘清除干净。

② 膨胀螺栓应垂直插入螺栓孔，不得歪斜。

③ 膨胀螺栓与孔位配合良好，安装牢固。

④ 设备安装完成后，应保证水平/垂直倾斜角度误差在±1°以内。

⑤ 机箱安装牢固，用力震动、摇晃时，相关组件不得出现松动、脱落情况。

⑥ 挂墙组件左右安装顺序要一致。

⑦ 设备安装完成后，螺栓露出螺母长度一致，螺母、平垫和弹垫安装顺序和位置正确，无滑丝、变形现象。

⑧ 整机表面必须干净整洁，外部漆饰完好，无磕碰变形。

⑨ 设备挂墙安装时，沿墙体走线需要使用走线槽道，走线槽道与设备前面板距离不小于 200 mm，方便后期维护。

⑩ 室内挂墙安装时，若墙体无法固定膨胀螺栓，可以采用走线架安装方式，如图 2.2.38 所示。

挂墙安装完成后，如图 2.2.39 所示。

图 2.2.38　BBU 机箱采用走线架挂墙安装图

图 2.2.39　BBU 机箱挂墙安装图

3. 室内挂墙机框安装方式

(1) 安装空间要求

室内机框挂墙安装时，挂墙机框推荐安装空间要求如下：

① 左侧应预留至少 600 mm 维护空间。

② 右侧应预留至少 600 mm 维护空间。

③ 前方应预留至少 600 mm 维护空间。

④ 机箱面板距地面应预留至少 1 000 mm 布线空间。

(2) 安装规范

① 将膨胀螺栓孔内部、外部的灰尘清除干净。

② 膨胀螺栓应垂直插入螺栓孔，不得歪斜。

③ 膨胀螺栓与孔位配合良好，安装牢固。

④ 设备安装完成后，应保证水平/垂直倾斜角度误差在±1°以内。

⑤ 机箱安装牢固，震动、摇晃时，相关组件不得出现松动、脱落情况。

⑥ 设备安装完成后，螺栓露出螺母长度一致，螺母、平垫和弹垫安装顺序和位置正确，无滑丝、变形现象。

⑦ 整机表面必须干净整洁，外部漆饰完好。

⑧ 设备挂墙安装时，沿墙体走线需要使用走线槽道，走线槽道与设备距离不小于 200 mm，方便后期维护。

室内机框挂墙安装完成后，如图 2.2.40 所示。

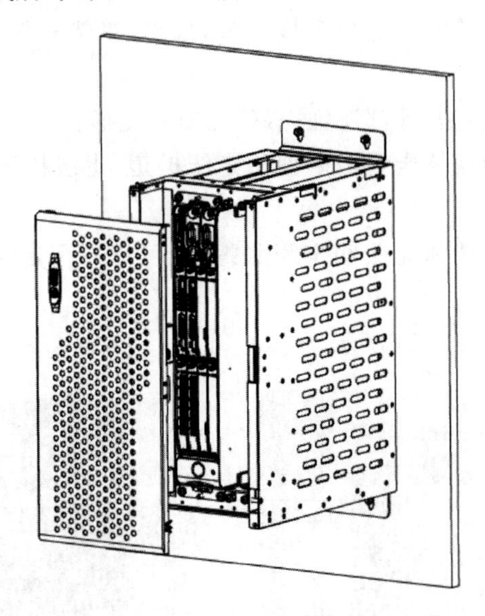

图 2.2.40 BBU 机箱室内机框安装图

## 六、BBU 线缆安装规范

BBU 线缆主要有供电电源线、传输线、GPS 下跳线、NB-RRU 光缆、接地线和环境监控线等。

1. BBU 线缆总体安装规范

(1) 各种不同类型线缆分开布放，线缆的走向清晰、顺直，相互间不要交叉，捆扎牢固，松紧适度，室内绑扎使用 4.8 mm×250 mm 白色扎带。

(2) 扎带绑扎时，采用十字绑扎方式，绑扎间距均匀，室内绑扎间距为 200～400 mm。

(3) 扎带绑扎时，扎带扣方向一致，多余长度沿扎带扣剪平，不拉尖。

(4) 尽量避免扎带的串联使用(如果串联使用，最多不超过两根)。

(5) 线缆绑扎完成后，表面形成的平面高度差不超过 5 mm，垂面垂度差不超过 5 mm。

(6) 线缆绑扎后，不能阻碍板卡拔插以及设备操作维护。

(7) 线缆使用的套管或绝缘胶带，颜色与线缆尽量保持一致；并且套管或缠绕绝缘胶带长度尽量保持一致，偏差不超过 5mm。

(8) 线缆表面清洁，无施工记号，护套绝缘层无破损及划伤。

(9) 绑扎成束的线缆转弯时，扎带应扎在转角两侧进行绑扎，如图 2.2.41 所示。

线缆绑扎完成后，如图 2.2.42 所示。

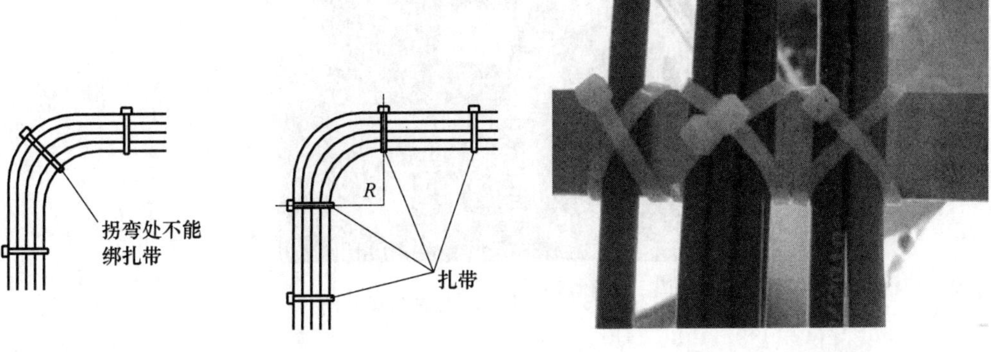


图 2.2.41　线缆转弯绑扎示意图　　　　图 2.2.42　线缆绑扎图

2. 主设备电源线安装规范

BBU 供电电源线有直流、交流两种类型。设备安装在 19 英寸标准机柜时，电源线从机柜左侧走线；如柜内有其他设备，可根据实际需要变更走线方式。

(1) 直流电源线：蓝色电源线接 −48 V，黑(或红)色电源线接 0 V；空开电流容量建议为 32 A。

(2) 交流电源线：使用交流配电箱时，需要剪去电源插头，再将电源线连接到配电箱接线端子；空开电流容量建议为 10 A。

(3) 电源线与配电柜接线端子连接，必须采用铜鼻子与接线端子连接，并且用螺丝加固，接触良好。

(4) 电源线直径应与铜鼻子型号相符，不能剪除部分芯线后用小号铜鼻子压接。

(5) 线缆导体应全部插入铜鼻子尾中，不允许有铜丝漏置于铜鼻子尾孔外。

(6) 电源线与铜鼻子压接部分应使用热缩套管或缠绕至少两层绝缘胶带进行防护，不得将导线和铜鼻子鼻身裸露于外部。

(7) 电源线应尽量水平和竖直走线，避免交叉走线，布放整齐、美观；拐弯处以圆弧平滑过渡，且保持一致。

(8) 不同设备的电源线禁止捆扎在一起；平行走线时，间距推荐大于 100 mm。

(9) 电源线必须采用整段材料，中间不得焊接、转接其他线缆，也不得设置开关、熔丝等可断开器件。

(10) 连接电源线时，必须确认配电侧开关处于断开状态，同时在配电侧有人值守或有明显的正在施工的提示。

BBU 采用直流供电时，电源线安装如图 2.2.43 所示。

3. 传输线安装规范

BBU 传输线有网线、光纤两种类型。设备安装在 19 英寸标准机柜时，传输线从机柜右侧走线；如柜内有其他设备，可根据实际需要变更走线方式。

(1) 网线传输安装规范

① 网线走线整齐顺畅，不交叉，外皮无损伤。

图 2.2.43　BBU 直流电源线安装图

② 网线弯曲半径不少于线缆外径的 10 倍，以保护线芯不受损伤。

③ 布放槽道网线时，可以不绑扎，网线不得溢出槽道，在网线进出槽道部位进行绑扎。

④ 信号线与电源线应分开布放。

⑤ 网线接头卡口齐全，并且保持平直不受力，建议留有重新制作接头的余量。

(2) 光纤传输安装规范

① 不要用力拉扯光纤或用脚及其他重物踩压光纤，以免造成光纤的损坏。

② 不要对光纤进行硬性弯折，光纤的弯曲半径要大于光缆外径的 20 倍。

③ 光纤不能布放于机柜的顶部或者内部散热网孔上，防止热风损坏光纤。

④ 光纤机柜外布放时，应使用光纤缠绕管或波纹管进行保护，保护套管应进入机柜内部，且套管应绑扎固定，如图 2.2.44 所示。

⑤ 保护套管切口应光滑，否则要用绝缘胶布等进行防割处理。

⑥ 光纤应与其他不同电气类型线缆分开布放。

⑦ 未使用的光纤头应用保护帽做好保护。

目前，TD-LTE 通常采用光纤传输，如图 2.2.45 所示。

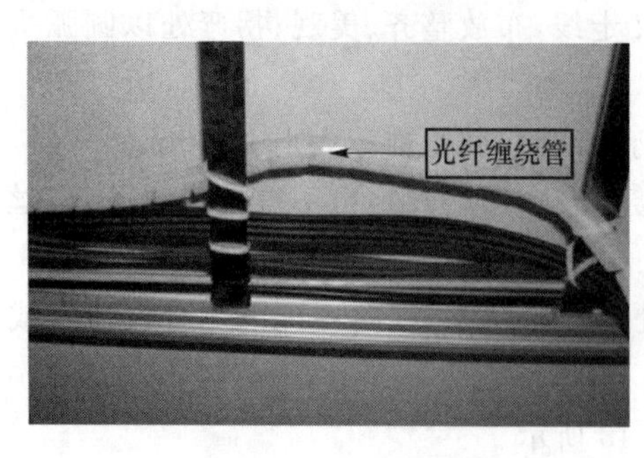


图 2.2.44　光纤缠绕管

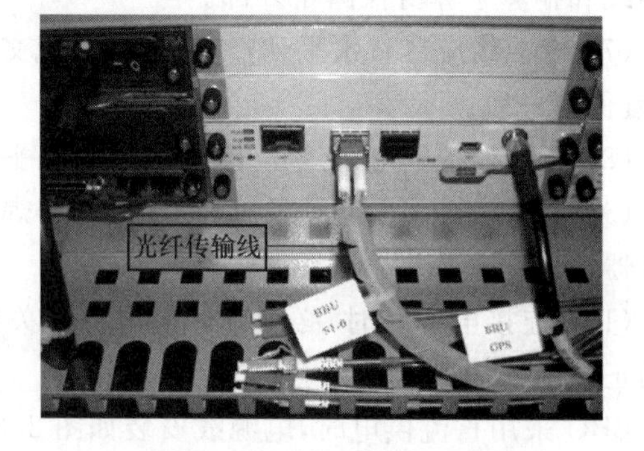


图 2.2.45　光纤传输安装图

4. GPS 下跳线安装规范

设备安装在 19 英寸标准机柜时，GPS 下跳线从机柜右侧走线；如柜内有其他设备，可根据实际需要变更走线方式。

(1) GPS 下跳线硬度高，走线要自然平直，不得产生扭绞。

(2) 线缆弯曲时,弯曲半径不少于线缆外径的 20 倍。

(3) GPS 下跳线应和电源线等不同类型电气线缆分开布放。

(4) GPS 下跳线安装完成后,如图 2.2.46 所示。

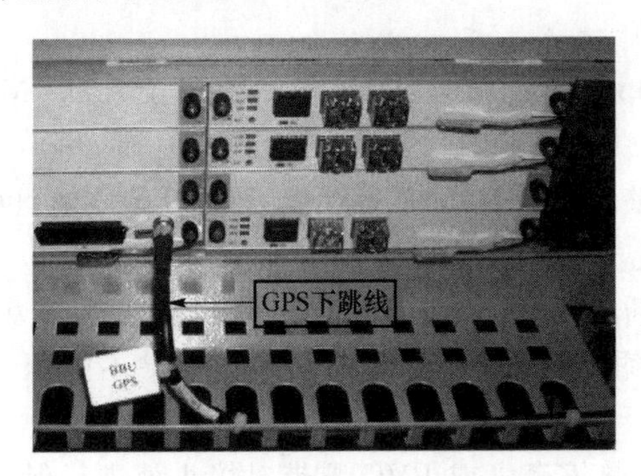


图 2.2.46　GPS 下跳线安装图

5. NB-RRU 光缆安装规范

设备安装在 19 英寸标准机柜时,NB-RRU 光缆从机柜右侧走线;如柜内有其他设备,可根据实际需要变更走线方式。

(1) 不要用力拉扯光纤或用脚及其他重物踩压光纤,以免造成光纤的损坏。

(2) 不要对光纤进行硬性弯折,以免损坏光纤;光缆的弯曲半径要大于光缆外径的 20 倍。

(3) 光缆穿管道施工需要用牵引杆,把光缆的 LC 头用随货的原装塑料袋封装好,并用宽防水胶带顺着牵引杆固定,固定长度不大于 500 mm,不许打结,防水胶带要缠 3 层。

(4) 光缆不能布放于机柜的顶部或者内部散热网孔上,防止热风损坏光纤。

(5) 未使用的光缆头应用保护帽做好保护。

(6) 成对的光缆理顺绑扎,不要相互缠绕,否则不利于查找。

(7) 光缆接口与扇区对应关系正确。

NB-RRU 光缆安装完成后,如图 2.2.47 所示。

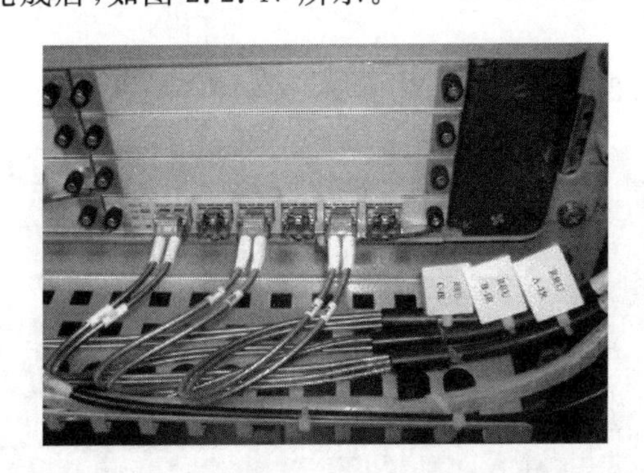

图 2.2.47　NB-RRU 光缆安装图

6. 环境监控线安装规范

设备安装在 19 英寸标准机柜时,环境监控线从机柜右侧走线;如柜内有其他设备,可根据实际需要变更走线方式。环境监控线应尽量水平和竖直走线,避免交叉走线,布放整齐、美观;拐弯处以圆弧平滑过渡,且保持一致。

7. 时钟级联线安装规范

设备安装在 19 英寸标准机柜时，BBU 时钟级联线从机柜右侧走线；如柜内有其他设备，可根据实际需要变更走线方式。BU 时钟级联线应尽量水平和竖直走线，避免交叉走线，布放整齐、美观；拐弯处以圆弧平滑过渡，且保持一致。

8. BBU 接地安装规范

BBU 接地线采用 16 $mm^2$ 黄绿接地线，设备侧使用 16 $mm^2$-M4 铜鼻子，接地排侧使用 16 $mm^2$-M8 铜鼻子。

(1) 接地线必须采用整段材料，中间不得焊接、转接其他线缆，也不得设置开关、熔丝等可断开器件。

(2) 线缆导体应全部插入铜鼻子尾中，不允许有铜丝漏置于铜鼻子尾孔外。

(3) 使用合适的压线钳压接铜鼻子，铜鼻子尾孔管壁不能压破，并且与线缆压接牢固。

(4) 压接完成后，使用热缩套管或 PVC 胶带对接头处进行保护。使用热缩套管时要求收缩均匀，无空气泡，外壁无烫伤；使用胶带时要求胶带层间重叠度一致，无皱褶，无过度拉伸，如图 2.2.48 所示。

(5) 在满足布线基本要求的基础上，接地线选择最短路由，禁止盘绕。

(6) 接地线缆铜鼻子与接地排的接触面必须完全平行接触。

(7) 接地点处若有锈蚀或涂层，必须先用锉刀将其除去，保证接触良好。

图 2.2.48 铜鼻子接头保护图

(8) 接地缆芯线如果严重氧化、腐蚀，应将这段电缆截去。

**9. BBU 线缆标识**

BBU 线缆标识使用标签扎带贴上打印好内容的贴纸，包括供电电源线、传输线、GPS 下跳线、NB-RRU 光缆、接地线和环境监控线。标识内容与所标识的线缆要一一对应。所有线缆标识的朝向、扎带扣方向尽量整齐一致，字体朝向便于观察、无遮挡。标识绑扎在距离线缆接头约 50 mm 的部位。

BBU 线缆标识如图 2.2.49、图 2.2.50 所示。

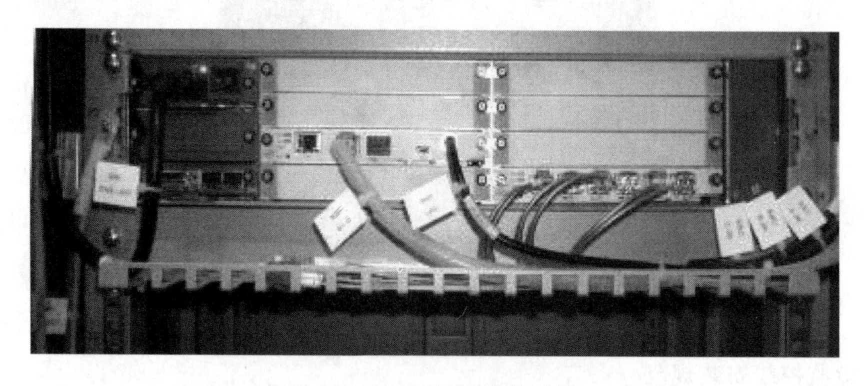

图 2.2.49 BBU 线缆标识图

图 2.2.50　配电柜侧 BBU 直流输入线缆标识

## 七、EMB5116 主设备安装

1. 19 寸机柜内安装

用于安装 EMB5116 TD-LTE 的 19 寸标准机柜有两种形式：

(1) 机房现有可用于安装 EMB5116 TD-LTE 的 19 英寸标准机柜时，该 19 英寸机柜需提供 2U 高、大于 500 mm 深度的安装空间，19 英寸机柜机架立柱距前门 100 mm 的走线空间，机柜满足以上要求，即可用于安装 EMB5116。

(2) 大唐移动提供的用于安装 EMB5116 TD-LTE 的 19 英寸标准机柜(有高度为 1.6 m 和 2.0 m 两种规格)。

下面以大唐移动提供的 19 英寸标准机柜为例介绍安装步骤。

(1) 选择 EMB5116 TD-LTE 在 19 英寸标准机柜内的安装位置，安装位置没有专门的要求，在条件允许的前提下，优先选择安装和维护方便操作的高度位置。

(2) 拆下选定位置的 2U 假面板，检查固定该面板的螺钉组件和机柜立柱上的螺母是否完好，如果有任何损坏则需要更换。

(3) 将 EMB5116 TD-LTE 平放在安装位置的托板上，左右均匀用力将 EMB5116 TD-LTE 推入 19 英寸机柜内，使 EMB5116 TD-LTE 两侧的安装挂耳与机柜的立柱紧贴。

(4) 用固定螺钉组件将 EMB5116 TD-LTE 固定在机柜的立柱上，如图 2.2.51 所示。

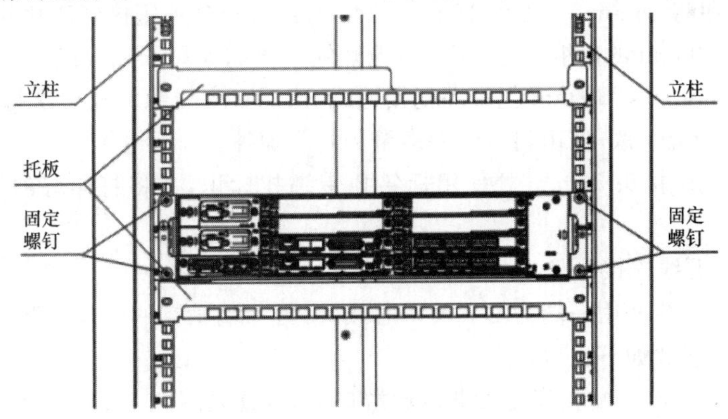


图 2.2.51　19 英寸机柜内安装示意图

2. 线缆连接和走线

EMB5116 TD-LTE 的电源线、传输线、光缆、接地线、26 pin 环境监控线、GPS 下跳线等均采用前面板出线形式。EMB5116 TD-LTE 需要与下列线缆连接：－48 V 直流电源线或 220 V 交流电源线，eNB-RRU 光纤、FE 网线、接地线、智能接口线、GPS 下跳线、26 pin 环境监控线。各线缆连接位置示意如图 2.2.52 所示。

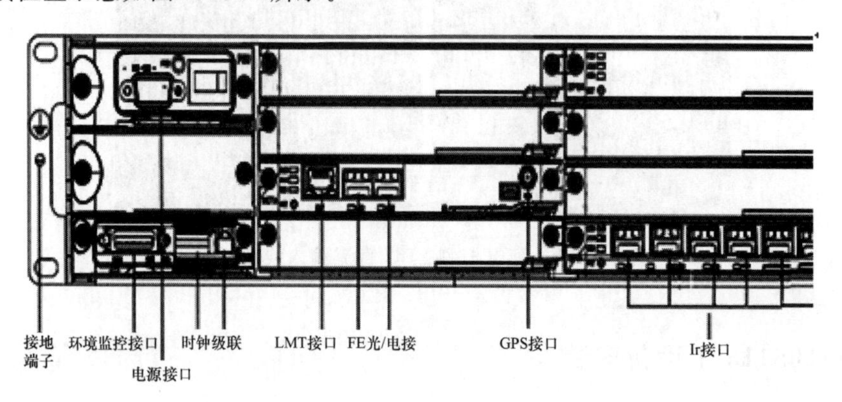


图 2.2.52　EMB5116 TD-LTE 面板接口示意图

(1) 主设备接地线连接

主设备接地线使用 RVVZ 单芯(16 $mm^2$)(黄绿)线，可根据实际使用长度截取，一端接到主设备接地端子上，位置如图 2.2.53 所示，另一端接至室内接地排上。

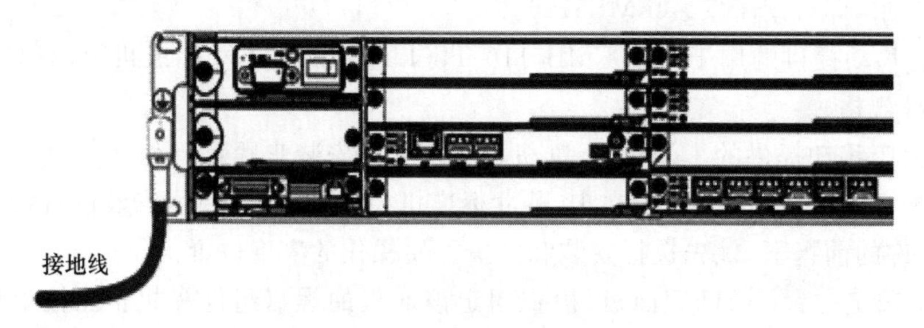


图 2.2.53　主设备接地线安装位置示意图

安装步骤如下：

① 使用壁纸刀将线缆的两端各剥出芯线 15 mm。

② 使用液压钳将 16 $mm^2$-M4 和 16 $mm^2$-M8 的铜鼻子分别压接到两端的芯线上。

③ 截取两段 50 mm 的热缩套管，用热风枪热缩两端的铜鼻子和线缆的连接处。

④ 使用白色 5 mm×250 mm 扎带绑扎接地线，按照室内线缆绑扎要求每 400 mm 绑扎一次，扎带的绑扎方向应一致，使用斜口钳将多余的扎带剪掉。

⑤ 在线缆两端距接头 50 mm 处使用标签扎带绑扎标识，并将打印好的标签扎带贴纸粘贴到标签扎带上。

(2) 主设备电源线连接

主设备直流电源线使用一端为 D-sub 两芯接头，另一端悬空的定长电源线，可根据现场使用情况选用。安装步骤如下：

① 将电源线 D-sub 一端接至主设备电源端口上，位置如图 2.2.54 所示，旋紧接头两端的螺钉；

② 将电源线悬空线一端接至配电柜,其中芯线为蓝色的接至−48 V 端子,芯线为红色或黑色的接至 0 V 端子;

③ 使用白色 5 mm×250 mm 扎带绑扎电源线,按照室内线缆绑扎要求每 400 mm 绑扎一次,扎带的绑扎方向应一致,使用斜口钳将多余的扎带剪掉;

④ 在线缆两端距接头 50 mm 处使用标签扎带绑扎标识,并将打印好的标签扎带贴纸粘贴到标签扎带上。

主设备交流电源线使用三相交流电源线。安装步骤如下:

① 将电源线一端接至主设备电源端口上,位置如图 2.2.54 所示;

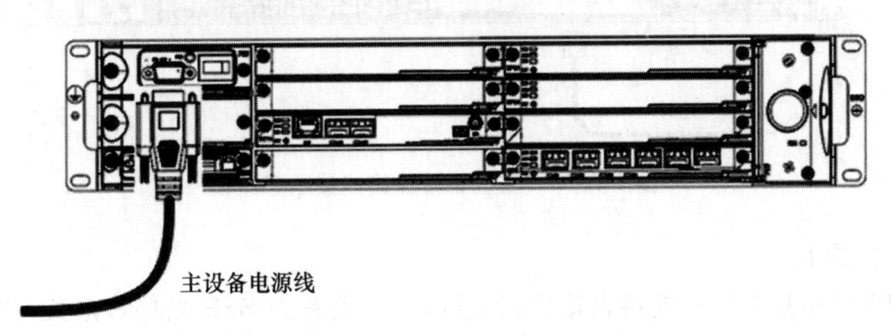


图 2.2.54 主设备电源线安装位置示意图

② 将另一端三相插头接至交流电源插座(如果局方交流电源没有提供插座,而是电源箱,可以将三相插头剪掉,将三个芯线分别先压接到铜鼻子上,再连接到电源箱端子上);

③ 交流电源线的绑扎固定以及标识方法和要求同主设备直流电源线相同。

(3) NB-RRU 光纤连接

根据设计要求将与 RRU 相连的 NB-RRU 光纤接至主设备 BPOG 板卡的前面板对应的光模块上,位置如图 2.2.55 所示。

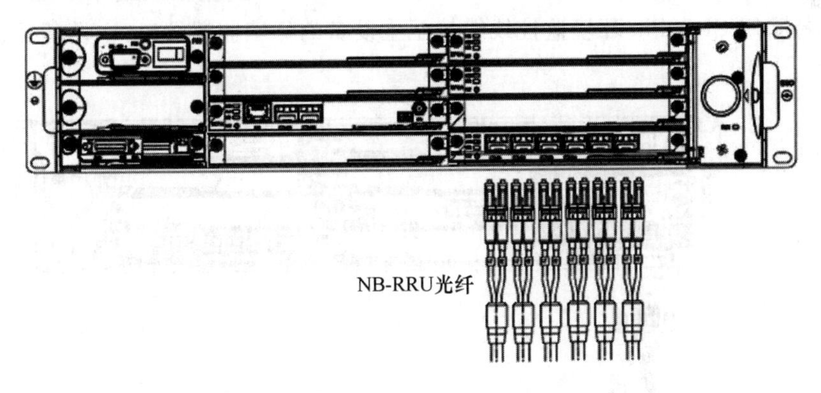


图 2.2.55 主设备 NB-RRU 光纤连接示意图

光模块端口编号为 Ir0～Ir2。安装步骤如下:

① 将光纤的 DLC 插头插入主设备对应的光模块。

② 做扇区标识,在光纤出设备 50 mm 处要使用对应扇区的基站铝制标示牌(A-Fiber、B-Fiber 或 C-Fiber)标识,标示牌使用用两根 2.5 mm×100 mm(白)扎带绑扎到光纤上,扎带的绑扎方向应一致,并使用斜口钳将多余的扎带沿扎带扣剪掉。在光纤出馈线窗后再次使用同样的标牌标识,使用斜口钳将距离扎带口 3～5 扣外的扎带剪掉。

③ 光纤绑扎,使用白色 5 mm×250 mm 扎带绑扎光纤,按照室内线缆绑扎要求每 400 mm 绑扎一次,扎带的绑扎方向应一致,使用斜口钳将多余的扎带剪掉。

(4) S1/X2 接口线连接

在 EMB5116 TD-LTE 中,S1/X2 接口支持 GE/FE,对外接口在 SCTE 板卡的左侧,为两个 RJ-45 接口或光口。FE 网线接口位置如图 2.2.56 所示。

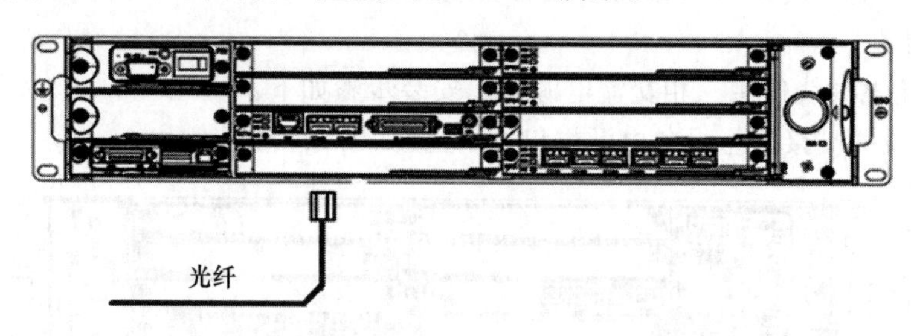


图 2.2.56　主设备传输线连接示意图

① 以太光接口

EMB5116 对外基本配置支持自适应以太网,基本配置为 SFP 光接口形式,当需要进行电连接时,系统通过选配 RJ45↔SFP 转接配件实现连接。

一端安装在 SCTE 面板上,另一端安装在 ODF 的光接口板上。每个 SCTE 与光端机通过 DLC 单模光纤连接。

② LMT-B 接口线连接

LMT-B 接口是位于 SCTE 板前面板最左侧的 LMT 端口,采用标准 RJ45 接头。使用当中,此口使用通用网线经过 10 M/100 M 以太网与 LMT-B 通信。

(5) 26 pin 环境监控线连接

EMB5116 TD-LTE 的环境监控在 EMA 单元实现,当环境监控通过干节点方式实现时,需要使用一端带 SCSI 26Pin 环境监控线缆接至主设备的环境监控端口,主设备插接位置如图 2.2.57 所示。

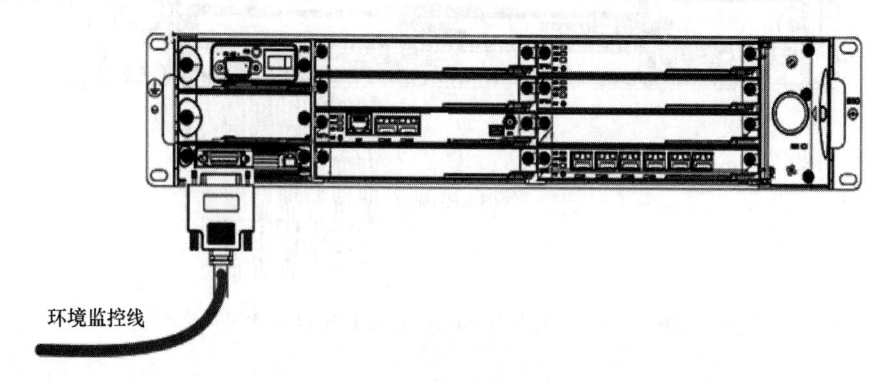


图 2.2.57　环境监控线连接示意图

(6) 19 英寸机柜内安装走线

EMB5116 TD-LTE 的接线位置及走线如图 2.2.58 所示。FE 网线、GPS 馈线、NB-RRU 光纤经设备下侧的走线槽、机柜右侧的绑线架,由机柜顶部右侧的出线口(长圆孔)出线;电源线经设备下侧的走线槽、机柜左侧的绑线架,配电单元下侧的走线槽接到配电单元,主设备的接地线经设备下侧的走线槽、机柜左侧的绑线架，由机柜顶部左侧的出线口(长圆孔)出线。

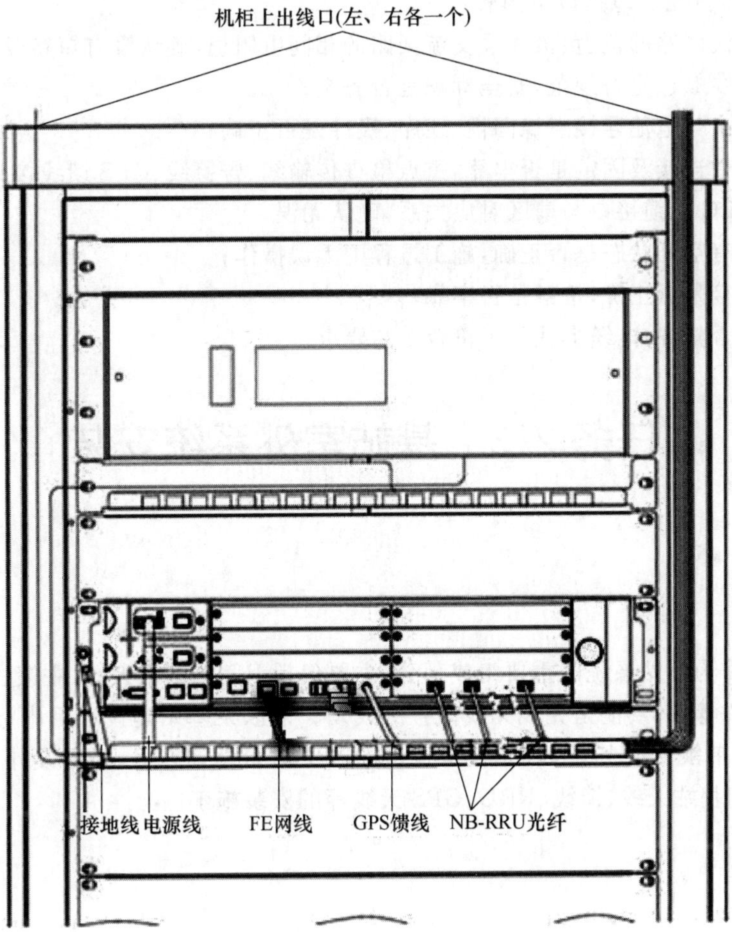

图 2.2.58　19 英寸机柜内安装走线示意图

3. 安装检查

安装完成后，需要进行安装检查，同时对查出的不合格项整改，以 19 英寸机柜内安装检查为例。

(1) 机柜检查

机柜检查至少包括以下内容：

① 机柜安装的水平、垂直和稳固是否符合要求；

② 所有螺栓是否拧紧，平垫、弹垫、螺母是否齐全，顺序是否正确；

③ 机柜的走线方向和出线位置是否符合工艺要求；

④ 机柜内部是否有施工残留物或工具，是否有施工标记；

⑤ 机柜在施工过程中是否有损坏、变形、掉漆等；

⑥ 清洁机柜，清理施工垃圾，清点工具；

⑦ 机柜门开关时与线缆是否有磕碰；

⑧ 机柜门是否开关灵活，门锁是否锁好。

(2) 电气连接检查

电气连接检查至少包括以下内容：

① 测量直流回路的正、负极间及交流回路的相间电阻值，确认没有短路或断路；

② 交流用线颜色是否规范，安全标识是否齐全；

③ 直流输出与电池连接点稳固性、线序、极性是否正确；

④ 电气部件连接及固定是否牢靠，重点检查传输线、告警线、GPS馈线接头等处；

⑤ 检查DLC光缆接口与扇区对应关系，确认无误；

⑥ 确认所有空开状态是否正确，施工过程中无误操作；

⑦ 地线连接是否正确，接触是否牢靠；

⑧ 布线是否整齐，电缆绑扎是否符合工艺要求。

# 任务2.3　基站室外系统安装

## 【任务描述】

室外系统作为基站系统的重要组成部分，主要包括RRU、基站天线、主馈线、跳线、避雷器及相关天馈附件等，其功能是完成无线信号的收发。请以某基站建设项目中标单位的一名项目经理的身份，带领项目小组按照前期编制出的施工组织设计方案，根据设计文件、施工标准规范来完成4G基站天线、馈线、RRU、GPS天线等的安装施工。

## 【任务分析】

### 一、任务的目标

1. 知识目标

(1) 掌握基站室外系统的结构、各部分功能；

(2) 掌握天线的组成、分类和功能；

(3) 掌握驻波比、方向图、下倾角等主要参数的含义；

(4) 掌握基站室外系统安装施工的主要内容。

2. 能力目标

(1) 能够完成基站室外系统安装施工；

(2) 能够进行驻波比测试和分析；

(3) 能够按要求完成天线方位角、下倾角的调整。

### 二、完成任务的流程

完成本次任务的主要流程如图2.3.1所示。

图 2.3.1　任务流程图

## 三、任务的重点

本次任务的重点是安装天线、RRU 和 GPS 天线。

# 【技能训练】

## 一、训练目的

完成 LTE 基站室外系统的施工。

## 二、训练用具

移动通信虚拟现实软件、HTC/富士通虚拟现实头盔、手柄等。

## 三、训练步骤

### (一) 安装板状天线

1. 首先打开移动通信虚拟现实软件，使用手柄点击【学习该知识点】，弹出设备检查 UI，如图 2.3.2 所示。

图 2.3.2　板状天线的安装菜单

2. 安装上跳线，使用手柄将热缩套管套在跳线上，并将跳线安装在板状天线上，如图 2.3.3 所示。

图 2.3.3 安装上跳线

3. 板状天线安装在抱杆的合适位置，如图 2.3.4 所示。

图 2.3.4 安装在抱杆上

4. 使用罗盘仪调整天线，如图 2.3.5 所示。

图 2.3.5 调整天线

5. 使用呆扳手安装螺丝，如图 2.3.6 所示。

图 2.3.6　安装螺丝

6. 上跳线的下端连接到 RRU，如图 2.3.7 所示。

图 2.3.7　安装上跳线

7. 使用热风枪加热热缩套管，如图 2.3.8 所示。

图 2.3.8　加热热缩套管

8. 用 2.5 mm×100 mm 的黑色扎带安装铝制标牌，如图 2.3.9 所示。

图 2.3.9　安装铝制标牌

9. 按【安装光纤模块,固定光缆螺母,缠绕胶带】,打开 RRU 操作维护窗,如图 2.3.10 所示。

图 2.3.10　绑扎黑色胶带

## (二) 安装 GPS 天线

1. 使用手柄点击【学习该知识点】,弹出设备检查 UI,如图 2.3.11 所示。

2. 安装管旋紧到 GPS 天线上,如图 2.3.12 所示。

图 2.3.11　GPS 天线 UI

图 2.3.12　安装管旋紧到 GPS 天线上

3. 天线蘑菇头与连接器的馈线相连接，如图 2.3.13 所示。

图 2.3.13　连接 GPS 与馈线

4. 固定夹具到抱杆上，如图 2.3.14 所示。

图 2.3.14　固定夹具

5. 固定安装管到夹具上，如图 2.3.15 所示。

图 2.3.15　固定安装管

## (三) 安装 RRU

1. 使用手柄点击【学习该知识点】，弹出设备检查 UI，如图 2.3.16 所示。

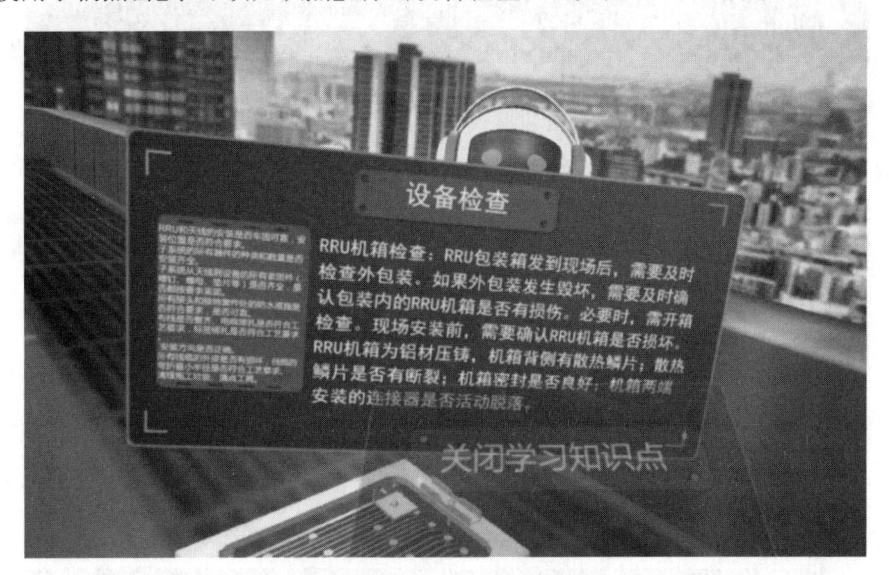


图 2.3.16　打开设备检查 UI

2. 使用呆扳手拆卸射频拉远单元 RRU 背板螺丝，如图 2.3.17 所示。

图 2.3.17　卸下螺丝

3. 拆装螺丝,点击【拆装螺丝】关闭 UI,如图 2.3.18 所示。

图 2.3.18　拆装螺丝

4. 取下机箱背板并安装在抱杆的合适位置,如图 2.3.19 所示。

图 2.3.19　安装机箱背板

5. 使用呆扳手靠近 RRU 机箱背板上的螺丝并上紧,如图 2.3.20 所示。

图 2.3.20　上紧螺丝

6. RRU 机箱安装在背架上，使用手柄选中 RRU（高亮显示）移到背夹上，如图 2.3.21 所示。

图 2.3.21　安装 RRU

7. 使用扭力扳手旋紧螺母，如图 2.3.22 所示。

图 2.3.22　旋紧螺母

## 【任务评价】

### 一、任务成果

成果 1：掌握 EMB5116 基站室外系统结构，含各模块功能和接口。
成果 2：完成 EMB5116 基站室外系统安装。

### 二、评价标准

成果评价标准如表 2.3.1 所示。

表 2.3.1　任务成果评价参考表

| 序号 | 任务成果名称 | 评价标准 | | | |
|---|---|---|---|---|---|
| | | 优秀 | 良好 | 一般 | 较差 |
| 1 | 掌握 EMB5116 基站室外系统结构,含各模块功能和接口 | 识别室外系统各模块接口的准确率为 90%～100% | 识别室外系统各模块接口的准确率为 70%～90% | 识别室外系统各模块接口的准确率为 50%～70% | 识别室外系统各模块接口的准确率低于 50% |
| 2 | 完成 EMB5116 基站室外系统安装 | 在 LED 上展示的安装步骤准确率为 90%～100% | 在 LED 上展示的安装步骤准确率为 70%～90% | 在 LED 上展示的安装步骤准确率为 50%～70% | 在 LED 上展示的安装步骤准确率低于 50% |

## 【任务思考】

一、天馈系统安装过程中使用的主要工具有哪些？

二、RRU 安装时要遵循哪些规范？

三、GPS 天线安装时要遵循哪些规范？

四、EMB5116 RRU 有哪些外部接口,对应的线缆是什么？

## 【知识链接与拓展】

### 一、EMB5116 RRU 介绍

RRU 是 EMB5116 TD-LTE 设备中的远端射频系统,与天线连接使用上跳线和校准线,与 EMB5116 TD-LTE 主设备连接使用光纤和电源线。完成室内基站主设备至室外拉远模块的数字基带信号的复用和解复用,并实现数字基带信号到射频信号的调制发射和射频信号到数字基带信号的解调。

EMB511 6TD-LTE 设备的 RRU 设备有 TDRU318D、TDRU338D、TDRU332E 和 TD-RU332D。

下面以 TDRU338D 为例进行介绍。TDRU338D 拉远设备采用压铸机箱,主从机箱采用对扣安装方式,其外形结构如图 2.3.23 所示。

图 2.3.23　TDRU338D 正面外形图

1. 性能指标

TDRU338D 性能指标如表 2.3.2 所示。

**表 2.3.2　TDRU338D 性能指标**

<table>
<tr><th colspan="2">参数名称</th><th>指标</th></tr>
<tr><td colspan="2">设备型号名称(填写入网证全称)</td><td>TDRU338D</td></tr>
<tr><td colspan="2">设备采用硬件平台名称</td><td>IP 平台</td></tr>
<tr><td colspan="2">设备软件版本名称</td><td>V2.02.00</td></tr>
<tr><td colspan="2">支持的工作频段(F/A/E 频段)</td><td>D 频段:2 570～2 620 MHz</td></tr>
<tr><td rowspan="31">设备详细参数</td><td>满配重量/kg</td><td>23</td></tr>
<tr><td>设备容量/L</td><td>23</td></tr>
<tr><td>设备尺寸(W×H×D)/(mm×mm×mm)</td><td>439×356×142</td></tr>
<tr><td>支持的功放带宽(如为固定频段,需说明频段范围)/(Mbit・s$^{-1}$)</td><td>50</td></tr>
<tr><td>支持的滤波器带宽(如为固定频段,需说明频段范围)/(Mbit・s$^{-1}$)</td><td>40</td></tr>
<tr><td>支持的滤波器更换方式(不能更换/现场更换/返厂更换)</td><td>返厂更换</td></tr>
<tr><td>支持的通道数</td><td>8/D</td></tr>
<tr><td>每通道每频段的机顶发射功率/dBm</td><td>10 W/通道</td></tr>
<tr><td>不同频段最大支持载波数量(现阶段/软件升级后)</td><td>21C</td></tr>
<tr><td>射频输出口数量/频段</td><td>8/D</td></tr>
<tr><td>温度环境(长期/短期)</td><td>－40～ ＋55 ℃(长期)<br>－40～ ＋70 ℃(短期)</td></tr>
<tr><td>湿度环境(长期/短期)</td><td>5%～98%(长期)</td></tr>
<tr><td>设备的防雷等级(在无外置单元的情况下)(标准/最大)</td><td>20 KA</td></tr>
<tr><td>是否采用外置室外防雷单元</td><td>无须外置防雷</td></tr>
<tr><td>防护等级</td><td>IP65</td></tr>
<tr><td>防护方式</td><td>压铸模</td></tr>
<tr><td>采用的供电方式(在无外置单元的情况下)</td><td>DC－48 V</td></tr>
<tr><td>允许的电压波动范围(在无外置单元的情况下)</td><td>－57～－40 V</td></tr>
<tr><td>功耗(最大/平均)</td><td><300 W</td></tr>
<tr><td>PA 效率</td><td>30%</td></tr>
<tr><td>功率放大器有效放大范围</td><td>30 dB</td></tr>
<tr><td>接收灵敏度</td><td>优于－113 dBm</td></tr>
<tr><td>接收机噪声系数</td><td><5 dB</td></tr>
<tr><td>室外单元可选择的安装方式(抱杆/悬挂/挂墙/等)</td><td>抱杆、悬挂</td></tr>
<tr><td>室外单元支持的天线安装方式(盲插、N 头、集束电缆)</td><td>盲插、N 头</td></tr>
<tr><td>室外单元连接智能天线距离限制</td><td>12 m</td></tr>
<tr><td>室外单元连接智能天线线缆允许衰耗</td><td><3 dB</td></tr>
<tr><td>级联要求(级联级数/单级距离/总距离)</td><td>最多级联 6 级/单级 10 km/总 40 km</td></tr>
<tr><td>是否支持 Ir 标准接口/接口数量(标准/最大)</td><td>是/2</td></tr>
<tr><td>是否支持不同频段配置不同时隙配比</td><td>否</td></tr>
<tr><td>是否支持电调天线/如何支持</td><td>是</td></tr>
</table>

续 表

| 参数名称 | | 指标 |
|---|---|---|
| 基站单元连接方式 | 单模光纤拉远长度限制 | 标配单级标准 2 km，最大 10 km；多级最多 40 km |
| | 光模块是否可现场更换(分 BBU/RRU 侧) | 是 |
| | 光模块速率(分 BBU/RRU 侧) | 6 G/5 G/2.5 G/1.25 G 自适应 |
| | 光模块速率是否支持向下兼容(6 G/5 G/2.5 G/1.25 G/等) | 是 |
| | 对采用级联方式连接时的各种限制条件进行详细说明 | 级联后总的 CA 数不超过光纤最大承担的 CA 数 |
| 可靠性 | 可用性指标(分 BBU/RRU) | 99.999% |
| | MTBF(分 BBU/RRU) | >150 000 h |
| | MTTR(分 BBU/RRU) | <30 min |
| | 系统中断服务时间(分 BBU/RRU) | <3 min/y |
| 其他 | 是否支持载波间隔为 1.4 MHz | 支持 |
| | 支持 LTE 时可继续使用的单元 | F 频段通过软件升级可支持 LTE |
| | 支持的节能技术 | 关断空闲射频下行时隙/关天线通道/根据负荷调整 PA 偏置电压 |
| | 支持的环保技术 | RoHS5 |

2. 外部接口

其外部接口如表 2.3.3 和图 2.3.24 所示。

**表 2.3.3　TDRU338D 外部接口表**

| 接口名称 | 印字 | 接口类型 | 型号 | 备注 |
|---|---|---|---|---|
| 天线接口 | ANT | N-female | N | |
| DC(−48 V)电源接口 | PWR | 压线模块 | | |
| 光纤接口 1 | OP1 | DLC 光纤 | | 单模 |
| 光纤接口 2 | OP2 | DLC 光纤 | | 单模 |
| 环境监控及干节点 | MON | 压线模块 | | 一对 RS485 用于环境监控，两个干节点，两个地线 |

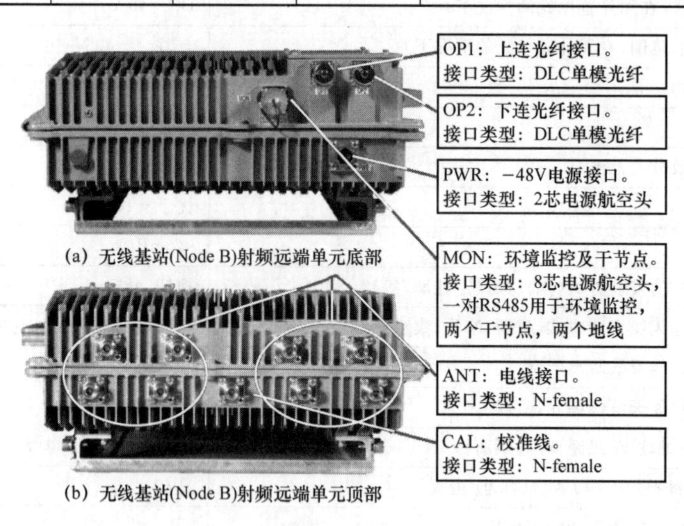


图 2.3.24　RRU 外部接口示意图

## 二、室外系统安装规范

### (一) RRU 安装规范

1. 同一组安装卡箍应处于同一水平面，并且与抱杆垂直，至少有 4 个卡齿与抱杆卡紧。

2. 设备安装完成后，应保证水平/垂直角度误差在±1°以内。

3. 螺栓紧固完成后，同一端螺杆露出螺母长度一致。

4. 未与 RRU 连接的卡箍，这一侧的紧固螺母应当为两个。

5. 螺母、平垫和弹垫安装顺序和位置正确，并且各部件无滑丝、变形。

6. 维护窗密封良好，紧固螺钉拧紧。

7. 整机表面必须干净整洁，外部漆饰完好。

8. 安装后应保证在 9 级地震烈度作用下不得倾倒，其相关组件不得出现脱离、脱落和分离。

9. 设备的最大抗风等级为 12 级。

10. RRU 设备下沿距楼面距离为 600 mm，条件不具备时可适度放宽，但不小于 300 mm，同时要注意 RRU 进线端线缆的平直和弯曲半径的要求，要便于施工维护并防止雪埋或雨水浸泡。

RRU 抱杆安装方式完成后如图 2.3.25 所示。

图 2.3.25　RRU 抱杆安装图

### (二) RRU 线缆安装规范

各种线缆分开布放，线缆的走向清晰、顺直，相互间不要交叉，捆扎牢固，松紧适度。

线缆绑扎固定时，使用馈线卡或扎带；通常室外采用馈线卡，室内采用白色扎带；室外不能使用馈线卡时，可以使用黑色扎带绑扎固定。

绑扎固定后的线缆应互相紧密靠拢，外观平直整齐，绑扎固定间距均匀，馈线卡固定间距为 800 mm，扎带绑扎固定间隔为 400 mm。

扎带绑扎时，采用十字绑扎方式，扎带扣方向一致，多余长度沿扎带扣向外保留 3～5 扣剪平。

尽量避免扎带的串联使用，如果串联使用时最多不超过两根。

所有线缆与尖锐物体接触处，需要采取保护措施，避免损坏线缆护套。

进入馈线窗前需要做回水弯，建议切角大于 60°，但必须大于此种馈线规定的最小弯曲半径，最低点低于该馈线入口处 200 mm，以防止雨水顺馈线流入基站室内。

线缆使用的套管或绝缘胶带，颜色与线缆尽量保持一致；并且套管或缠绕绝缘胶带长度尽量保持一致，偏差不超过 5 mm。

线缆表面清洁，无施工记号，护套绝缘层无破损及划伤。

绑扎成束的线缆转弯时，扎带应扎在转角两侧进行绑扎。

室外线缆安装效果如图 2.3.26 所示。

图 2.3.26 室外线缆安装图

1. 上跳线安装规范

(1) 上跳线与天线、RRU 接口一一对应，保证正确连接。

(2) 布放时不能把上跳线折成直角；尽量减少拐弯，需拐弯时，弯曲半径不能小于线缆最小弯曲半径。

(3) 上跳线尽量不要盘绕，条件不具备时，多余部分可以盘绕起来；盘绕成圈的线缆至少在同一直径方向绑扎两处，盘绕半径大于 20 倍线缆外径。

(4) 上跳线之间避免缠绕、交叉，应尽量整齐，便于查找。

(5) 上跳线与 RRU、天线之间连接要牢固，用手拧紧上跳线接头后，再用扳手拧半圈。

上跳线沿铁塔支架或抱杆可靠固定，防止风吹引起跳线过度或反复弯折。

2. RRU 电源线安装规范

(1) RRU 供电电源线有直流、交流两种类型。

(2) 采用直流供电时，蓝色电源线接 −48 V，黑(或红)色电源线接 0 V。

(3) 采用交流供电时，电源线为定长电缆组件；当使用交流配电箱时，需要将剪去电源插头，再将电源线连接到配电箱接线端子。

(4) 电源线直径与铜鼻子型号相符，不得剪除部分芯线后用小号铜鼻子压接。

电源线尽量水平和竖直走线，避免交叉走线，布放整齐、美观，拐弯处以圆弧平滑过渡，且保持一致。

(5) 不同设备的电源线禁止捆扎在一起，平行走线时，间距推荐大于 100 mm。

(6) 电源线必须采用整段材料，中间不得焊接、转接其他线缆，不得设置开关、熔丝等可断开器件。

(7) 连接电源线时,必须确认配电侧开关处于断开状态,同时在配电侧有人值守或有明显提示正在施工。

RRU 直流电源线布放在室外走线架上的情况如图 2.3.27 所示。

图 2.3.27 室外 RRU 直流电源线安装图

3. RRU 接地规范

RRU 接地包括 RRU 壳体接地、RRU 电源线接地两部分,使用 16 $mm^2$ 黄绿接地线。

(1) RRU 壳体接地规范

① 接地线必须采用整段材料,中间不得焊接、转接其他线缆,也不得设置开关、熔丝等可断开器件。

② 接地线导体全部插入铜鼻子尾中,不允许有铜丝漏置于铜鼻子尾孔外。

③ 使用合适的压线钳压接铜鼻子,铜鼻子尾孔管壁不能压破,并且与线缆压接牢固。

④ 接地线连接到就近的接地排;接地线在满足布线基本要求的基础上,选择最短路由,禁止盘绕。

⑤ 接地点处若有锈蚀或涂层,必须先用锉刀除去锈蚀层或涂层,保证接触良好。

⑥ 接地完成后,室外接地点进行防锈处理。

RRU 壳体接地效果如图 2.3.28 所示。

图 2.3.28 RRU 壳体接地图

(2) RRU 电源线接地规范

① 当 RRU 安装在室外环境,采用直流供电时,需要使用 2 芯屏蔽电源线,电源线屏蔽层需要进行接地,使用接地套件和防水包来完成接地。

RRU 电源线屏蔽层必须通过 RRU 维护窗处的压线环与 RRU 壳体保持导通,同时起到固定作用。

② RRU 安装在铁塔时,如果铁塔底部到机房馈线窗的水平走线距离大于或等于 7 m,则在电源线离塔的拐弯处,1 m 范围内,选择电源线竖直部位,做一点屏蔽层接地,连接至铁塔就近接地点,同时进入馈线前 1 m 范围内,选择电源线平直部位,再做一点屏蔽层接地,连接到馈线窗附近的室外防雷接地排。如果铁塔底部到馈线窗的水平走线距离小于 7 m,则只在进入馈线窗前 1 m 范围内,选择电源线平直部位,做一点屏蔽层接地,连接到馈线窗附近的室外防雷接地排。如果电源线长度超过 60 m,每增加 60 m,则在电源线中间多增加一点屏蔽层接地,连接到就近接地点,如 60～120 m,在电源线中间多增加一点屏蔽层接地。

③ RRU 不安装在铁塔时,电源线长度在 5 m 以内不用接地;长度在 5～60 m 以内增加一点接地,位置在进入馈线窗前 1m 范围内,选择电源线平直部位,做一点屏蔽层接地,连接到室外接地排;电源线长度超过 60 m,每增加 60 m,则在电源线中间多增加一点屏蔽层接地,连接到就近接地点,如 60～120 m,在电源线中间多增加一点屏蔽层接地。

接地线引向应由上往下,垂直方向时,分叉朝下,禁止朝上;水平方向时,接地线应沿 RRU 朝机房方向。

④ 使用防水包对接地点的进行防水处理时,必须按照施工工艺进行。

⑤ 电缆导体全部插入铜鼻子尾孔中,不允许有铜丝漏置于铜鼻子尾孔外。

⑥ 使用压线钳压接铜鼻子,与线缆压接要牢固,铜鼻子尾孔管壁不能压破。

⑦ 压接完成后,需要对接头处进行保护,使用热缩套管或 PVC 胶带均可。使用热缩套管时要求收缩均匀,无空气泡,外壁无烫伤;使用胶带时要求胶带层间重叠度一致,无皱褶,无过度拉伸。

⑧ 电源线屏蔽层防水处理完成后,在最后一层胶带两端用扎带再进行绑扎固定,如图 2.3.29 所示。

⑨ 接地点处若有锈蚀或涂层,必须先用锉刀将其除去,保证接触良好。接地完成后,室外接地点要进行防锈处理。

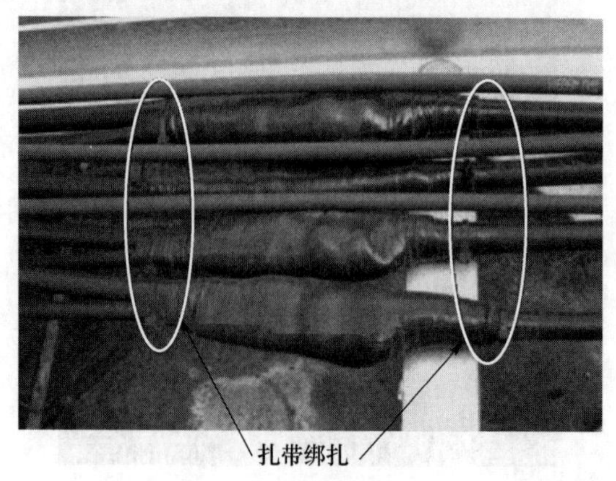


图 2.3.29　电源线屏蔽层防水处理

4. RRU 接口防护规范

RRU 接口包括射频接口、电源接口、光纤接口。当 RRU 安装在室外环境时，需要对 RRU 接口进行防护处理。

(1) 射频接口防护规范

射频接口类型是 N 型接头，上跳线与 RRU 和天线连接后，使用防水热缩套管进行接头防护。必须从接头底座底部开始热缩；热缩完成后，应保证热缩管下端面与 RRU 顶部间的缝隙小于 2 mm。热缩完成后，热缩套管要求收缩均匀、管内无气泡，外壁无烫伤、无烧糊，两端有少量胶溢出。采用热缩管对上跳线接头进行防护，如图 2.3.30 所示。

图 2.3.30 热缩套安装图

(2) 电源接口/光纤接口防护规范

当这些接口为航空头结构时，其本身具有一定的防水能力，只需做简易防水处理。使用 18 mm 宽的黑色 PVC 胶带从航空头尾端下方约 50 mm 开始往上缠绕，将整个航空插头缠绕包裹住。至少缠绕三层，每层重叠度至少 50%。最后一层胶带必须从下往上缠绕，缠绕均匀，无皱褶，无过度拉伸，胶带层间重叠度一致，最后一层胶带断口处，使用扎带绑扎。接头完成防护后，如图 2.3.31 所示。

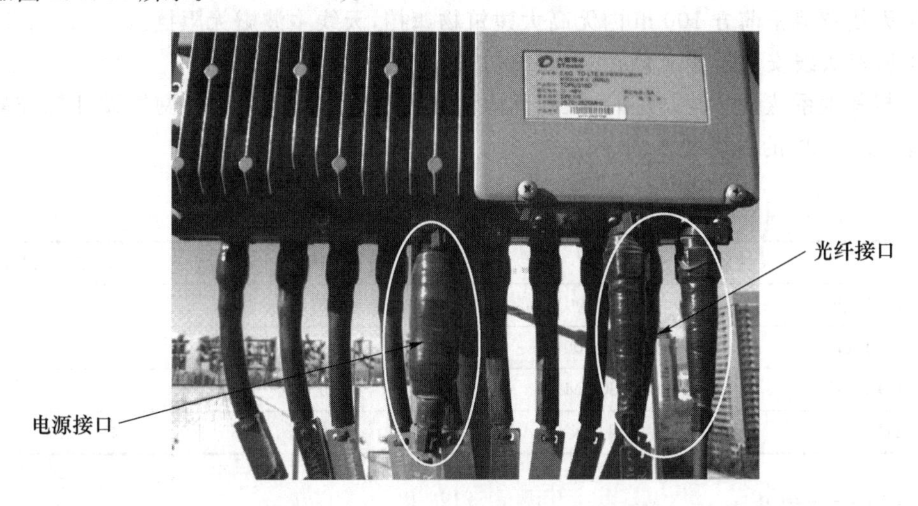


图 2.3.31 电源接口/光纤接口防护图

(3) RRU 线缆标识制作规范

① 室外场景：标识使用铝牌，包括上跳线、电源线和 NB-RRU 光缆。

② 室内场景：使用标签扎带贴上打印好内容的贴纸，包括电源线和 NB-RRU 光缆。

标识绑扎在距离线缆插头尾端约 200 mm 的线缆平直部位。每根上跳线两处，分别为 RRU 侧、天线侧标牌，RRU 电源线和光纤都为 1 处。标牌内容与天线、RRU 接口一一对应。同一种线缆标牌要求固定高度、字体朝向和扎带扣方向整齐一致，字体朝向便于观察、无遮挡。RRU 线缆标识：RRU 侧铝制标识牌如图 2.3.32 所示；天线侧铝制标识牌如图 2.3.33 所示。

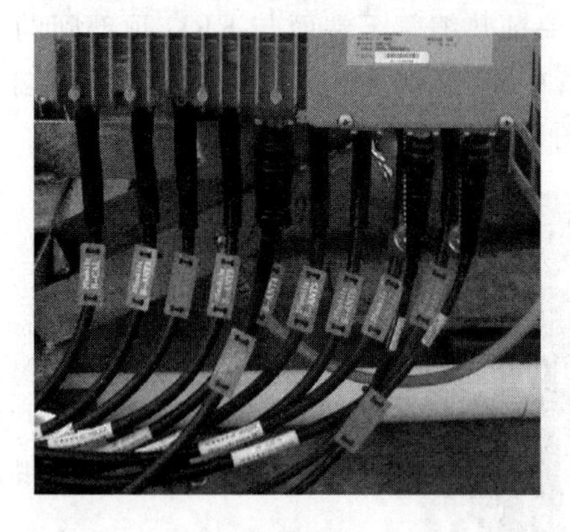

图 2.3.32　RRU 线缆 RRU 侧铝制标识牌

图 2.3.33　RRU 线缆天线侧铝制标识牌

### （三）天线安装规范

1. 安装环境要求

(1) 通信局(站)点应尽量避免设置在雷击区，远离空气污染严重、易燃易爆地区，避开有强噪声或强震动的地方，尽量远离变电站和产生较大强度微波与磁场的各种电动电气设备。

(2) 避雷针、抱杆、走线架、铁塔等都必须采用热浸锌表面处理工艺或其他防腐防锈处理。

(3) 抱杆基础牢固，必要时斜拉线、角铁支撑或水泥墩加固，抱杆垂直角度要求误差在 ±1°以内。

(4) 安装点配备接地排或接地点，防雷接地保护系统应符合行业或国家相关标准。

(5) 天线覆盖正前方 100 m 内无高大建筑物遮挡，天线主波瓣无阻挡。

(6) 所有天线安装位置应该在避雷针保护范围之内。

(7) 与其他系统基站共站址时，天线间水平和垂直隔离度满足移动网络设计标准的要求。可参考表 2.3.4 中的隔离度要求。

**表 2.3.4　不同天线系统之间的隔离度要求**

| 天线系统 | | 垂直距离/m | 水平距离/m |
|---|---|---|---|
| TD-LTE | GSM900 | 0.5 | 2 |
| TD-LTE | DCS1800 | 0.5 | 2 |
| TD-LTE | TD-SCDMA | 0.5 | 2 |
| TD-LTE | WLAN | 1.0 | 2.6 |

2. 天线安装规范

(1) 上、下两组卡箍，应保证同一组卡箍在同一水平面上，并且与抱杆垂直；每组至少 4 个卡齿与抱杆接触卡紧。

(2) 天线顶部卡箍的安装固定位置与抱杆顶部的间距不小于 100 mm。

(3) 天线安装牢固,用力震动、摇晃,其相关组件不得出现松动、脱落情况。

(4) 安装挂件规格、数量完整齐全,螺母、平垫和弹垫安装顺序和位置正确。

(5) 天线挂高与网络规划设计保持一致。

(6) 定向天线的方位角、俯仰角与网络规划设计保持一致,误差小于±1°。

(7) 全向天线应保持垂直,误差应小于±1°。

(8) 全向天线收发水平间距应不小于 3.5 m。

(9) 全向天线在屋顶上安装时尽量避免产生盲区。

(10) 室内吸顶式天线可以固定安装在天花吊顶外或天花吊顶内,保证天线水平美观,并且不破坏室内整体环境。

(11) 天线外罩表面清洁,不能有凹陷变形、磕碰开裂。

**(四) GPS 安装规范**

1. 安装环境要求

(1) GPS 天线应安装在较开阔的位置上,保证周围没有高大的遮挡物(如树木、铁塔、楼房等),天线竖直向上的视角大于 120°。

(2) 若周围较近距离有遮挡物,应保证上方 90°范围内(至少南向 45°)无建筑物遮挡。

(3) GPS 天线宜远离其他发射或接收设备,不要安装在微波天线、高压线下方,避免发射天线的辐射方向对准 GPS 天线。

2. GPS 天线安装规范

(1) GPS 标配的安装组件可支持抱杆安装。

(2) 在北半球,GPS 天线应尽量安装在安装地点的南边;在南半球,GPS 天线应尽量安装在安装地点的北边。

(3) GPS 天线外罩表面清洁,不能有凹陷变形、磕碰开裂。

(4) 安装挂件规格、数量完整齐全,螺母、平垫和弹垫安装顺序和位置正确。

(5) GPS 天线垂直角度误差小于或等于 1°。

(6) 两个或多个 GPS 天线安装时要保持 2 m 以上的间距。

(7) GPS 天线与周围尺寸大于 200 mm 的金属物距离保持在 1.5 m 以上。

(8) GPS 天线安装牢固。

3. GPS 射频馈线安装规范

GPS 天线与射频馈线使用 N 型连接器连接,连接器需要现场安装到馈线上。

(1) 馈线必须与连接器匹配,保证连接可靠、电气导通性良好。

(2) 使用合适的压线钳压接连接器套管,压接完成后,套管无破损,并且与馈线连接牢固,用手拉拽,连接器不脱落。

(3) 与 GPS 天线连接后,需要对连接处进行整体防水保护:使用 18 mm 宽的黑色 PVC 胶带从 N 型连接器尾端下方约 50 mm 开始往上缠绕,将 N 型连接器与 GPS 天线接头整体缠绕包裹住;至少缠绕三层,每层重叠度至少 50%;最后一层胶带必须从下往上缠绕;缠绕均匀,无皱褶,无过度拉伸,胶带层间重叠度一致;最后一层胶带断口处,使用扎带绑扎。安装效果如图 2.3.34 所示。

(4) 在固定安装铁管底部要用适量胶泥填充线缆与管壁之间的空隙,防止射频线缆晃动,如图 2.3.35 所示。

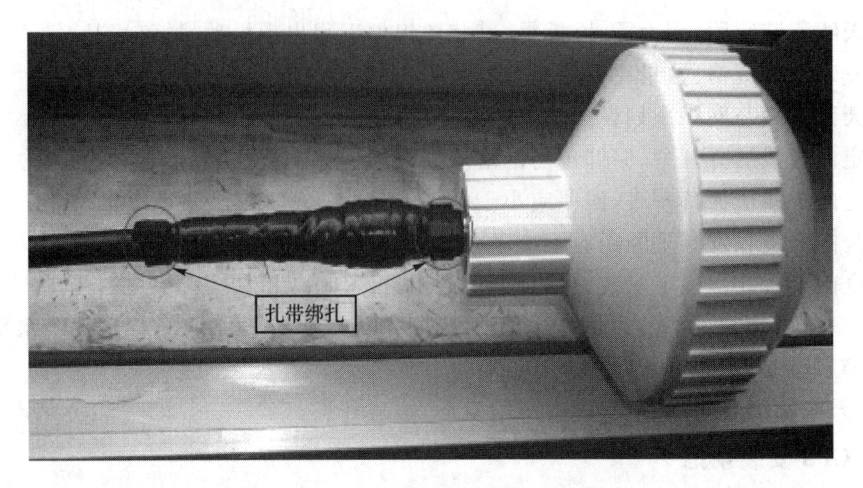


图 2.3.34　GPS 天线 N 型接头防护图

图 2.3.35　GPS 馈线防护图

4. GPS 接地安装规范

GPS 接地主要是射频馈线屏蔽层接地，使用接地套件和防水包来完成接地。

(1) 离开 GPS 天线 1 m 处，选择射频馈线平直部位，必须做一处馈线屏蔽层接地，连接至就近接地点。

(2) 进入馈线窗前 1 m 范围内，选择射频馈线平直部位，必须做一处屏蔽层接地，连接至馈线窗处的室外防雷地排。

(3) 一般，线缆长度在 10 m 以内做一点接地，位置在进入馈线窗前 1 m 范围内；长度在 10～60 m 以内做两点接地，位置分别在离开 GPS 天线 1 m 处和进入馈线窗前 1 m 范围内；超过 60 m 的，在线缆中间增加一处接地。

(4) 使用防水包对接地点的进行防水处理时，必须按照施工工艺进行。

5. GPS 避雷器安装规范

GPS 避雷器安装效果如图 2.3.36 所示。

图 2.3.36　GPS 避雷器安装图

（1）GPS 避雷器安装在 GPS 射频馈线进入馈线窗后 1 m 处。

（2）GPS 避雷器应安装在走线架的两个横挡之间，避雷器不能接触走线架，并与走线架绝缘。

（3）GPS 避雷器必须作接地处理，接地线使用 16 $mm^2$ 黄绿电源线，两端配铜鼻子，现场压接，接地线连接至室外地排，如图 2.3.37 所示。

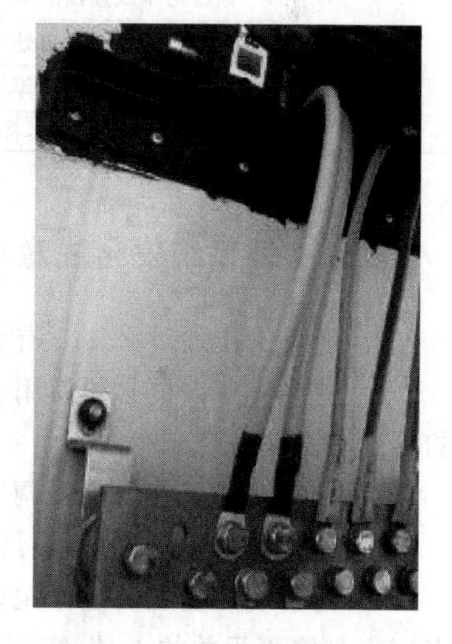

图 2.3.37　GPS 避雷器室外接地安装图

（4）注意 GPS 避雷器标识，“设备端”朝向主设备，连接 GPS 下跳线。

（5）避雷器上的接地铜鼻子安装在天馈端。电缆导体全部插入铜鼻子尾孔中，不允许有铜丝漏置于铜鼻子尾孔外。使用压线钳压接铜鼻子，铜鼻子管壁不能压破，并且与线缆压接牢固。

（6）压接完成后，需要对接头处进行保护，使用热缩套管或 PVC 胶带均可。使用热缩套管时要求收缩均匀，无气泡，外壁无烫伤；使用胶带时，要求胶带层间重叠度一致，无皱褶，无过度拉伸。

（7）接地电缆铜鼻子与接地排的接触面必须保证完全平行接触。

（8）接地点处若有锈蚀或涂层，必须先用锉刀除去锈蚀层或涂层，保证接触良好。室外接地点进行防锈处理。

6. GPS 线缆标识

使用铝牌标识，距离 GPS 天线安装管下端 200 mm 射频馈线平直处，每个铝牌使用两根 2.5 mm×100 mm 黑色耐候尼龙扎带，扎带多余长度沿扎带扣向外保留 3～5 扣剪平。字体朝外便于观察。

## 三、室外系统安装测试

室外系统的安装测试包括：系统驻波比、天线的安装位置、馈线的安装位置、接地、走线等。可按表 2.3.5 进行检查。

表 2.3.5 天馈安装测试检查表

| 检查项目 | 检查项目指标 | 检查结果 | 备注说明 |
| --- | --- | --- | --- |
| 驻波比 | 整个天馈系统的驻波比不大于 1.3 | | |
| 天线 | 天线的安装位置应与设计文件相符,且与抱杆连接牢固 | | |
| | 天线方位角误差不大于 5°,下倾角误差不大于 0.5° | | |
| | 在天线向前方向,无铁塔结构的阻碍影响 | | |
| | 天线应在避雷针保护区域内(避雷针顶点下倾 45°范围内) | | |
| 馈线跳线 | 馈线布放整齐平直、无交叉,馈线无裸露金属导体 | | |
| | 馈线和跳线连接正确(具有相同色环的馈线和跳线相连) | | |
| | 色环粘贴位置正确 | | |
| | 室外馈线已做 3 点接地 | | |
| | 所有室外接头做好密封防水处理 | | |
| | 天线侧跳线、入馈窗前馈线已做避水弯 | | |
| | 馈线、跳线最小弯曲半径应不小于其直径的 20 倍 | | |
| | 馈线、跳线上无多余胶带、扎带等遗留物 | | |
| | 馈线与跳线连接的接头处应该固定牢固,防止晃动 | | |
| | 馈线与跳线的连接处应该留有适当的余量,便于日后维护 | | |
| | 馈线、天线、避雷器等器件必须做好标识,一一对应 | | |
| | 所有室外裸露部分,都需要用胶泥胶带做防水处理(三层) | | |

### 四、室外系统安全注意事项

1. 上塔工作人员必须要有登高工作证。

2. 塔上作业人员必须使用安全保险带,塔下人员必须头戴安全帽,不许穿宽松衣服及易打滑的鞋上塔施工。

3. 应该对施工人员工强调安全注意事项。

4. 天馈室外施工应该尽可能安排在晴朗无强风的白天进行。

5. 施工现场竖立明显标记以提醒与施工无关的人员远离施工现场。塔下工作人员有义务督促与施工无关的人员,特别是小孩,远离施工现场。塔上使用的所有可能滑落造成塔下人员伤亡的器具必须严格处理,比如暂不使用的塔上的工具、金属安装件等应该可靠地装入帆布工具袋内,帆布工具袋应随取器具随打开,取后即封口。

6. 在天线安装过程中,要注意人身与设备的安全。

7. 在调整已开通天线时,应该采取一定的措施(如穿防辐射服等),并应关掉高功放,避免天线对人体的正面辐射。

# 任务 2.4 基站工程施工验收

## 【任务描述】

施工验收是移动通信工程建设的重要环节,是为了确保工程质量而开展的对工程的施工技术监督工作。施工验收是确保移动通信网络正常运行的关键,强调规范性、完整性和统一性。请以某工程监理单位的一名技术人员的身份,完成对 LTE 无线子系统工程的施工验收工作。

# 【任务分析】

## 一、任务的目标

1. 知识目标

(1) 熟悉基站工程竣工验收流程;

(2) 熟悉竣工材料的内容。

2. 能力目标

(1) 能够编制简单的竣工资料;

(2) 能够对机房设备、天馈部分的安装质量进行检核。

## 二、完成任务的流程

完成本次任务的主要流程步骤如图 2.4.1 所示。

图 2.4.1　任务流程示意图

要完成本次任务,需将人员分为多个验收小组,各组完成相同或不同的任务。本任务的【知识链接与拓展】中介绍了各系统的验收内容和要求,在验收工作前应对所要验收的对象有足够的了解,在验收过程中,进行相关知识的进一步学习。

1. 开始验收之前,准备设计描述表、天馈参数表、机房平面图、验收组成员表等,并熟练掌握各类常用验收工具。完整填写本任务【技能训练】的各种资料。

2. 分别完成基站工程天馈系统、主设备、机房环境和配套设施的验收,验收规范参见【知识链接与拓展】。天馈系统和主设备的专项训练见【技能训练】。

## 三、任务的重点

本次任务的重点是对移动通信基站室内部分和室外部分的施工进行验收。

# 【技能训练】

## 一、训练目的

完成对 LTE 基站工程的施工验收工作。

## 二、训练用具

移动通信基站系统、常用验收工具、各类验收资料。

## 三、训练步骤

### (一) 施工验收准备

1. 在开始施工验收之前,需要明确验收对象,如图 2.4.2 所示。

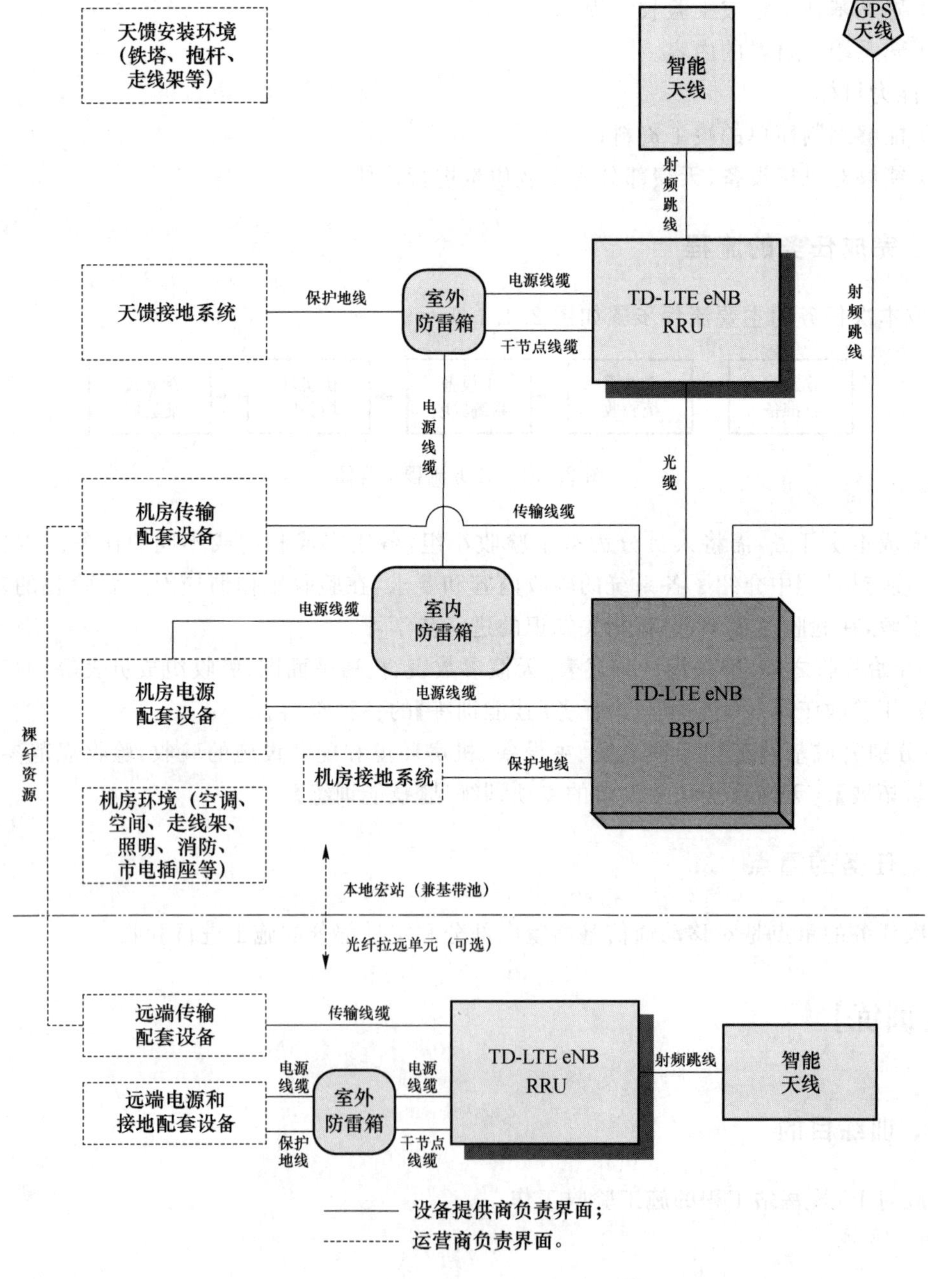


图 2.4.2 LTE 无线子系统结构示意图

2. 验收准备

为了规范准确地完成验收工作，应提前做好如下准备工作。

(1) 站点概述

根据规划设计方案填写设计描述表(表 2.4.1)。

**表 2.4.1　设计描述表**

| | | |
|---|---|---|
| 基站 | 厂家 | |
| | 设计型号 | |
| 蓄电池 | 单位(组) | |
| | 设计安装方式 | |
| | 设计容量 | |
| 塔桅 | 设计高度 | |
| | 设计类型 | |
| 设计开关电源容量 | | |
| 设计交流配电箱容量 | | |
| 设计走线架安装方式(吊挂、支撑) | | |
| 设计空调容量(匹) | | |
| 设计浪涌抑制器型号 | | |
| 设计 2 M 数量 | | |

(2) 天馈参数表

将天馈系统参数结果填入天馈参数表(表 2.4.2)。

**表 2.4.2　天馈参数表**

| | | | |
|---|---|---|---|
| 天线方位角 | $\alpha$：　° | $\beta$：　° | $\gamma$：　° |
| 天线俯仰角 | $\alpha$：　° | $\beta$：　° | $\gamma$：　° |
| 天线安装数量 | | | |

(3) 机房平面图

获取设计院有电子签名的最新机房平面图、天馈系统平面布置图和天馈系统安装侧视图。

(4) 验收组成员结构

由建设单位、设计单位、监理单位、施工单位多方参验人员构成验收组成员，并填写表 2.4.3。

**表 2.4.3　验收组成员表**

| | | | |
|---|---|---|---|
| 建设单位 | | 站点名称 | |
| 站　　号 | | 经纬度 | |
| 开工日期 | | 完成日期 | |
| 建设单位工程管理参验人员 | 签字： | | |

续 表

| | |
|---|---|
| 设计单位人员 | 签字： |
| 监理单位参验人员 | 签字： |
| 施工单位参验人员 | 签字： |
| 备注 | |

(5) 验收工具

在施工验收时，会使用到罗盘、坡度仪、万用表、驻波比测试仪、地阻仪、温湿度计、功率计、皮尺、水平尺、钢尺、GPS、数码相机、望远镜等工具。

### (二) 天馈系统验收

参照表 2.4.4 完成天馈系统验收。

表 2.4.4 天馈系统验收表

| 验收项目 | 验收点 | 规范标准 | 测试工具及方法 | 是否合格 |
|---|---|---|---|---|
| 天线 | 方位角 | 满足基站的设计要求，小区天线误差不超过±5° | 罗盘、目测 | |
| | 俯仰角 | 满足基站的设计要求，小区天线误差不超过±1° | 坡度仪 | |
| | 天线分集距离 | 同小区的两个接收天线水平间距不小于 4 m、全向天线不小于 7 m | 钢尺 | |
| | 天线安装数量 | 参照设计，电调天线控制线由 1 扇区天线引下，且电调天线的标尺杆应移动自如，无阻挡 | 现场检查 | |
| | 天线安装工艺 | 天线的外观完好、无破损，安装紧固。定向天线是否低于抱杆 10 cm、全向天线抱箍距抱杆顶端 5～10 cm、天线的挂高符合设计文件要求(挂高误差不超过 10%)、天线正前方 50 m 内不应有物体阻挡 | 钢尺、测距仪 | |
| 馈线 | 馈线安装工艺 | 馈线布放整齐，由塔自上而下尽量平直，路由符合设计文件要求 | 目测 | |
| | | 馈线拐弯处，弯曲半径不小于规范要求 25 cm | 目测 | |
| | | 每间隔 1 m，用馈线卡子将馈线固定牢靠，馈线拐弯处两端固定 | 钢尺、目测 | |
| | | 每根馈线在天线端应预留足够再做一次接头的余量(小抱杆除外) | 目测 | |
| | | 每根馈线在进入机房前必须预留滴水弯，且多根馈线工艺一致 | 目测 | |
| | | 对馈线窗进行防水密封保护 | 现场检查 | |
| | | 馈线布放完后，馈线外观应完好，无变形 | 目测 | |

续 表

| 验收项目 | 验收点 | 规范标准 | 测试工具及方法 | 是否合格 |
| --- | --- | --- | --- | --- |
| 馈线 | 馈线接头安装工艺 | 每个馈线接头处保证有至少 15 cm 的平直，以保证接头不能受力；室外每个馈线接头都要进行防水保护，并符合厂家规范，外观较好 | 钢尺、目测 | |
| | 跳线安装工艺 | 室内跳线长度要适当，应预留足够再做一次接头的余量；多根跳线布放整齐，美观 | 目测 | |
| 防雷、防水、接地 | 馈线防雷接地工艺 | 符合设计要求，馈线避雷器的引线应就近与室外接地排相连，避雷器架接地线截面大于 35 $mm^2$，避雷器之间不能相互接触且避雷器不得与走线架接触 | 目测 | |
| | | 是否符合设计要求的二点（楼顶抱杆馈线小于 30 m）、三点、四点（楼顶抱杆馈线为 60～90 m）、五点（楼顶抱杆馈线在 90 m 以上）接地要求 | 目测 | |
| | | 馈线刨开接地处防水保护制作良好：馈线接地处胶泥饱满，胶带缠绕美观，前后收尾处距离超过 35cm，收尾处应用裁纸刀割断，两端使用扎带扎紧 | 钢尺、目测 | |
| | | 地线路由应尽量垂直于地面，且必须平直接入地排 | 目测 | |
| | | 地线路由在拐弯处的弯曲半径不小于 15D，防止被雷电击穿 | 目测 | |
| | | 馈线窗必须接地，引线短直并连接至室外地排 | 目测 | |
| | | 地线接线端子与地线接线排的触点平面要紧密，并均匀涂抹导电防氧化油，接地线短直，接地引线需顺泄流方向布放，不得弯曲，严禁多点复接 | 目测 | |
| 标签 | 标签要求 | 室外标签完整正确，用防腐、防锈、抗老化标识。室内电调天线控制线末端粘贴“雷雨天禁用”警示标识 | 目测 | |
| 扎带 | 扎带工艺 | 室外扎带扎好后剪断时应留有 3～4 扣余量，剪切处不得带有尖刺 | 目测 | |
| 驻波比测试 | 驻波比 | 馈线长度大于 30 m 驻波比不大于 1.3；30 m 以下时，驻波比不大于 1.4 | 驻波比测试仪 | |
| 验收结论 | | | 验收人： | |

## （三）主设备系统验收

参照表 2.4.5 完成主设备系统验收。

**表 2.4.5　主设备系统验收表**

| 验收项目 | 验收点 | 规范标准 | 测试工具及方法 | 是否合格 |
| --- | --- | --- | --- | --- |
| 机柜 | 位置 | 符合设计平面布置图要求 | 审图、目测 | |
| | 垂直度 | 偏差不大于 0.1% | 水平尺 | |
| | 抗震加固 | 符合《通信设备安装抗震设计暂行规定》和设计要求 | 现场检查 | |

续 表

| 验收项目 | 验收点 | 规范标准 | 测试工具及方法 | 是否合格 |
|---|---|---|---|---|
| 机柜 | 设备外表面 | 机架上各种零件不得脱落或碰坏，机架油漆完好，各种标志应正确、清晰、齐全 | 现场检查 | |
| | 安装好的机架和地面绝缘 | 机架下应做绝缘处理 | 现场检查 | |
| | 机架水平度 | 机柜水平偏差不大于1 mm，机架的垂直偏差不大于1 mm，相邻底座之间的缝隙不大于2 mm | 水平尺 | |
| | 主设备与相邻机架检查 | 如果BBU机架和其他设备并排安装，机架的前门与其他设备前沿对齐，偏差不大于2 mm | 钢尺 | |
| | 标签 | 各种标签正确、清晰、齐全 | 目测 | |
| 走线工艺 | 三线分开 | 强电、弱电、信号是否分开走线，三线间隔距离不少于20 cm | 目测、钢尺 | |
| | 路由走向 | 线缆应顺直、整齐，按顺序下线 | 现场检查 | |
| | 弯曲半径 | 通常不小于60 mm；铠装电缆大于12倍外径；塑包软电力电缆大于6倍半径 | 目测 | |
| | 绑扎质量 | 扎带绑扎整齐，线扣间距10 cm，松紧适度，收口朝向一致，扎带扎好后应将多余部分齐根平滑剪齐，剪切处不得带有尖刺，线缆在电缆走道的每一根横铁上均应绑扎，绑扎线扣松紧适度，绑扣一致，打结在隐蔽处 | 现场检查 | |
| | 线缆的连接质量 | 线缆剖头不伤及芯线，剖头长度一致，在剖头处套上合适的套管或缠上胶布，其长度和颜色一致，露铜小于2 mm；10 $mm^2$ 以下单芯线可用打接头圈连接，10 $mm^2$ 以上线缆用合适的线鼻子连接，电源线及地线应采用整段的线料，不得由两段以上线缆连接而成 | 现场检查 | |
| | | 插接位置正确，接触紧密、牢靠，插接端子完好 | 目测 | |
| | 线缆标签 | 线缆两端必须绑扎标签，且两端标签必须一致，标签应以防腐为标准且字迹清晰、美观，电调天线控制线末端标识“雷雨天禁用”的黄色警示标志 | 现场检查 | |
| | 室内接地 | 机架、走线架必须接地，线缆颜色必须为黄绿线 | 现场检查 | |
| | 电源线连接 | 机架和电源之间电缆正负极连接正确 | 现场检查 | |
| | 线缆端头处理 | 接线端子处的裸线及铜鼻柄需加热缩套管，不得露铜 | 目测 | |
| | 射频电缆 | 射频电缆接头要安装到位，以避免虚线连接而导致驻波比异常 | 目测 | |

续表

| 验收项目 | 验收点 | 规范标准 | 测试工具及方法 | 是否合格 |
|---|---|---|---|---|
| GPS | GPS安装工艺 | 在仰角10°以上区域的遮挡不超过25% | 目测 | |
| | | 天线是否垂直安装,误差在2°以内 | 目测 | |
| | | GPS要与至少4颗卫星保持直线无遮挡连接 | GPS测试仪 | |
| | | GPS天线不可以是本区域内至高点 | 目测 | |
| | | GPS天线应与任何Tx天线在水平及垂直方向上至少保持3 m的距离 | 目测 | |
| | | 当处于北半球时,GPS应与铁塔朝南的一角保持至少1 m的距离 | 钢尺、目测 | |
| | | GPS应处于受接地保护的锥形中 | 目测 | |
| | | 抱杆应与接地线焊接以使整个抱杆处于接地状态 | 目测 | |
| | | 馈线经过馈线入口,应有一个弯曲以防止雨水经过馈线流进室内 | 目测 | |
| | | 确保GPS被可靠地固定好而不会在任何天气条件下移动 | 目测 | |
| | | 楼顶GPS抱杆需接地,GPS馈线保证一处接地 | 目测 | |
| 验收结论 | | | 验收人: | |
| RRU | 安装位置 | 设备的安装位置严格遵循设计图纸,满足安装空间要求,预留维护空间 | 目测,钢尺 | |
| | 盖板 | RRU安装牢固、RRU的配线腔盖板锁紧 | 目测 | |
| | 防水 | 防水检查:RRU配线腔未走线的导线槽中安装防水胶棒,配线腔盖板锁紧;未安装射频线缆的射频端口安装防尘帽,并对防尘帽做好防水处理 | 目测 | |
| | 接地 | RRU侧电源线屏蔽层通过压线端子接地;RRU室外安装,RRU电源线在进入馈窗处,通过配发的接地夹与馈窗处1 m内接地排接地 | 目测 | |
| | 线缆 | 制作电源线和保护地线的端子时,应焊接或压接牢固;电源线、保护地线一定要采用整段材料,中间不能有接头;所有电源线、保护地线不得短路,不得反接;且无破损,无断裂。制作电源线和保护地线的端子时,应焊接或压接牢固;信号线的连接器必须完好无损,连接紧固可靠;信号线无破损,无断裂 | 目测 | |
| 验收结论 | | | 验收人: | |

## (四)机房环境验收

参照表2.4.6完成机房环境验收。

表 2.4.6　机房环境验收表

| 名称 | 验收项目 | 规范标准 | 测试工具及方法 | 是否合格 |
| --- | --- | --- | --- | --- |
| 机房环境 | 照明、开关、插座、应急照明 | 机房照明良好、有工作电压 220 V 电源插座；机房门窗、防盗符合要求，应急灯具能否使用 | 现场检查 | |
| | 孔洞封堵 | 通信机房内的预留孔洞配置有阻燃材料的安全盖板或填充物 | 现场检查 | |
| | 空调 | 温度不超过 25 ℃，温度在 15%～70%之间，空调排水、运转是否正常 | 现场检查 | |
| | 室内装饰（墙、门） | 通信机房装修材料为阻燃材料，应符合建筑内部装修设计防火规范，新建机房必须铺设防滑地面砖 | 现场检查 | |
| | 消防 | 通信机房必须配备有效的灭火消防器材，设置的火灾自动报警系统和固定式气体灭火系统必须保持性能良好 | 现场检查 | |
| | 卫生 | 机架底部、机架周围的活动地板的下面，不应有扎带、线头、干燥剂袋等施工遗留物。室外不能遗留安装杂物以及建筑垃圾 | 现场检查 | |
| 验收结论 | | | 验收人： | |

## （五）配套设施验收

参照表 2.4.7 完成配套设施验收。

表 2.4.7　配套设施验收表

| 验收项目 | 验收点 | 规范标准 | 测试工具及方法 | 是否合格 |
| --- | --- | --- | --- | --- |
| 蓄电池 | 电池组线缆安装 | 电池组装应根据母线走向确定正负极出线位置，电池线尽可能短。电源线不得交叉、不得触地 | 现场检查 | |
| | 蓄电池排列 | 单体电池应按顺序排放，各列要排放整齐，位置、间距适当，保持垂直、水平；每列外侧应在一直线上，偏差不大于 3 mm。连接条和螺栓、螺母上应涂一层防氧化物或加装塑料盒盖，拧紧螺丝，套好接线端子保护套 | 现场检查 | |
| | 电池标签 | 电池应按顺序贴上电池序号标签，总电压 0 V 处为 1 号，依此类推，2 号、3 号 | 现场检查 | |
| | 电池抗震 | 蓄电池抗震铁架要求对地加固并接地（每组电池架必须接地） | 现场检查 | |
| 传输 | 接口 | 2 M 头子必须拧紧在端子排上，告警电缆必须平直的卡在端子上 | 现场检查 | |
| | 标签 | 在配线架上 2 M 端口下方必须有标签 | 现场检查 | |
| | 接地 | 机架、设备、光纤加强芯必须可靠接地 | 现场检查 | |

续 表

| 验收项目 | 验收点 | 规范标准 | 测试工具及方法 | 是否合格 |
|---|---|---|---|---|
| 走线架 | 宽度 | 走线架宽度符合设计要求 | 钢尺 | |
| | 外观 | 机房内所有油漆铁件的漆色应一致，刷漆（或补漆）均匀，不留痕，不起泡 | 目测 | |
| | 接地 | 机房内走线架、吊挂铁件、蓄电池架均应作保护接地 | 现场检查 | |
| 接地 | 接地电阻 | 接地电阻小于5 Ω | 地阻仪 | |
| 监控 | 性能 | 市电、水浸、烟感、温湿度、门禁等主要数据采集点的位置符合设计要求 | 现场检查 | |
| 电源柜 | 引电要求 | 主设备一次下电，传输二次下电 | 现场检查 | |
| | 绑扎与连接 | 符合电源线绑扎与连接工艺要求，重点查连接处，应牢固可靠 | 现场检查 | |
| | 下线 | 按顺序，不交叉，弧度一致，弯曲度符合规范要求 | 现场检查 | |
| 验收结论 | 验收人： | | | |

### （六）验收结论汇总

验收结论汇总如表2.4.8所示。

**表2.4.8 基站设备工程验收重点检查项目评分表**

工程编号： 基站名称：

施工单位： 验收日期：

| 验收结果 | 1. 96分上为优质工程（ ）<br>2. 91～95分为良好工程（ ）<br>3. 85～90为合格工程（ ）<br>4. 85分以下为不合格工程（ ） | 得分 | |
|---|---|---|---|

整改内容：

| 验收人签名 | 施工单位 | | 工程建设中心 | |
|---|---|---|---|---|
| | 监理单位 | | 网络操作维护中心（无线维护中心） | |
| | | | 接入维护中心 | |

注：若存在以下任意一个问题，视为工程不合格（一票否决）

| | |
|---|---|
| 1 | 工程所安装的设备接地和防雷系统不符合规范要求 |
| 2 | 电源设备输出不符合要求（包括交、直流过、欠压告警门限参数设置） |
| 3 | 电力线、保护线、中性线、电源线、接地线等成端不合格，紧固不合规范要求；<br>电力线、电源线、工作地线中间有接头 |
| 4 | 安全检查不合格：防火安全设备配备未到位；机房内存放有易燃、易爆危险物品等 |
| 5 | 抱杆未按规范40 cm×40 cm×20 cm包封 |

续 表

| | |
|---|---|
| 6 | 监控系统、告警系统未安装或工作不正常 |
| 7 | 竣工文件没有提供或者提供不完整;施工现场与竣工文件不符并无相关变更说明 |
| 8 | GPS 未按规范安装 |
| 9 | 资源及标签标示不完整 |
| 10 | 现场天馈部分方位角、俯仰角不符合网优规范 |

注:竣工文件中至少应含有下列的图表资料。

报表类:①工程量总表;②固定资产明细表;③驻波比测试报告;④电源设备调测报告;⑤电池组 10 h 充放电试验报告。

图表类:①中继方式图;②设备排列图;③各缆线布放图;④机房各设备机架机框面板图;⑤机房交流供电系统图;⑥机房直流供电系统图;⑦机房保护接地系统图。

## 【任务评价】

### 一、任务成果

成果 1:施工验收准备表。

成果 2:各类施工验收表。

### 二、评价标准

成果评价标准如表 2.4.9 所示。

**表 2.4.9 "施工验收"任务成果评价参考表**

| 序号 | 任务成果名称 | 评价标准 | | | |
|---|---|---|---|---|---|
| | | 优秀 | 良好 | 一般 | 较差 |
| 1 | 施工验收准备表 | 完成率为 90%～100% | 完成率为 70%～90% | 完成率为 50%～60% | 完成率低于 50% |
| 2 | 各类施工验收表 | 能熟练完成四个项目的验收工作,并判断结论正确 | 能熟练完成天馈系统、主设备、机房环境的验收,并判断结论正确 | 能熟练完成天馈系统、主设备的验收,并判断结论正确 | 仅能熟练完成天馈系统、主设备中一项的验收,并判断结论正确 |

## 【任务思考】

一、画图说明 LTE 基站系统结构。

二、验收准备要完成哪些工作?

三、常用验收工具有哪些?

四、主要要完成哪几个系统的验收?

五、总结 BBU 的安装验收要求。

六、总结 RRU 的安装验收要求。

## 【知识链接与拓展】

### 一、机房环境的检查验收

1. 机房建筑应符合工程设计要求，并已完工经验收合格。机房墙壁及地面已充分干燥，门窗闭锁应安全可靠。

2. 机房预留孔洞位置、尺寸，预埋件的规格、数量、位置均应符合工程设计要求。

3. 机房有地槽时，地槽的路由走向、规格应符合工程设计要求。地槽盖板坚固平整严密，地槽内不得渗水。

4. 机房防雷接地系统已经竣工并验收合格，接地系统应符合工程设计要求，如图 2.4.3 和图 2.4.4 所示。

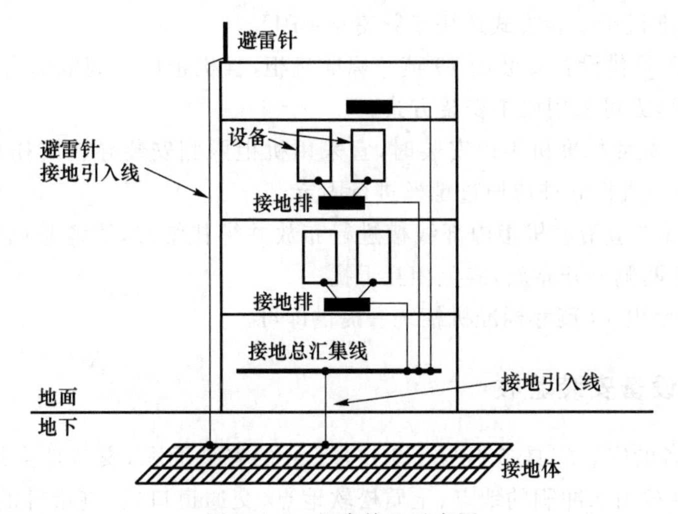


图 2.4.3　机房接地示意图

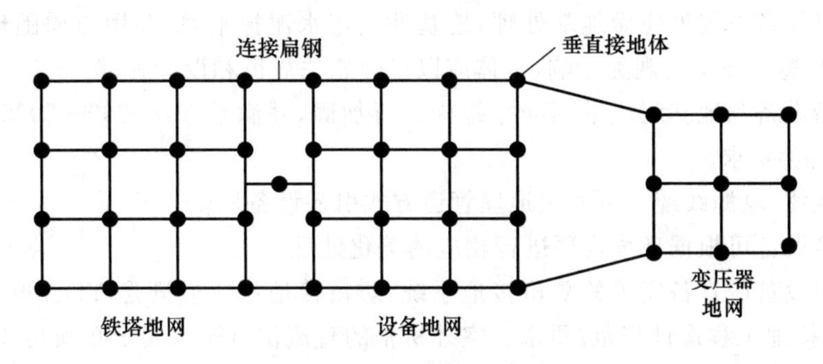


图 2.4.4　机房地网示意图

5. 市电已引入机房，机房照明系统已能正常使用。机房内应安装带有接地保护的电源插座，其电源不应与照明电源同一 AC 输出端子输出。

6. 机房电源系统及蓄电池已按照设计要求安装完毕，并符合电源专业的工程规范。

7. 机房传输系统已按照设计要求安装完毕，并符合传输专业的工程规范。

8. 机房监控系统已按照设计要求安装完毕，并符合监控专业的工程规范。

9. 机房空调系统（或通风系统）和消防系统已安装完毕，并能正常使用。室内温度和湿度应符合工程设计要求。

10. 机房建筑应符合现行的《邮电建筑防火设计标准》的有关规定。机房内及其附近严禁存放易燃易爆等危险品。

11. 机房内应配置应急灯，安装位置在离地 1.4～1.8 m 的墙上，应急灯前方尽量不能有设备、走线架等挡光物品，应急灯有手动开关和测试按钮。当正常照明系统发生故障时，应急灯能提供应急照明。

12. 太阳光不宜直射进机房。如果机房有窗户，必须用具备防火性能的不透明建材封闭。

13. 机房内宜配置人字梯，以方便基站维护。

## 二、BBU 安装验收

1. 19 英寸标准机柜安装方式适用于紧凑型 BBU。

2. 机房内具备可供设备安装的 19 英寸标准机柜，且机柜内空间能够满足所需安装 BBU 的高度和深度要求，方可采用机柜安装方式。

3. BBU 在 19 英寸标准机柜内安装时，宜采用机柜两侧安装导轨或托板方式对 BBU 进行支撑，BBU 两侧与机柜立柱应通过螺丝进行固定。

4. 机柜内的线缆应沿着机柜内部线槽进行布放并绑扎结实，线缆避免交叉，电源线和信号线应分别从机柜两侧分开布放，避免相互干扰。

5. BBU 的接地由 19 英寸标准机柜统一提供即可。

## 三、室外型设备安装验收

1. 室外型设备的安装应具备不少于 1 m×1 m 的安装面积，安装地点地势平缓，土质坚实；避免在洼地、易被雨水冲刷的地点、土质松软地点、交通道口、影响市容的地点安放室外型设备。

2. 室外型设备放置处应做地基处理，地基外面用水泥抹平整，并用与周围环境匹配的颜色进行粉刷，对整体环境美观无影响，具体应以土建相关规范和设计为准。

3. 室外型设备与地基间应采用膨胀螺栓进行加固，并满足 YD 5059—2005《电信设备安装抗震设计规范》要求。

4. 传输线缆、电源线缆等可通过地埋管道方式引入设备机柜。

5. 室外型设备可根据环境需要进行相应的美化处理。

6. 室外型设备应具备完善的防雷接地系统，防雷接地系统应满足 YD 5098—2005《通信局（站）防雷与接地工程设计规范》要求。室外机柜的直流供电输出端子必须具备防雷功能，避免天面 RRU 供电时雷击电流下行损坏室外机柜内部设备。

## 四、RRU 安装验收

TD-LTE RRU 与 TD-SCDMA RRU 及 GSM RRU 共抱杆或近距离安装时，应确保满足各系统间各项射频隔离指标要求，同时不影响各系统无线性能。

TD-LTE RRU 与 TD-SCDMA RRU 及 GSM RRU 共抱杆或近距离安装时，应确保满足土建工程要求，确保设备安装稳固性及安全性。

如采用外部合路器进行 TD-LTE RRU 射频信号与 TD-SCDMA RRU 射频信号及 GSM RRU 射频信号的合路共宽频天线发射时，外部合路器各端口应满足相关指标要求，并做好防水密封措施，对 TD-LTE 系统进行工程实施时不能影响其他相关系统的安装质量及网络指标。

### (一) 抱杆安装方式验收

1. 设备安装位置应符合工程设计要求，安装应牢固、稳定，应考虑抗风、防雨、防震及散热的要求。

2. 抱杆的直径选择范围应以土建专业相关规范和设计为准。

3. 抱杆的长度宜为 4 m 或 6 m，具体长度选择应依据设计要求，综合考虑挂高需求及土建核算情况取定。

4. 抱杆的加固方式及抱杆的荷载应以土建相关规范和设计为准。

5. 应采用相关设备提供商配置的 RRU 专用卡具与抱杆进行牢固连接。

6. RRU 设备下沿距楼面最小距离宜大于 500 mm，条件不具备时可适度放宽，但要注意 RRU 进线端线缆的平直和弯曲半径的要求，同时要便于施工维护并防止雪埋或雨水浸泡。

7. 当 RRU 与智能天线同抱杆安装时，中间应保持不小于 300 mm 的间距，以便于施工和维护。

8. 对于 RRU 与智能天线之间的跳线长度一般情况下宜小于 5 m。

9. RRU 远端供电一般采用直流供电方式，当采用交流供电时，宜加绝缘套管进行保护，以防止漏电。直流(交流)电源线缆应带有金属屏蔽层，且金属屏蔽层宜做三点防雷接地保护。

10. 设备的防雷接地系统应满足 YD 5098—2005《通信局(站)防雷与接地工程设计规范》要求。

11. 对于各种外部接线端子均应做防水密封处理。目前常见的外部接线端子防水密封方案为：传统胶泥胶带、热缩、冷缩、接头盒 4 种，应根据基站实际情况选择合适的防水密封方案。

### (二) 塔上安装方式验收

1. 塔身及平台的强度要求应满足土建结构核算的荷载要求。

2. RRU 设备塔上安装时，根据塔的具体条件，可直接安装于塔身或塔顶平台的护栏上。

3. 当 RRU 设备无法直接安装于塔上时，宜采用塔身增加安装支架、平台上加装支架抱杆、平台上特制的安装装置等多种安装方式。

4. 无论采用哪种安装方式，RRU 设备均需安装牢固可靠，且 RRU 与智能天线间馈线距离宜小于 5 m。

5. RRU 设备的安装方式和安装位置应便于工程施工和日后维护。

6. 塔上因为安装 RRU 而新增的支架、抱杆和安装装置的选用应以土建相关规范和工程设计为准。

## 五、天线安装验收

### (一) 基站天线的安装验收

1. 天线实际挂高与网络规划一致，天线安装位置应符合工程设计要求。

2. 天线应在避雷针的 45°角保护范围以内。

3. 定向天线方位角误差不大于±5°，俯仰角误差不大于±1°，且同一扇区的单极化天线的俯仰角和方位角应保持一致。

4. 定向天线下倾角误差不大于±1°，且同一扇区的单极化天线的下倾角和方位角应保持一致。

5. 对于指针式电调天线，用扳手直接调节，对于有数码控制的电调天线，则在机房通过按键输入控制。注意连接天线的控制线容易折断，如果控制线断开，则需要到天线端用扳手直接调节。实际天线电调下倾角与网络规划一致，如果不是电调天线此项不要求。

6. 不同扇区的两根双极化天线之间的间距应该在 300 mm 以上。

7. 基站天线与其他类型基站天线的水平和垂直隔离度符合网络设计要求。

8. 全向天线应保持垂直，误差应小于±2°。

9. 全向天线离塔体距离应不小于 1.5 m，定向天线离塔体距离应不小于 1 m。

10. 全向天线护套顶端应与支架齐平或略高出支架顶部。

11. 全向天线与避雷针不在同一抱杆上安装时，全向天线与避雷针之间的水平间距不小于 2.5 m。

12. 全向天线收发水平间距应不小于 3.5 m。

13. 全向天线在屋顶上安装时尽量避免产生盲区。

**(二) GPS 天线的安装验收**

1. 安装方式

GPS 天线应通过螺纹紧固安装在配套支杆(GPS 天线厂家提供)上；支杆可通过紧固件固定在走线架或者附墙安装，如无安装条件则须另立小抱杆供支杆紧固。

2. 垂直度要求

GPS 天线必须垂直安装，垂直度各向偏差不得超过 1°。

3. 阻挡要求

GPS 天线必须安装在较空旷位置，上方 90°范围内(至少南向 45°)应无建筑物遮挡，如图 2.4.5 所示。

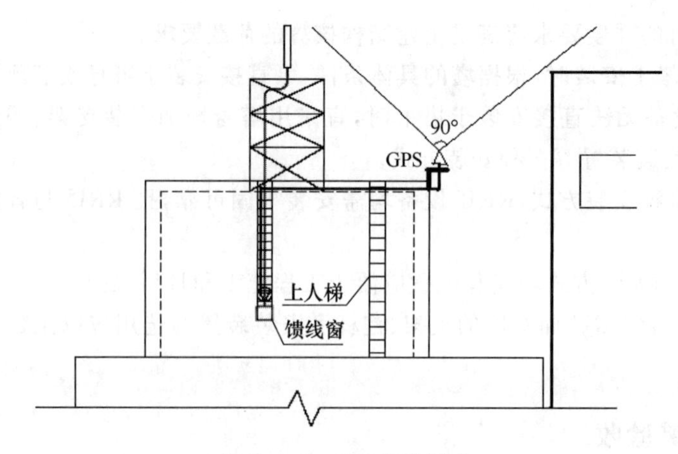


图 2.4.5 GPS 安装要求

GPS 天线安装位置应高于其附近金属物，与附近金属物水平距离大于或等于 1.5 m。

两个或多个 GPS 天线安装时要保持 2 m 以上的间距。

铁塔基站建议将 GPS 接收天线安装在机房建筑物屋顶上。

4. 防雷接地要求

GPS 天线安装在避雷针 45°保护角内。

GPS 天线的安装支架及抱杆须良好接地。

# 项目三　无线网络运维与优化

本项目以某建好并投入使用的基站为载体，以基站维护和网络优化过程为导向，引入基站例行维护、基站常见故障处理、无线网络优化准备、测试和调整等典型工作任务，让学习者具备基站工程后期进行维护优化的能力。

## 任务 3.1　基站例行维护

### 【任务描述】

4G 基站例行维护是指按不同周期定期到 eNode B 站点进行的维护，从而在 eNode B 发生故障影响业务前发现潜在的故障根源，并进行有效的处理，以避免业务受到影响。只有加强例行维护，才能及时发现问题，缩短故障时间，避免重大的通信事故发生，有效地保持设备完好。请以无线网络维护工作的技术人员的身份，和同事们配合，共同完成对某电信公司现网 4G 基站的例行维护。

### 【任务分析】

#### 一、任务的目标

1. 知识目标
(1) 熟悉例行维护的对象；
(2) 了解常用的维护方法；
(3) 掌握 4G 基站例行维护的主要项目。
2. 能力目标
(1) 能够制订维护作业计划；
(2) 能够利用各种维护方法发现问题；
(3) 能够按要求填写例行维护记录表；
(4) 能够在例行维护结束后进行总结和改进。

#### 二、完成任务的流程

完成本次任务的主要流程如图 3.1.1 所示。

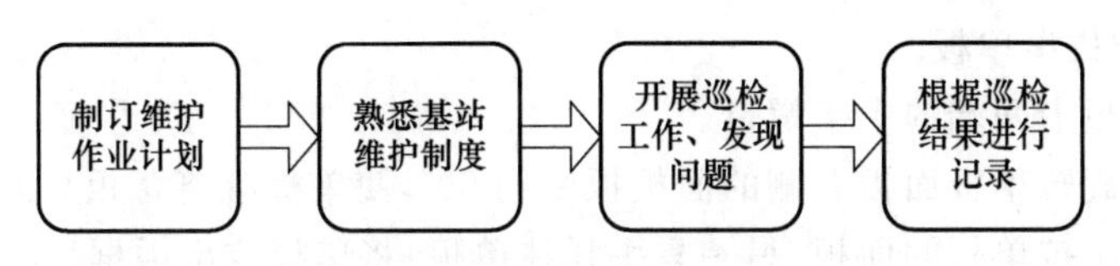


图 3.1.1　任务流程示意图

1. 维护制度可以对维护人员的日常工作进行规范，针对不同对象的维护制度可能不同，具体可参考【知识链接与拓展】中的“二、维护制度”来了解环境监控、防雷接地、网管口令和仪器仪表等详细的制度规范。

2. 对不同目标的维护作业计划而言，其维护项目可能不同，我们应根据维护作业的目标制订计划，明确项目，并将维护内容和参考标准进行比较，以判断维护效果，具体可参考【知识链接与拓展】中的“四、维护项目”。

3. 在例行维护工作中，为及时发现和处理问题，我们要使用不同的维护工具来完成故障问题的处理，具体可参考【知识链接与拓展】中的“五、维护工具”和“技能训练”。

### 三、任务的重点

本次任务的重点在于按维护作业计划完成巡检工作，并做好记录，以便及时发现问题，缩短故障时间。

## 【技能训练】

### 一、训练目的

对例行维护中发现的有故障的单板、部件、线缆或室外型机柜模块进行更换。

### 二、训练用具

万用表、防静电手腕、塑料扎带、十字螺丝刀、一字螺丝刀、斜口钳、活动扳手或套筒扳手、中继射频专用旋紧工具和 Site Master 等。

### 三、训练步骤

#### (一) 更换单板：以 EMB5116 LTE 基站的 BPIA 板为例

1. 对系统的影响

更换 BPIA 会导致 BPIA 单板上的业务全部中断。

2. 更换准备

(1) 准备好需要更换的 BPIA 单板，确保新的 BPIA 单板和故障 BPIA 单板的型号一致。

(2) 佩戴好防静电腕套和手套，并将接地端可靠接地。

(3) 做好 BPIA 面板连接光纤的标记。

3. 更换步骤

(1) 在维护终端上激活小区业务。

(2) 从机框内拔出单板。

第一步:拧下板卡两端的十字螺钉。

第二步:向外旋转单板面板右侧的面板扳手约60°,使单板脱离背板。

第三步:一只手拉单板的面板,另一只手托住单板,将单板拉出插框。

第四步:对比拔下的单板与新单板之间的拨码开关和跳线设置是否相同,以保证正确设置新单板的拨码开关和跳线。

第五步:将拔下的单板放入防静电包装盒中(放置过程中禁止触摸印制板)。

(3) 安装准备

安装单板之前,从防静电包装盒中取出单板(其间禁止触摸印制板表面),检查电路板有无损坏和元件脱落现象,检查板上跳线和拨码开关是否处于正确位置。

(4) 安装单板

第一步:一只手握住单板的面板,另一只手托住单板,顺导槽将单板插入插框,然后适当用力推进面板即可。

第二步:打开单板面板上、下两端的固定螺钉,然后向内旋转,直至螺钉卡到卡槽中,此时单板与背板之间已插紧。

第三步:拧紧板卡两端的螺丝。

安装过程务必戴上防静电手环,在推入单板过程中,如感觉单板插入有阻碍,严禁强行插入,此时可向后拔出单板,检查插针是否正常。如果插针出现歪针、倒针或检查一切都正常仍无法插入单板,请与厂商技术支持工程师联系。

(5) 按照正确对应关系插入光纤。

(6) 在维护终端上激活小区业务。

4. 板卡测试检查

(1) 板卡指示灯

观察更换后的BPIA板的运行状态灯(RUN)是否慢闪,以判断该板运行是否正常。更换后BPIA板运行状态灯(RUN)如果长亮,多数是更换的BPIA单板与现网设备的软件版本不匹配,此时可以使用LMT登录,加载BPIA单板的软件版本,如果故障依然存在,请与厂商技术支持工程师联系。

(2) 板卡状态

使用LMT-B登录Node B,在"配置管理→板卡指示状态"检查板卡是否显示正常状态。

5. 更换完成

更换后如果BPIA板运行正常,则更换完成。定位解决单板故障后,要将更换下的故障BPIA板进行打包处理,并送修。

**(二) 更换部件:以EMB5116 LTE基站的RRU为例**

1. 对系统的影响

更换RRU会导致该RRU上所承载的业务全部中断。

2. 更换准备

(1) 准备RRU

首先要确认好需要更换的RRU的型号,准备相应RRU和十字螺丝刀、一字螺丝刀、防水热缩套管、黑色扎带、裁纸刀、Site Master及上塔工具等。

(2) 检查 RRU 跳线标签

查看 RRU 跳线标签，记录线缆安装位置。

3. 更换步骤

(1) 首先在维护终端上激活 RRU 上的射频通道，然后设备下电。

(2) 上塔用裁纸刀在 RRU 与天线连接的上跳线、校准天线和底部的光纤和电源线缆的防水胶泥上划开几道，注意不要划伤接头和线缆，然后把以上线缆拆除。

(3) 拧下用于将 RRU 固定在支架上的 4 个紧固螺栓，然后将 RRU 天线从支架上取下，拆除故障的 RRU。

(4) 安装新的 RRU。

(5) 按照原来的位置连接好 RRU 顶部的上跳线、校准天线和底部的光纤和控制线缆。

(6) 对 RRU 和各种线缆的连接处进行防水密封处理，并对线缆进行绑扎。

详情可以参考"项目二 任务 3 基站室外系统安装"。

4. 部件测试检查

更换后，设备上电，激活关闭的射频通道，检查部件是否工作正常。

5. 更换完成

如果更换后 RRU 运行正常，则更换完成。对更换下来的 RRU 或其中的模块进行故障类型登记、打包并送修。

### (三) 更换线缆：以 EMB5116 LTE 基站上跳线为例

1. 对系统的影响

更换上跳线会导致该射频通路的业务中断。

2. 更换准备

准备与故障上跳线相同类型、规格、长度和数量的线缆，一字螺丝刀，防水热缩套管，扳手，斜口钳，裁纸刀，Site Master，黑色扎带及上塔工具等。

3. 更换步骤

(1) 在维护终端上关闭该射频通道。

(2) 上塔，用裁纸刀在上跳线两端与天线和 RRU 连接处的防水胶泥上划开几道，注意不要划伤接头和线缆；然后把以上跳线缆拆除。

(3) 将新的上跳线缆两端分别与天线和 RRU 正确连接，并作防水处理和绑扎。

(4) 使用 Site Master 测试馈线的驻波比，驻波比小于 1.3。

(5) 在维护终端上激活该射频通道。

4. 更换线缆测试检查

查看该射频通道是否正常。

5. 更换完成

如果更换后射频通道运行正常，则更换成功，再进行防水密封处理的工作，并对更换下的上跳线进行故障类型登记打包。

### (四) 更换室外型机柜模块：以更换交直流防雷模块为例

依次关闭主 RRU0～RRU5、传输、监控、主设备、整流器、主设备的空气开关后，方可进行下列步骤。

(1) 拧松交直流防雷模块前面板上的 4 个固定防脱落螺钉。

(2) 依次卸下 RRU0～RRU5 的电源线、传输电源线、监控电源线、主设备电源线、整流空调、AC/DC 输入电源线、告警线。

(3) 拧下交直流防雷模块左、右挂耳上的 4 个螺母。

(4) 将交直流防雷模块水平推出 EMB5116 机柜。

(5) 将要更换的交直流防雷模块水平推入 EMB5116 机柜。

(6) 拧紧交直流防雷模块左、右挂耳上的 4 个螺母。

(7) 依次安装 RRU0～RRU5 的电源线、传输电源线、监控电源线、主设备电源线、整流空调、AC/DC 输入电源线、告警线。

(8) 拧紧交直流防雷模块前面板上的 4 个固定防脱落螺钉。

(9) 依次打开主设备、整流器、监控、传输、RRU0～RRU5 的空气开关。

## 【任务成果】

### 一、任务要求

1. 完成对基站的巡检,填写完整的基站例行维护记录表,如表 3.1.1 所示。
2. 对有故障的器件进行更换,记录步骤。

**表 3.1.1　基站例行维护记录表**

完成人：　　　　　　　　　　　　完成日期：

| 项目 | 分类 | 维护内容 | 存在的问题 | 处理结果 |
|---|---|---|---|---|
| 清洁 | 设备清洁 | 基站内所有设备机柜/架表面的清洁 | | |
| | | 基站内馈线的清洁 | | |
| | | 基站内设备风扇组件及滤尘网的清洗(清洗后需晾干方可装入机柜) | | |
| | | 空调室内机滤尘网的清洗(清洗后需晾干方可装入机柜);室外机冷凝器的清洗(必须用高压水枪冲洗) | | |
| | | 蓄电池表面及连接条的清洁 | | |
| | | 消防纪检空设备表面的清洁 | | |
| | 室内环境 | 室内地面、门、窗的清洁 | | |
| | | 整理室内工程余料,清理室内杂物 | | |
| 检查 | 基站内外设备检查 | 基站内各专业所有设备机械部分、外观完好情况检查 | | |
| | | 基站内各专业所有设备告警板及各设备单元工作状态检查 | | |
| | | 基站内所有设备电缆头、蓄电池连接条、插接件完整性和紧固检查 | | |
| | | 基站铁塔、桅杆外观检查 | | |
| | | 基站内电源、空调设备工作参数设置点的检查 | | |
| | | 蓄电池电压、容量的检查 | | |

续 表

| 项目 | 分类 | 维护内容 | 存在的问题 | 处理结果 |
|---|---|---|---|---|
| 检查 | 基站内外设备检查 | 接地电阻的检查 | | |
| | | 基站内室温及环境状况的检查 | | |
| | | 防火情况检查，包括消防器材状况及火灾隐患的检查，如发现已失火，则应先救火，并通知相关部门 | | |
| | | 防盗情况检查，包括防盗设施及失盗隐患的检查 | | |
| | | 烟雾告警设施检查 | | |
| | | 房屋密封/防尘状况(如门窗)检查 | | |
| | | 室内供电、照明情况检查 | | |
| | | 室内防水防潮情况检查，如发现室内积水或屋顶漏水，则应立即组织排水，隔离设备，并通知相关部门 | | |
| | | 室内温度、湿度检查 | | |
| | | 空调工作状况检查 | | |
| | | 电源柜工作状况检查(如整流器过压告警) | | |

## 二、评价标准

成果评价标准如表 3.1.2 所示。

**表 3.1.2 任务成果评价参考表**

| 序号 | 任务成果名称 | 评价标准 | | | |
|---|---|---|---|---|---|
| | | 优秀 | 良好 | 一般 | 较差 |
| 1 | 巡检过程中发现的各种问题 | 能完成 90%～100%的巡检项目，观察现象到位 | 能完成 70%～90%的巡检项目，观察现象到位 | 能完成 50%～60%的巡检项目，观察现象到位 | 只完成不到 50%的巡检项目，能观察到某些突出现象 |
| 2 | 更换器件 | 能独立且成功完成所有故障器件的更换 | 能完成 80%故障器件的更换 | 能完成 50%故障器件的更换 | 不能独立完成故障器件的更换或完成率未超过 50% |

# 【任务思考】

一、无线网络设备的维护对象有哪些？

二、常用的维护方法有哪几种？

三、基站主设备的例行维护包括哪些内容？

四、机房温度和湿度的标准一般是多少？

五、如何进行 GPS 下跳线的更换？

## 【知识链接与拓展】

### 一、维护对象

根据移动通信网的特点,无线网络设备维护对象分为室外站区设备及配套设施、室内覆盖系统、直放站及配套设施三大类。

1. 室外站区由主设备及相关配套设备组成,包括基站主设备、传输设备、电源配套、动力环境监控、铁塔及天馈(含铁塔、支架塔、抱杆、增高架、各类天线、馈线、GPS 天馈线)、机房设施、机房安全及消防设施等。

2. 室内覆盖系统部分由信源设备、室内分布系统以及相关配套设备组成,主要设备包括基站主设备(含微蜂窝、耦合信源及其他信源设备)、传输设备、电源设备、室内分布系统(含干放、天线、馈线、接头、耦合器、功分器、合路器等)和相关配套设备(含动力、环境监控和消防设施等)。

3. 直放站及配套设施由信源设备、天馈系统及相关配套设备组成,主要设备包括直放站主机、传输设备、供电设备、天馈系统(含天线、馈线、接头、功分器、耦合器等)和相关配套设备(含动力、环境监控和消防设施等)。

### 二、维护制度

1. 保持机房的正常温度、湿度,保持环境清洁干净,防尘防潮,防止鼠虫进入机房。

2. 保证系统一次电源的稳定可靠,定期检查系统接地和防雷接地的情况。尤其是在雷雨季节来临前和雷雨后,应检查防雷系统,确保设施完好。

3. 建立完善的机房维护制度,对维护人员的日常工作进行规范。应有详细的值班日志,对系统的日常运行情况、版本情况、数据变更情况、升级情况和问题处理情况等做好详细的记录,便于问题的分析和处理。应有接班记录,做到责任分明。

4. 严禁在计算机终端上玩游戏、上网等,禁止在计算机终端安装、运行和复制其他任何与系统无关的软件,禁止将计算机终端挪作他用。

5. 网管口令应该按级设置,严格管理,定期更改;并只能向维护人员开放。

6. 维护人员应该进行上岗前的培训,了解一定的设备和相关网络知识,维护操作时要按照设备相关手册的说明来进行,接触设备硬件前应佩带防静电手环,避免因人为因素而造成事故。维护人员应该有严谨的工作态度和较高的维护水平,并通过不断学习提高维护技能。

7. 不要盲目对设备复位、加载或改动数据,尤其不能随意改动网管数据库数据。改动数据前要做数据备份,修改数据后应在一定的时间内(一般为一周)确认设备运行正常,才能删除备份数据。改动数据时要及时做好记录。

8. 应配备常用的工具和仪表,如螺丝刀(一字、十字)、信令仪、网线钳、万用表、维护用交流电源、电话线和网线等。应定期对仪表进行检测,确保仪表的准确性。

9. 经常检查备品备件,要保证常用备品备件的库存和完好性,防止受潮、霉变等情况的发生。备品备件与维护过程中更换下来的坏品坏件应分开保存,并做好标记进行区别,常用的备品备件在用完时要及时补充。

10. 维护过程中可能用到的软件和资料应该指定位置就近存放，在需要使用时能及时获得。

11. 机房照明应达到维护的要求，平时灯具损坏应及时修复，不要有照明死角，防止给维护带来不便。

12. 发现故障应及时处理，无法处理的问题应及时与设备厂商当地办事处联系。

## 三、维护方法

1. 故障现象分析法

一般说来，无线网络设备包含多个设备实体，各设备实体出现问题或故障，表现出来的现象是有区别的。维护人员发现了故障，或者接到出现故障的报告，可对故障现象进行分析，判断何种设备实体出现问题导致此现象，进而重点检查出现问题的设备实体。在出现突发性故障时，这一点尤其重要，只有仔细分析故障现象，准确定位故障的设备实体，才能避免对运行正常的设备实体进行错误操作，缩短解决故障的时间。

2. 指示灯状态分析法

为了帮助维护人员了解设备的运行状况，设备都提供了状态指示灯。例如，在前台各单板中，大多数单板有状态指示灯，用于指示设备的运行状态；有的单板有错误指示灯，用于指示单板是否出现故障；有的单板有电源指示灯，用于指示电源是否已经供电；有的单板有闪烁灯，指示单板是否进入正常工作状态。后台服务器有电源指示灯和故障指示灯。根据提供的状态指示灯，可以分析故障产生的部位，甚至分析产生的原因。

3. 告警和日志分析法

无线网络设备能够记录运行中出现的错误信息和重要的运行参数。错误信息和重要运行参数主要记录在后台服务器的日志记录文件（包括操作日志和系统日志）和告警数据库中。告警管理的主要作用是检测基站系统、后台服务器节点和数据库以及外部电源的运行状态，收集运行中产生的故障信息和异常情况，并将这些信息以文字、图形、声音、灯光等形式显示出来，以便操作维护人员能及时了解，并做出相应处理，从而保证基站系统正常可靠地运行。同时告警管理部分还将告警信息记录在数据库中以备日后查阅分析。通过日志管理系统，维护人员可以查看操作日志、系统日志，并且可以按过滤条件过滤日志，可以按先进先出或先进后出的顺序显示日志，使得维护人员可以方便地查看到有用的日志信息。告警分析和日志可以帮助分析产生故障的根源，同时发现系统的隐患。

4. 业务观察分析法

业务观察可以协助维护人员进行系统资源分析观察、呼叫观察、呼叫释放观察、切换观察、软切换观察、指定范围的业务数据（呼叫、呼叫释放、切换、软切换）观察、指定进程数据区观察和历史数据的查看等。它可提供尽可能多的信息以帮助维护人员了解系统的运行情况，解决系统中存在的问题。

5. 信令跟踪分析法

信令跟踪工具是系统提供的有效分析定位故障的工具，从信令跟踪中，可以很容易知道信令流程是否正确，信令流程中的各条消息是否正确，消息中的各参数是否正确，通过分析就可查明产生故障的根源。

6. 仪器仪表测试分析法

仪器仪表测试是最常见的查找故障的方法，可测量系统运行指标及环境指标，将测量结果与正常情况下的指标进行比较，分析产生差异的原因。

7. 对比互换法

用正常的部件更换可能有问题的部件，如果更换后问题解决，即可定位故障。此方法简单、实用。另外，可以比较相同部件的状态、参数以及日志文件、配置参数，检查是否有不一致的地方；可以在安全时间里进行修改测试，解决故障。

## 四、维护项目

1. 主设备的例行维护

主设备的例行维护项目如表 3.1.3 所示。

**表 3.1.3　主设备例行维护项目**

| 维护项目 | 维护周期 | 维护内容 | 参考标准 |
| --- | --- | --- | --- |
| 查询并处理遗留告警和故障 | 每次站点维护 | 使用 LMT-B 登录 Node B→告警 | 没有相关告警 |
| 呼叫测试 | 每月 | 测试 UE 和本地固定电话、普通手机相互拨打。使用测试 UE 收发彩信、浏览网页等 | 测试手机在开机后应该捕获系统，并处在空闲状态。通话中应该无噪声，无断话，无串话等现象。通过 OMC 观察所有扇区都应该通话正常，可正常收发彩信、浏览网页等 |
| 检查驻波比 | 每次站点维护 | 使用 LMT-B 登录 Node B→对象树→被管对象→硬件资源→RRU | 没有相关告警 |
| 检查时钟 | 每次站点维护 | 使用 LMT-B 登录 Node B→对象树→被管对象→Node B 总体→时钟资源 | 没有相关告警 |
| 检查机柜 | 每季度 | 检查底座（支脚）与膨胀螺丝孔位是否配合良好。检查所有螺钉是否全部拧紧。检查是否有平垫、弹垫，且弹垫应在平垫和螺母或螺帽之间。检查机柜上的各零件、连线是否有损坏。检查机柜前门开、关是否顺畅 | 机柜和底座连接可靠牢固，机架必须稳立不动。检查机柜水平度误差应小于 3 mm，机柜的垂直偏差度应不大于 3 mm。机柜各零件不得脱落或碰坏，连线不能碰伤或碰断 |
| 清洁机柜 | 每季度 | 将前门内侧的防尘网从束网条上剥离。将防尘网放在清水中用毛刷刷洗。洗净后，用吹风机吹干防尘网。用吸尘器、酒精、毛巾等清洁工具，清洁进风口等机柜其他有灰尘沉积部分。将清洁后的防尘网放回原处 | 清洁后，机柜防尘网、进风口等处均无明显的灰尘沉积 |
| 检查中继传输 | 每月 | 检查中继电缆接头连接是否牢固可靠、中继电缆插头是否完好无损、中继线有无破损和断裂、中继电缆两端标志是否清晰（贴标签）、中继电缆与电源线缆间距是否大于 20 cm | 无相关传输系统的告警 |

续 表

| 维护项目 | 维护周期 | 维护内容 | 参考标准 |
| --- | --- | --- | --- |
| 检查光纤 | 每月 | 检查各种电缆两端标志是否清晰(贴标签)、光纤是否打结、光纤是否用套管保护,并用扎带将套管固定,绑扎力度适宜,不使光纤受力、光纤的弯曲半径是否大于光纤直径的20倍 | 无相关告警 |

2. 机房环境和配套设备的例行维护

机房环境和配套设备的例行维护项目如表3.1.4所示。

**表3.1.4　机房环境和配套设备例行维护项目**

| 维护项目 | 维护周期 | 维护内容 | 参考标准 |
| --- | --- | --- | --- |
| 检查机房温湿度 | 每次站点维护 | 记录机房内温度计和湿度计指示 | 机房温度保持在−5～+55 ℃,相对湿度保持在15%～85% |
| 检查灾害防护设施 | 每季度 | 查看机房的灾害隐患防护设施、设备防护、消防设施等是否正常 | 机房配备泡沫型手提灭火器,压力正常且在有效期内。机房内应无老鼠、蚂蚁、飞虫,无其他隐患 |
| 检查告警采集设备 | 每季度 | 检查湿度、温度、火警、防盗等信息采集是否正常 | 各环境告警信息采集正常。室外型基站的加热、制冷等功能启动正常 |

3. 天馈设备的例行维护

天馈设备的例行维护项目如表3.1.5所示。

**表3.1.5　天馈设备例行维护项目**

| 维护项目 | 维护周期 | 维护内容 | 参考标准 |
| --- | --- | --- | --- |
| 检查抱杆 | 每季度 | 检测抱杆紧固件安装情况,抱杆、拉线塔拉线、地锚的受力情况,抱杆的垂直度和防腐防锈情况 | 抱杆安装牢固。各拉索受力均匀。紧固支架立柱与水平面垂直。所有非不锈钢螺栓均做防锈处理 |
| 检查设备天线 | 每季度 | 检查天线有无、变形、开裂等现象,天线与支架的连接是否牢固可靠,天线与馈线之间连接处防水处理 | 天线外表完好。天线与支架连接牢固。天线与馈线之间连接处防水良好。天线前方100 m处无遮挡 |
| 检查GPS | 每季度 | 检查GPS天线支架安装是否稳固和GPS周围的安装环境 | GPS天线支架安装稳固,手摇不动。两个或多个GPS天线安装时保持2 m以上的间距。GPS天线远离其他发射和接收设备。GPS天线远离周围尺寸大于200 mm的金属物2 m以上 |

**续 表**

| 维护项目 | 维护周期 | 维护内容 | 参考标准 |
| --- | --- | --- | --- |
| 检查 RRU | 每季度 | 检查 RRU 与支架安装是否稳固、馈线出线口的防水处理是否完好 | RRU 与支架安装稳固。馈线出线口的防水处理良好 |
| 检查馈线 | 每季度 | 检查馈线有无明显的折、拧和裸露铜皮现象；馈线接地处的防水处理是否完好；馈线窗是否良好密封；线缆接头是否松动 | 馈线外表完好。馈线接地处的防水处理良好。馈线窗密封良好。无相关告警 |

4. 空调例行维护

空调通常工作在环境较为恶劣的场合——高温、潮湿、多尘。为使空调设备能一直在良好的状态下工作，应该做好预防维护工作。预防维护的周期不得超过 6 个月，并做好计划安排，使其中一次清洁保养能在夏季前进行，确保空调处在良好的工作状态，以满足制冷高峰期的需求。空调例行维护内容如下：

(1) 在后台软件上查询基站有无关于空调的告警，对空调进行检查；

(2) 检查风机、压缩机有无异响；

(3) 检查温度探头摆放位置是否合理；

(4) 检查空调室内侧进、出风口温度；

(5) 检查空调的整机电流；

(6) 检查冷凝器是否需要清洗；

(7) 检查外循环过滤网是否需要清洗；

(8) 检查空调排水管是否有堵塞。

参考标准：检查清洁后，空调各项工作正常，后台告警显示无异常，空调防尘网、进风口等处均无明显的灰尘沉积。

5. 电源和蓄电池例行维护

铅酸蓄电池经过一段时间的使用后，常因活性物质脱落，板栅腐蚀或板栅增长等因素，而使容量逐渐降低，其内阻逐渐增加形成落后电池。这种落后电池在整组蓄电池中，通常只有一到两个，但由于整组电池是由各个单体电池串联组成，因此若其中一个电池的容量不大或内阻过大，将导致电池在放电时，落后电池的容量可能放完并造成逆充电，反而成为该电池组的负载，进而严重地影响整组电池的供电能力，因此我们必须用各种方法来了解蓄电池组的蓄电能力和特性，以保证当市电中断时，不致于因为电池组不良使通信设备瘫痪。电源和蓄电池例行维护内容如下：

(1) 用万用表检查基站输入电源的电压。

(2) 用万用表检查 PSUAC/DC 电源模块输出电压。

(3) 检查电池柜、电池室的通风情况。

(4) 检查连接螺丝是否锁紧。

(5) 用万用表检查蓄电池电压。

(6) 目测电池的外观是否有严重的形变，极柱、气阀、密封盖等是否有渗液，连接条是否被氧化和腐蚀等。

(7) 测量并记录蓄电池组的浮充电压和浮充电流。

(8) 测量并记录 蓄电池组运行的环境温度。

(9) 测量并记录领先或落后单体电池的单体电压。

(10) 测量并记录每只电池的端电压,如果电池的电压与平均浮充电压的偏差超过了规定的数值,需要进行均衡充电,数值如表 3.1.6 所示。

**表 3.1.6　浮充电压**

| 电池型号 | PFI | JFT | P12V | JTT | S300 | S500 |
|---|---|---|---|---|---|---|
| 2 V | — | — | 90 mV | — | — | — |
| 6 V | — | — | — | — | 240 mV | — |
| 12 V | 480 mV | 480 mV | — | 480 mV | 480 mV | 480 mV |

(11) 测量并记录每只电池的表面温度,电池的表面温差不超过 5 ℃。

(12) 测量电池组的绝缘电阻。

(13) 每年进行一次核对性容量试验。10 年以下寿命的电池前 3 年可做 30%深度的放电试验,3 年后做 50%~60%深度的放电试验;10 年以上寿命的电池前 5 年可做 30%深度的放电试验,5 年后做 50%~60%深度的放电试验。

(14) 内阻测试:蓄电池由于不同的结构,不同的放电深度,不同的使用周期以及不同的测试方法,所体现的内阻也不尽相同,如果确需测试内阻,应采用 IEC896-2 标准中的两次放电法进行。

(15) 容量测试:现场验收时,会通过容量测试检测是否符合验收标准,可采用 IU 特性进行充电,不同电池的充电参数如表 3.1.7 所示,应确保电池处在完全充电状态。

**表 3.1.7　不同电池的充电参数**

| 电池型号 | PFI | JFT | P12V | JTT | S300 | S500 |
|---|---|---|---|---|---|---|
| 充电电压/V | 2.4~2.45 | 2.35~2.4 | 2.35~2.4 | 2.35~2.4 | 2.4~2.45 | 2.4~2.45 |
| 充电时间/h | 24 | 24 | 24 | 24 | 24 | 24 |

电流的充电电流应控制在 10~20 A/100 Ah 范围之间。不同的放电倍率,电池实际容量也是不同的,容量测试应在 20~25 ℃ 的环境中进行,高于 25 ℃,其容量不会增加很多;低于 20 ℃ 时,实际容量会减小,因此放电电流应该根据不同的放电倍率进行修正,修正系数如表 3.1.8 所示。

**表 3.1.8　放电时长**

| 环境温度 | 放电倍率 | | | |
|---|---|---|---|---|
| | 10 h | 5 h | 3 h | 1 h |
| 每降低 1 ℃ | 1~0.006 | 1~0.007 | 1~0.008 | 1~0.01 |
| 每降低 15 ℃ | 0.97 | 0.965 | 0.96 | 0.95 |
| 每降低 10 ℃ | 0.94 | 0.93 | 0.92 | 0.9 |
| 每降低 5 ℃ | 0.91 | 0.895 | 0.88 | 0.85 |
| 每降低 0 ℃ | 0.88 | 0.86 | 0.84 | 0.8 |

参考标准为:检查后,电源和蓄电池各项工作指标正常。

## 五、维护工具

表 3.1.9 常用的例行维护工具

| 序号 | 名称 | 最低标准数量 |
| --- | --- | --- |
| 1 | 笔记本式计算机及连接线 | 1 套 |
| 2 | 测试手机 | 2 部 |
| 3 | 罗盘仪 | 1 套 |
| 4 | 水平仪 | 1 套 |
| 5 | 数字万用表 | 1 只 |
| 6 | 钳型电流表 | 1 只 |
| 7 | 红外线测温仪 | 1 套 |
| 8 | 组合工具 | 1 套 |
| 9 | 望远镜 | 1 架 |
| 10 | 吸尘器 | 1 个 |
| 11 | 数码相机(300 万像素及以上) | 1 个 |
| 12 | 智能终端(手机)+蓝牙 GPS | 1 套 |
| 13 | 手持 GPS | 1 个 |
| 14 | 光功率计(含光源) | 1 套 |
| 15 | 爬梯 | 1 个 |
| 16 | 烙铁 | 1 个 |

# 任务 3.2 基站常见故障处理

## 【任务描述】

4G 基站由基带处理单元、射频处理单元、天馈系统等部分组成。目前,各设备商的 4G 基站都采取了"BBU+RRU"的形式。BBU 是室内基带处理单元,也就是基站主设备,其上联传输设备,下联 RRU,完成 Uu 接口的基带处理、信令处理以及基站系统的工作状态监控和告警信息上报等功能。RRU 是射频拉远单元,其连接天线,在远端将基带光信号转成射频信号放大传送出去,或反之,BBU 和 RRU 之间一般是通过光纤连接的。请以无线网络维护技术人员的身份,对 4G 基站的常见故障进行分析和处理。

## 【任务分析】

### 一、任务目标

1. 知识目标

(1) 熟悉驻波比测试和 DTF 测试原理;

(2) 掌握 BBU 和 RRU 面板指示灯的含义；

(3) 掌握 OMC 或 LMT 的使用方法；

(4) 熟悉 4G 基站常见故障现象、产生的原因和排障方法。

2. 能力目标

(1) 能够通过 DTF 测试进行天馈故障的定位；

(2) 能够通过面板指示灯分析告警；

(3) 能够利用 OMC 或 LMT 分析告警；

(4) 能够对 4G 基站设备常见告警进行处理。

## 二、完成任务的流程

完成本次任务的主要步骤如图 3.2.1 所示。

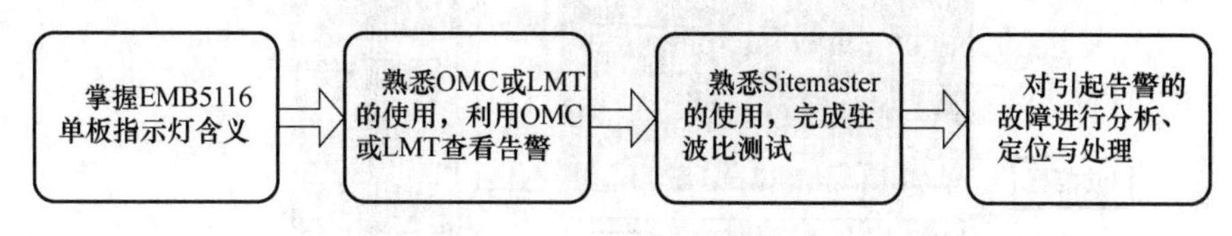


图 3.2.1　任务流程示意图

1. 要完成本次任务，首先，要充分了解维护的对象，尤其是通过单板上各指示灯的状态进行故障的初步分析，具体可参看【知识链接与拓展】“面板指示灯的介绍”。

2. 其次，需掌握 OMC 或 LMT 的使用方法，学会在网管系统上查看告警记录，进行故障的深入分析，具体可参看【技能训练】“在 LMT 上查看告警信息”。

3. 再次，需熟悉 Site Master 的使用，完成驻波比测试。驻波比过高会导致掉话、高误码率，驻波比的测试具体可参看【技能训练】“驻波比测试与故障定位”。

4. 最后，对引起基站设备告警的故障进行定位和处理，使系统恢复正常，具体可参看【知识链接与拓展】中的故障处理来分析和处理 GPS、主站和 RRU 的典型故障。

## 三、任务重点

本次任务的重点是发现设备告警，并对引起告警的故障进行分析、定位与处理。

# 【技能训练】

## 一、训练目的

1. 完成某基站天馈系统频域特性测试，并通过 DTF 进行故障点定位。

2. 在 LMT-B 处于离线状态下，会使用“告警管理”窗口对指定 Node B 的历史告警信息进行查看。

## 二、训练用具

大唐 LMT-B、EMB5116 LTE 基站、安利 Anritsu Site Master S331D 测试仪。

## 三、训练步骤

1. 驻波比测试与故障定位

(1) 熟悉测试仪

Anritsu Site Master S331D 测试仪面板如图 3.2.2 所示：1 区为功能键；2 区为软键区；3 区为硬键区；4 区为软键的菜单选项。

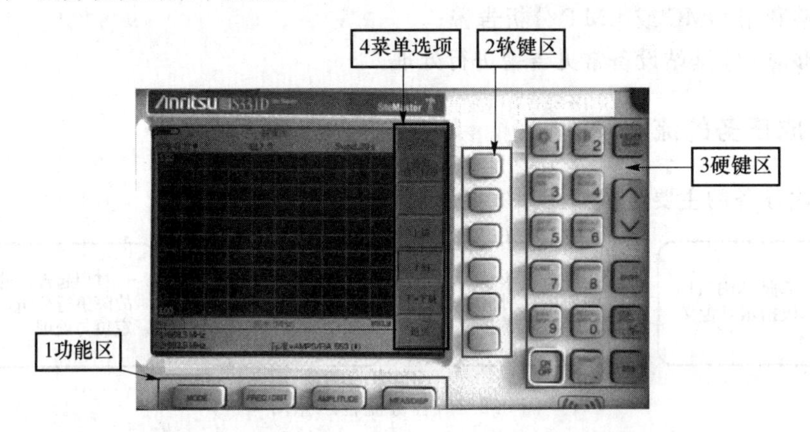


图 3.2.2 Site Master S331D 测试仪面板

(2) 测试前准备

① 开机自检

按"ON/OFF"键(3 区)开机，设备进行自检。自检完毕后按"ENTER"键(3 区)或等待 15 s 左右设备可以开始工作。

② 选择测试频段和测量数值的顶线和底线

按"MODE"键(1 区)，选择频率-驻波比，按"ENTER"键进入，如图 3.2.3 所示。

按"F1"软键和"F2"软键输入所需要测量的频段，如图 3.2.4 所示。

图 3.2.3 开机自检、进入测量模式

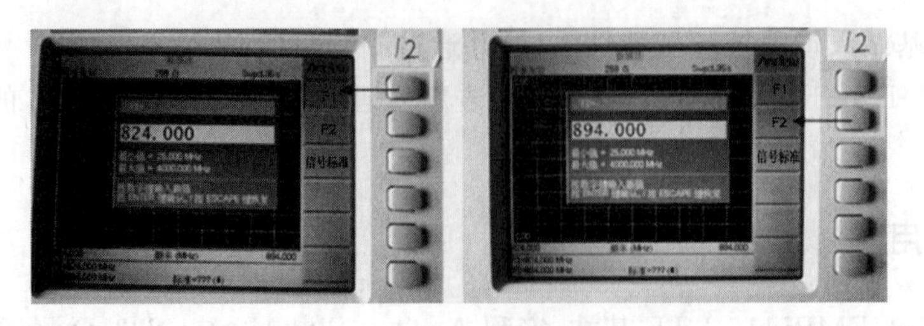


图 3.2.4 选择测量频段

按“AMPLITUDE”键(1 区)进入选择顶线与底线菜单,如图 3.2.5 所示。在一般情况下,底线选择为 1.00,顶线选择为 1.50。(驻波比超过 1.5 表明此天馈部分不合格)

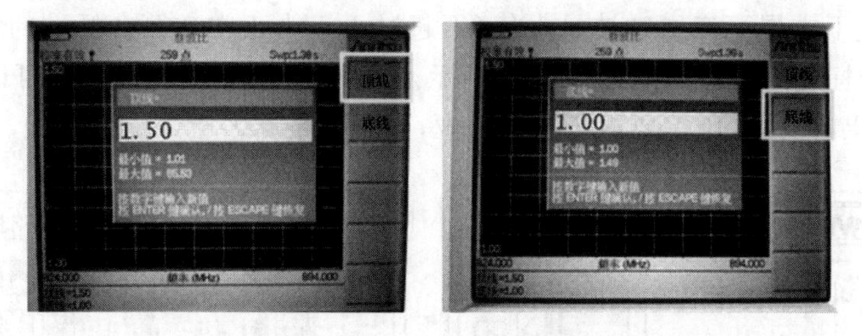


图 3.2.5 选择顶线和底线

③ 校准

选择频段后,将校准器与测试端口边接好,按“START CAL”键(3 区)进入校准菜单,按“ENTER”键开始进行校准,校准完成后在屏幕的左上方会出现“校准有效”字样,如图 3.2.6 所示。校准好之后就可以开始测量驻波比了。

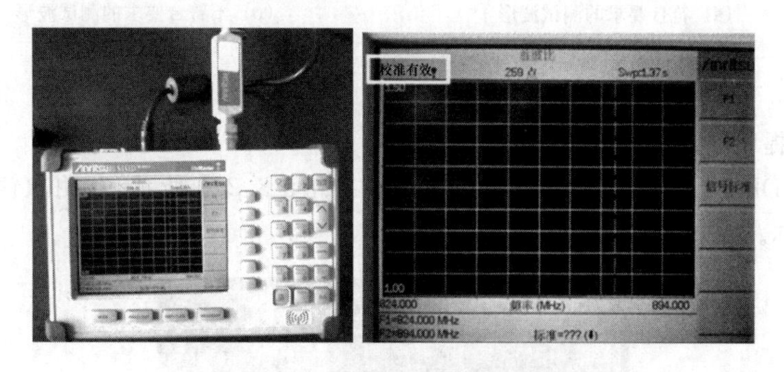


图 3.2.6 进入校准、校准完成

(3) 测试连接

将测试跳线接到测试端口,使用相应的转接头把跳线与所测试的天馈部分连接,完整的连接如图 3.2.7 所示。

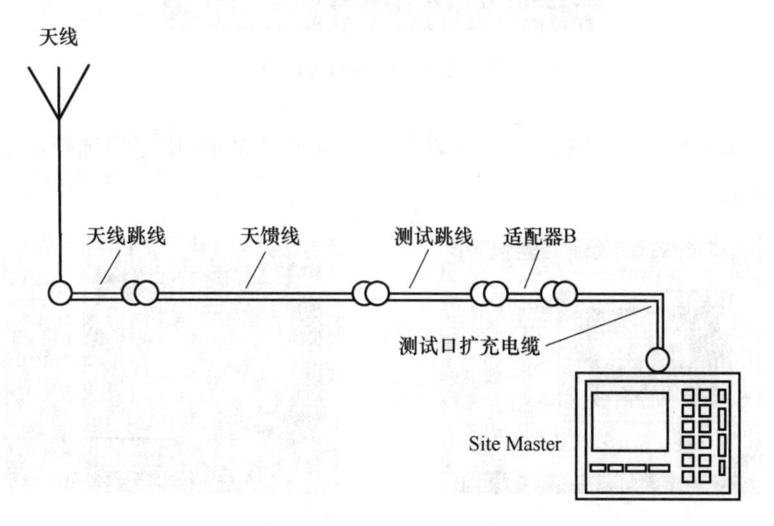


图 3.2.7 天馈线测试连接

(4) 驻波比(SWR)测试

连接好后会出现测试波形,按“MARK”键(3 区)进入标记菜单,再按“M1”软键,选择“标记到波峰”,在左下方屏幕读取驻波最大值(不超过 1.5 为正常),符合标准的结果如图 3.2.8(a)所示,不符合标准的结果如图 3.2.8(b)所示。如果测量结果没有问题,可以将测量结果储存;如果测量结果有问题,则需要进行故障定位,判断故障点。

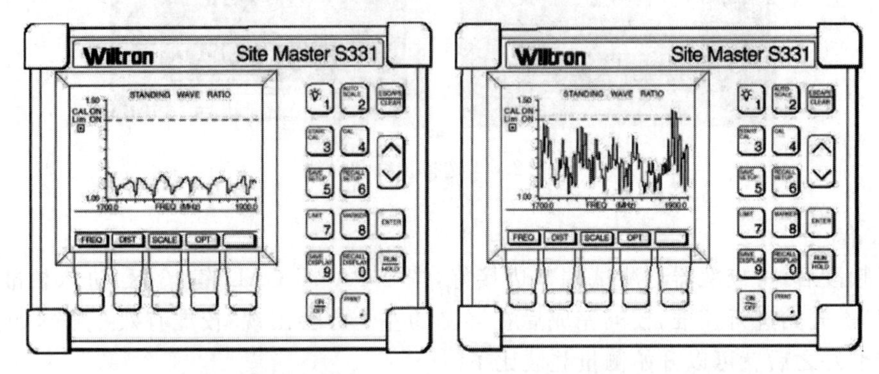


(a) 符合要求的测试波形　　　　(b) 不符合要求的测试波形

图 3.2.8　符合要求的测试波形和不符合要求的测试波形

(5) 保存/提取测试记录

按“SAVE DISPLAY”键(3 区)进入储存菜单,如图 3.2.9 所示,利用软键和数字键输入保存文件的名称。

图 3.2.9　软键和数字键

按“RECALL DISPLAY”键(3 区)可以进入读取记录菜单,用键选择需要读取的文件,如图 3.2.10 所示。

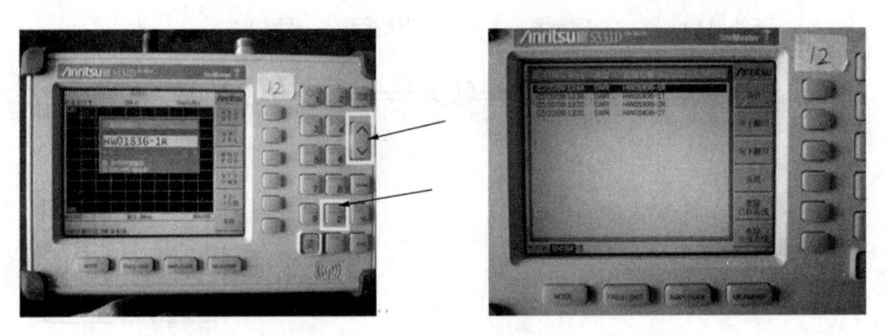


图 3.2.10　选择读取文件

(6) 故障定位

按“MODE”键(1 区),选择故障定位-驻波比菜单,按“ENTER”进入,如图 3.2.11 所示。

图 3.2.11　进入故障定位状态

按“D1”和“D2”键选择测量距离,设定值需要比天馈的实际长度大,如图 3.2.12 所示。

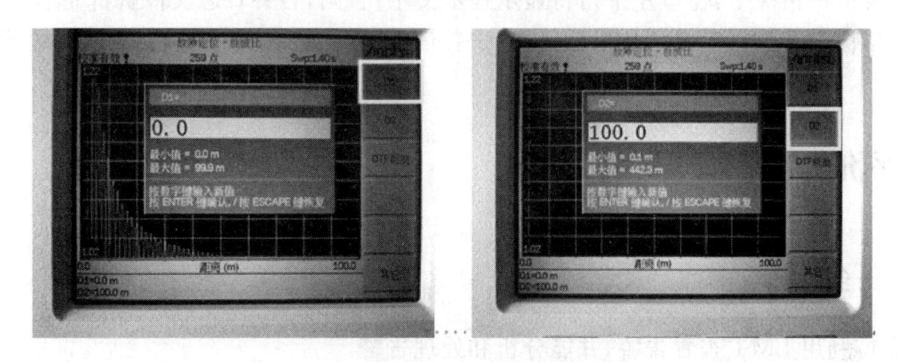


图 3.2.12　选择测量距离

选择“MARK”键(3 区),选择“M1”,标记到波峰,从左下角屏幕读出 M1 的测量数值,定位故障所在位置,如图 3.2.13 所示。

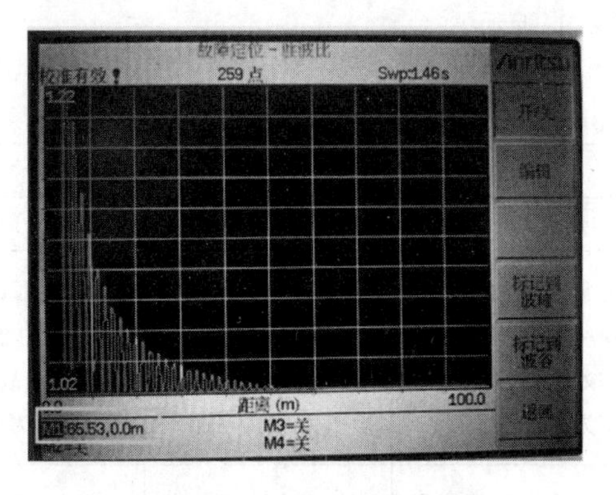


图 3.2.13　故障定位结果

2. 在 LMT 上查看告警信息

(1) 直接在桌面上双击并运行 LMT-B 系统程序,或者单击“开始”菜单→“程序”→“LMT-B”→“LMT-B 系统程序”,进入 LMT-B 登录界面,默认的登录方式是离线登录。

LMT-B提供默认的超级用户(该级别的操作员可以执行所有操作)"Superuser";默认的系统管理员"Administrator"。初次登录时,只能使用这些用户名之一,默认密码都为"111111"。

(2) 单击主窗口菜单上"故障管理/告警信息"项,打开"告警信息"窗口。窗口界面主要分为两个区域:告警列表区、单条告警的详细信息显示区域。告警列表中显示了符合查看条件的告警及其简单信息,各条告警前面的彩灯直观地显示了该告警的级别及清除状态:绿色——该告警已清除;红色——告警级别为1(紧急告警),未清除;橙色——告警级别为2(重要告警),未清除;黄色——告警级别为3(次要告警),未清除;蓝色——告警级别为4(提示告警),未清除。

(3) 在告警列表中选中一条告警,窗口下方的详细信息显示区域将平铺显示该告警的全部具体信息,包括:告警编号、告警属性、所在位置(机框号、插槽号、板名)、告警级别、告警类型、告警值、告警次数、产生时间、注释、告警原因、产生方式、故障后果、处理方法及附加信息。

(4) 单击"解析告警日志文件"按钮,弹出选择并打开文件的标准窗口,在窗口中指定路径选择告警日志文件(后缀名为.abc\ .abs\ .adb),单击"打开",等待文件解析处理;在告警日志文件解析失败的情况下,窗口左下角将显示提示文字;否则,告警日志文件解析完毕后,文件中的告警数据被存入数据库中。如果已经在"告警信息"窗口中执行过查看操作,告警列表将被刷新。

# 【任务评价】

## 一、任务成果

成果1:利用LMT查看告警,并能分析和处理告警。

成果2:利用测试仪完成驻波比的测试和故障点的分析。

## 二、评价标准

成果评价标准如表3.2.1所示。

**表3.2.1 任务成果评价参考表**

| 序号 | 任务成果名称 | 评价标准 | | | |
| --- | --- | --- | --- | --- | --- |
| | | 优秀 | 良好 | 一般 | 较差 |
| 1 | LMT的告警处理 | 能通过LMT发现所有的告警,分析和处理故障的准确率为90%~100% | 能通过LMT发现所有的告警,分析和处理故障的准确率为70%~90% | 能通过LMT发现所有的告警,分析和处理故障的准确率为50%~70% | 能通过LMT发现部分告警,分析和处理故障的准确率低于50% |
| 2 | 驻波比分析 | 能完全按规范完成驻波比的测试,处理故障的准确率为90%~100% | 能完全按规范完成驻波比的测试,处理故障的准确率为70%~90% | 能完全按规范完成驻波比的测试,处理故障的准确率为50%~70% | 不能完成驻波比的测试 |

# 【任务思考】

一、请说明驻波比的测试方法，其合理范围应是多少？
二、SCTE 子板面板 GPS 指示灯有哪几种状态，含义分别是什么？
三、ETPE 子板面板公共区 RUN 指示灯有哪几种状态，含义分别是什么？
四、RRU 问题主要有哪两类？若出现"上联光纤通信异常"故障该如何处理？
五、请说明主站侧故障的一般现象，若出现"基站不可用"故障该如何处理？

# 【知识链接与拓展】

## 一、频谱特性测试与 DTF 测试

1. 频域特性测试原理：仪表按操作者输入的频率范围，从低端向高端发送射频信号，之后计算每一个频点的回波后将总回波与发射信号比较来计算 SWR 值。

2. DTF 测试原理：仪表发送某一频率的信号，当遇到故障点时，产生反射信号，到达仪表接口时，仪表依据回程时间和传输速率来计算故障点，并同时计算 SWR 值。

## 二、BBU 面板指示灯的介绍

EMB5116 主设备 BBU 的环境监控单元 EMA 或 EMD、风扇单元 FC 面板上均没有设计指示灯，电源单元 PSA 或 PSC 面板上只有一个 PWR 电源指示灯，亮起表示电源正常，熄灭代表电源不正常，其他单元面板指示灯设计较为复杂，具体情况如下。

1. SCTE 子板面板指示灯

SCTE 子板面板设计三个公共功能指示信号灯，RUN、ALM 和 MR，如图 3.2.14 所示，信号含义如表 3.2.2 所示。如果板卡配置了 IMA 接口和 LKE 指示灯，在 LTE 系统中不使用。SCTE 子板面板设计一个手动复位按钮，布放在 PCB 的背面。

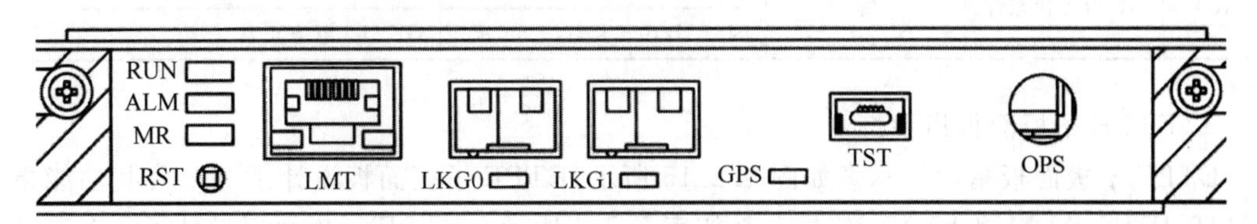


图 3.2.14　SCTE 子板指示灯示意图

**表 3.2.2　SCTE 子板面板公共区指示灯含义描述**

| 名称 | 中文名称 | 颜色 | 状态 | 含义 | 维护者 |
|---|---|---|---|---|---|
| RUN | 运行灯 | 绿 | 不亮 | 未上电 | — |
| | | | 亮 | 本板进入正常运行阶段之前（BSP 阶段、初始化、初配阶段） | BSP：进入 BSP 阶段点亮，不用灭 |
| | | | | | SI：进入 SI 阶段点亮，不用灭 |
| | | | | | OM：进入初配阶段点亮，不用灭 |

续 表

| 名称 | 中文名称 | 颜色 | 状态 | 含义 | 维护者 |
|---|---|---|---|---|---|
| RUN | 运行灯 | 绿 | 闪(1 Hz,0.5 s亮,0.5 s灭) | 本板处于正常运行阶段 | OM:初配成功时点亮 |
| | | | 快闪(4 Hz,0.125 s亮,0.125 s灭) | 本板固件升级阶段 | OM |
| ALM | 告警灯 | 红 | 不亮 | 本板无告警和故障 | — |
| | | | 亮 | 本板有不可恢复故障,并且对用户接入和做业务有影响 | 硬件:判断有不可恢复故障时点亮 |
| | | | | | BSP:判断有不可恢复故障时点亮 |
| | | | | | SI:判断有不可恢复故障时点亮 |
| | | | | | OM:判断有不可恢复故障时点亮 |
| | | | 闪(1 Hz,0.5 s亮,0.5 s灭) | 本板有告警 | — |
| MR | 主备灯 | 绿 | 亮 | 主用板 | DD或OM:判断为主用板时点亮 |
| | | | 不亮 | 备用板 | DD或OM:判断为备用板时不点亮 |

SCTE子板面板设计了3个专用指示灯,其中LKG0、LKG1用于对S1/X2接口的链路状态的指示,GPS用于对接收机天线状态的指示。信号含义如表3.2.3所示。

**表3.2.3 SCTE子板面板专用指示灯含义描述**

| 名称 | 中文名称 | 颜色 | 状态 | 含义 |
|---|---|---|---|---|
| GPS | GPS状态灯 | 绿 | 不亮 | GPS未锁定或holdover超时 |
| | | | 亮 | GPS进入holdover状态 |
| | | | 闪(1 Hz,0.5 s亮,0.5 s灭) | GPS锁定 |
| LKG0 | GE口0状态灯 | 绿 | 不亮 | GE口0未连接或连接故障 |
| | | | 闪(1 Hz,0.5 s亮,0.5 s灭) | GE口0状态正常 |
| LKG1 | GE口1状态灯 | 绿 | 不亮 | GE口1未连接或连接故障 |
| | | | 闪(1 Hz,0.5 s亮,0.5 s灭) | GE口1状态正常 |

2. ETPE子板面板指示灯

ETPE子板面板指示灯示意如图3.2.15所示,ETPE子板面板设计了3个公共功能指示信号灯:RUN、ALM和SYN。信号含义如表3.2.4所示。ETPE子板面板设计了一个手动复位按钮,布放在PCB的背面。

图3.2.15 ETPE子板指示灯示意图

**表 3.2.4　ETPE 子板面板公共区指示灯含义描述**

| 名称 | 中文名称 | 颜色 | 状态 | 含义 | 维护者 |
|---|---|---|---|---|---|
| RUN | 运行灯 | 绿 | 不亮 | 未上电 | — |
| | | | 亮 | 本板进入正常运行阶段之前(BSP 阶段、初始化、初配阶段) | BSP:进入 BSP 阶段点亮,不用灭 |
| | | | | | SI:进入 SI 阶段点亮,不用灭 |
| | | | | | OM:进入初配阶段点亮,不用灭 |
| | | | 闪(1 Hz,0.5 s 亮,0.5 s 灭) | 本板处于正常运行阶段 | OM:初配成功时点亮 |
| | | | 快闪(4 Hz,0.125 s 亮,0.125 s 灭) | 本板固件升级阶段 | — |
| ALM | 告警灯 | 红 | 不亮 | 本板无告警和故障 | — |
| | | | 亮 | 本板有不可恢复故障,并且对用户接入和做业务有影响 | 硬件:判断有不可恢复故障点亮 |
| | | | | | BSP:判断有不可恢复故障点亮 |
| | | | | | SI:判断有不可恢复故障点亮 |
| | | | | | OM:判断有不可恢复故障点亮 |
| | | | 闪(1 Hz,0.5 s 亮,0.5 s 灭) | 本板有告警 | — |
| SYN | 同步状态灯 | 绿 | 亮 | 1588v2 时钟可用 | OM |
| | | | 不亮 | 1588v2 时钟不可用 | OM |

ETPE 子板面板设计两个专用指示灯,信号含义如表 3.2.5 所示。

**表 3.2.5　ETPE 子板面板专用指示灯含义描述**

| 名称 | 中文名称 | 颜色 | 状态 | 含义 |
|---|---|---|---|---|
| LKF0 | FE 电口状态灯 | 绿 | 不亮 | FE 电口未连接或连接故障 |
| | | | 亮 | FE 电口状态正常 |
| | | 黄 | | RSV |
| LKF1 | FE 光口状态灯 | 绿 | 不亮 | FE 光口未连接或连接故障 |
| | | | 亮 | FE 光口状态正常 |

3. BPOG 子板面板指示灯

BPOG 子板面板指示灯如图 3.2.16 所示,前面板有 9 个 LED 指示灯,6 个 Ir 光口,1 个整板复位按钮和 1 个助拔器,信号含义如表 3.2.6 所示。

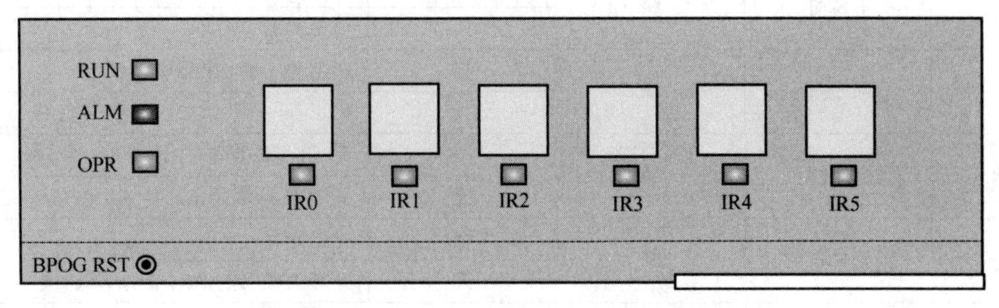


图 3.2.16　BPOG 面板指示灯示意图

表 3.2.6 BPOG 子板指示灯含义描述

| 名称 | 中文名称 | 颜色 | 状态 | 含义 |
|---|---|---|---|---|
| RUN | 运行灯 | 绿 | 不亮 | 未上电 |
| | | | 亮 | 本板进入正常运行阶段之前(BSP阶段、初始化、初配阶段) |
| | | | 闪(1 Hz,0.5 s 亮,0.5 s 灭) | 本板处于正常运行阶段 |
| | | | 快闪(4 Hz,0.125 s 亮,0.125 s 灭) | 本板固件升级阶段 |
| ALM | 告警灯 | 红 | 不亮 | 本板无告警和故障 |
| | | | 亮 | 本板有不可恢复故障,并且对用户接入和做业务有影响 |
| | | | 闪(1 Hz,0.5 s 亮,0.5 s 灭) | 本板有告警 |
| OPR | 业务灯 | 绿 | 亮 | 该 BPOG 上至少有一个逻辑小区 |
| | | | 不亮 | 该 BPOG 上没有逻辑小区 |
| IR0～IR5 | Ir 接口状态灯 | 绿 | 亮 | Ir 口有光信号但尚未同步 |
| | | | 不亮 | Ir 口没有光信号 |
| | | | 闪(1 Hz,0.5 s 亮,0.5 s 灭) | Ir 口同步 |

## 三、RRU 面板指示灯的介绍

RRU 是 EMB5116 TD-LTE 设备中的远端射频系统,与天线连接使用上跳线和校准线,与 EMB5116 TD-LTE 主设备连接使用光纤和电源线。完成室内基站主设备至室外拉远模块的数字基带信号的复用和解复用,并实现数字基带信号到射频信号的调制发射和射频信号到数字基带信号的解调。RRU 设备有 TDRU318D、TDRU338D、TDRU332E 和 TDRU332D,其维护窗内部面板上设置了 5 个状态指示灯,名称和含义如表 3.2.7 所示。

表 3.2.7 EMB5116 RRU 维护窗内面板指示灯含义

| 名称 | 中文名称 | 颜色 | 状态 | 含义 |
|---|---|---|---|---|
| PWR | 电源灯 | 绿 | 亮 | 上电正常 |
| | | | 灭 | 电源异常 |
| CLK | 同步灯 | 绿 | 亮 | PLL 第一级、第二级都锁定 |
| | | | 灭 | PLL 第一级、第二级有失锁现象 |
| VSWR | 驻波比灯 | 绿 | 亮 | 无 VSWR 告警 |
| | | | 灭 | VSWR 异常 |
| OP1 | Ir 光口 1 灯 | 绿 | 亮 | 光口正常 |
| | | | 灭 | 光纤失锁,或失步,或功率低,或 TXFAULT |
| OP2 | Ir 光口 2 灯 | 绿 | 亮 | 光口正常 |
| | | | 灭 | 光纤失锁,或失步,或功率低,或 TXFAULT |

## 四、OMT、LMT 的告警管理

1. OMT(操作维护终端)告警管理

OMT 主要用于小区参数修改、告警信息查询和导出、网元 KPI 报表的提取等。其中的告警管理界面常用来查看网元实时告警和历史告警信息,并且可以导出已选小区告警信息,如图 3.2.17 所示。

图 3.2.17　OMT 告警管理界面

2. LMT-B(本地维护终端)告警管理

LMT-B 主要用于告警信息的详细查询、相关接口的物理和逻辑模式查询、天线运行情况查询、基站经纬度和天线方位角的查询等。

(1) 告警信息的详细查询

对于 TD 中的告警信息,能够在 OMT 里查询的很有限,对于那些定义好的告警信息才能够在 OMT 里面查询出来,对于那些未在 OMT 里面定义的告警,只能够在 LMT-B 里面查询。双击主界面的告警信息,如果没有告警,那么出现的信息为空;如果有告警,那么会出现如图 3.2.18 所示的界面。

从该处查询的结果可以明确地看出告警产生的原因、后果以及处理方法,所以在该处可以详细地了解该站的运行情况,同时也可以对告警的属性进行管理和过滤,如图 3.2.19 和图 3.2.20 所示。

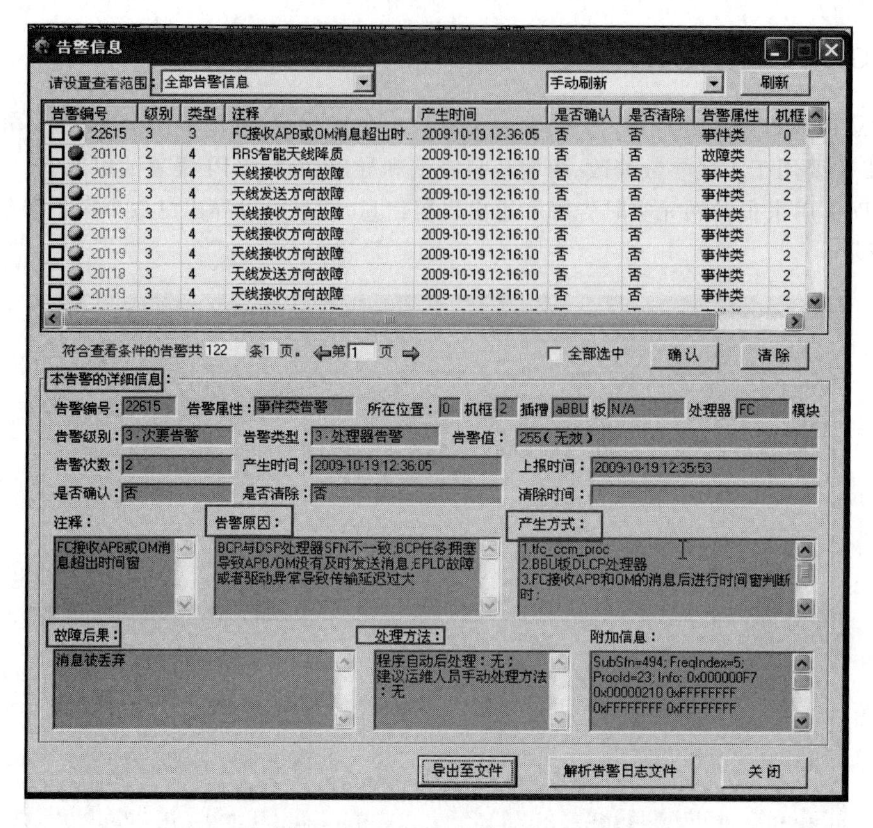


图 3.2.18 LMT 告警观察界面

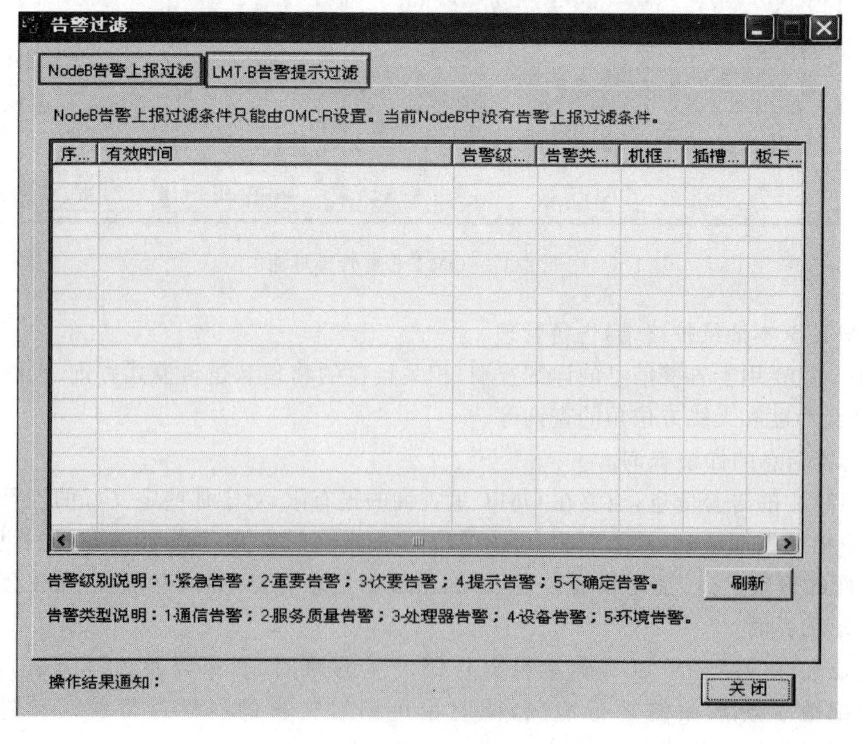


图 3.2.19 LMT 告警过滤界面

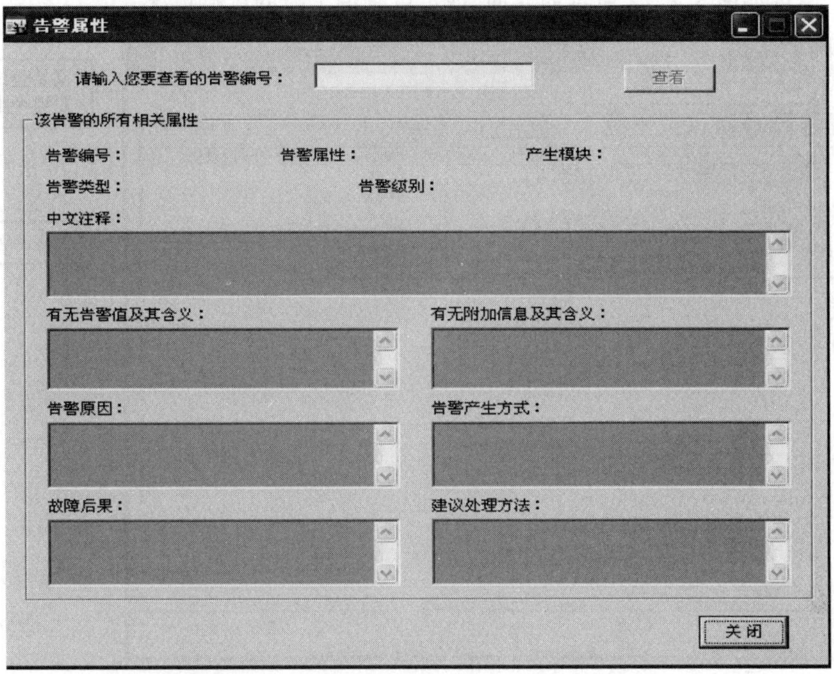

图 3.2.20　LMT 告警属性界面

(2) 相关接口的物理和逻辑模式查询

此相关接口的物理和逻辑模式查询是查询基站的硬件的一些情况，单击主窗口的对象树，如需要查询传输 Iu 口的光模块信息，单击光模块信息就可以看出当前物理硬件的运行情况，如图 3.2.21 所示。

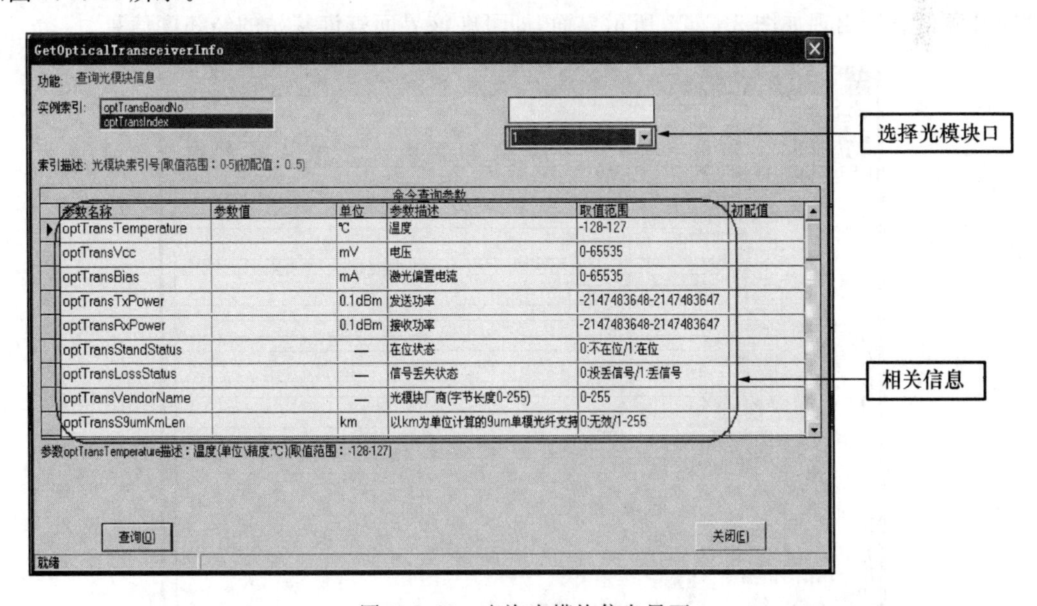


图 3.2.21　查询光模块信息界面

(3) 天线运行情况查询

某个小区可能存在通信不稳定时，需要查询基站小区各天线的运行情况，单击主窗口的

“一单开站”出现如图 3.2.22 所示的界面，即可以查询天线的运行情况。

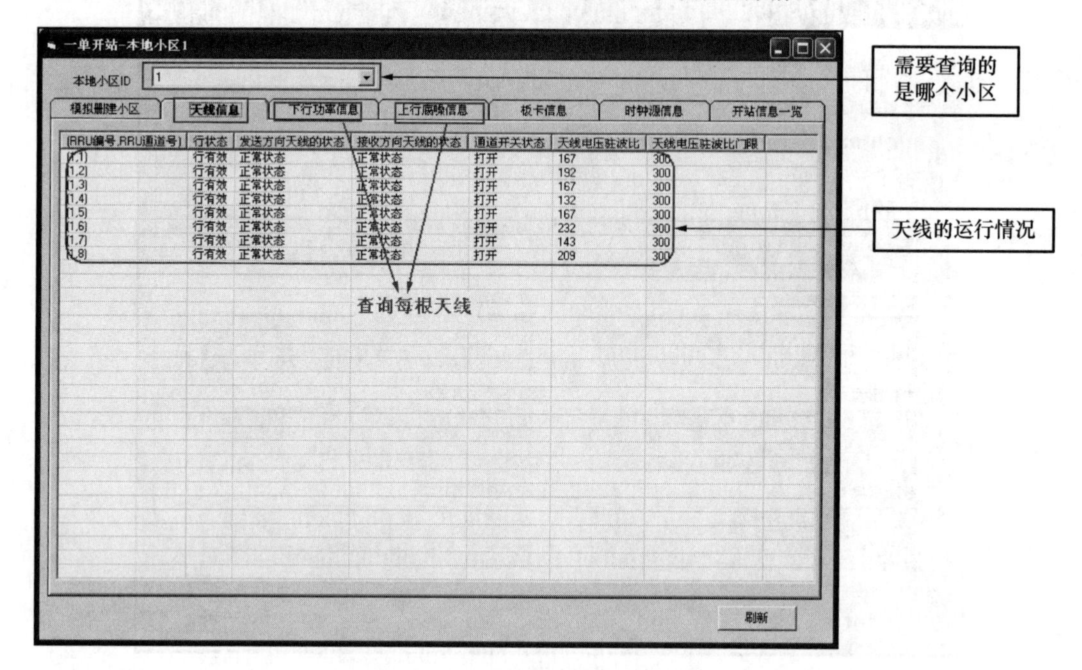


图 3.2.22　查询天线的运行情况

如图 3.2.22 所示，在 LMT-B 上可以查询基站小区的每根天线的运行情况。

(4) 基站经纬度和天线方位角的查询

对于刚建站的小区，由于某种原因不能上站实际测试经纬度和方位角时，就可以根据与 GPS 同步的相关信息得到小区的经纬度和方位角。经纬度的查询：单击“一单开站”，然后选择“时钟源信息”，出现如图 3.2.23 所示界面，即可在该界面查询基站的经纬度信息。

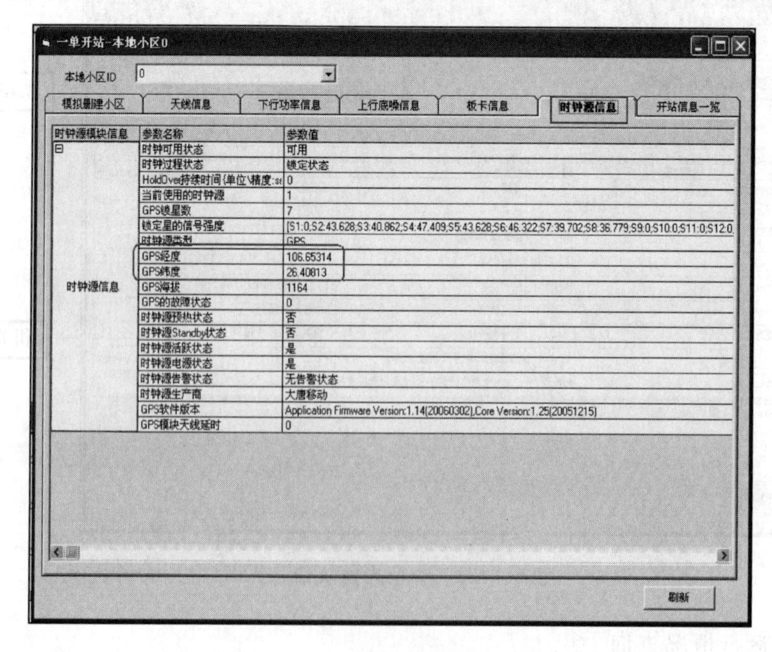


图 3.2.23　查询基站的经纬度信息

同样，查询基站方位角的信息：单击“网元布配”，出现如图 3.2.24 所示基站方位角信息查询界面，然后单击图 3.2.24 中的“查看并编辑”按钮，出现如图 3.2.25 所示方位角信息查询结果界面。

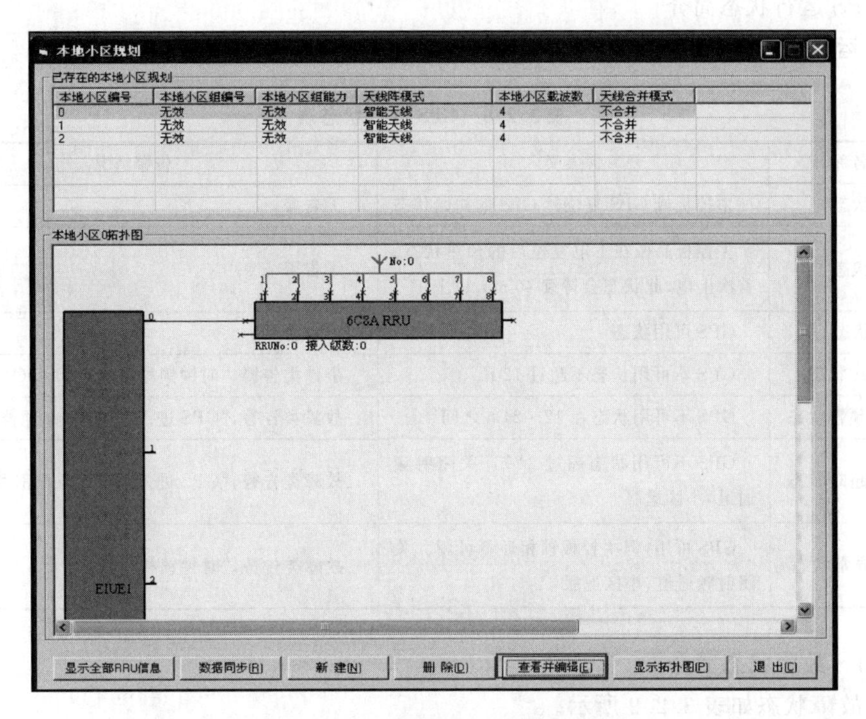


图 3.2.24　查询基站方位角的信息

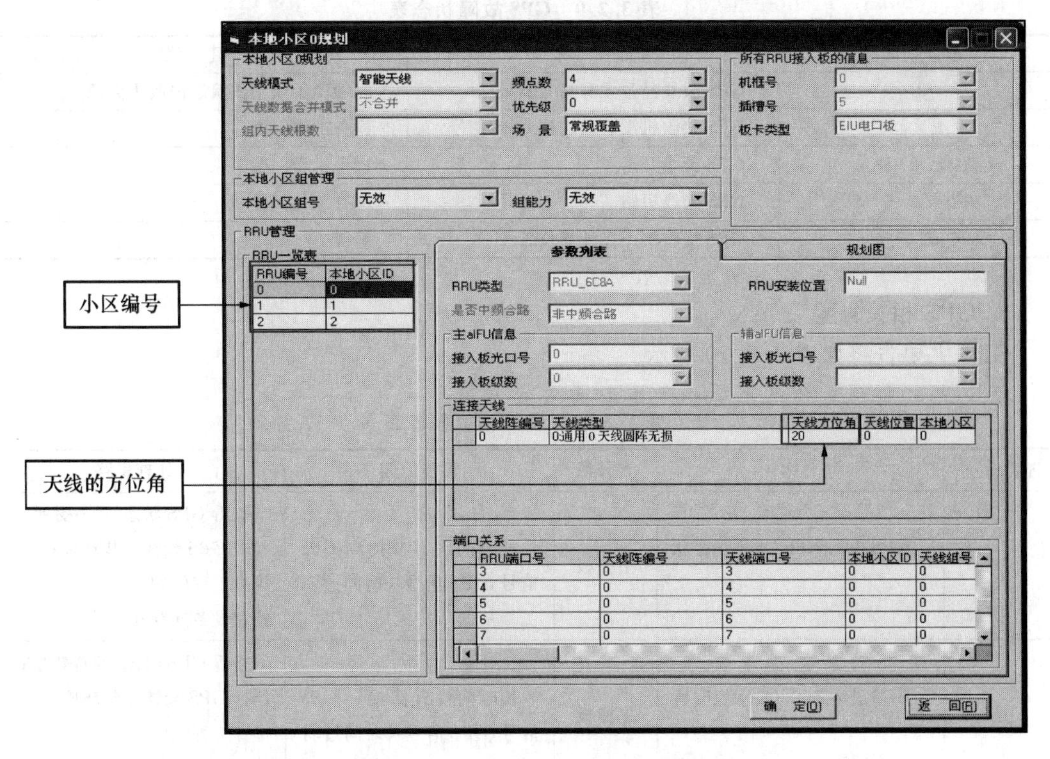


图 3.2.25　方位角信息查询结果

## 五、GPS的故障处理

1. GPS运行状态简介

GPS运行状态如表3.2.8所示。

表3.2.8 GPS运行状态表

| 状态名称 | 含 义 | 告警情况 |
| --- | --- | --- |
| 初始状态 | 主控板或GPS复位时GPS的初始状态 | 无告警 |
| 预热状态 | 主控板晶振在下电复位后的预热状态。首次上电,此状态会持续40 min以上 | 无告警 |
| 锁定状态 | GPS可用状态 | 无告警 |
| HoldOver状态 | GPS不可用状态不超过12 h | 事件类告警,"时钟锁相环进入HoldOver状态" |
| HoldOver预警状态 | GPS不可用状态在12～24 h之间 | 故障类告警,"GPS进入HoldOver预警状态" |
| HoldOver超时状态 | GPS不可用状态超过24 h。关闭射频通道,小区退服 | 故障类告警,"GPS进入HoldOver超时状态" |
| 不可恢复异常状态 | GPS可用,但主控板锁相环不可用。关闭射频通道,小区退服 | 故障类告警,"时钟锁相环异常" |

2. GPS故障状态简介

GPS故障状态如表3.2.9所示。

表3.2.9 GPS故障状态表

| 故障代码 | 故障名称 | 建 议 |
| --- | --- | --- |
| 2 | GPS天线经过无源功分器 | 时钟源天线工作状态修改为无源 |
| 8或2 056 | GPS接收机没有跟踪到GPS信号 | 检查工程问题 |
| 10或2 058 | GPS天线开路 | 检查工程问题 |
| 12或2 060 | GPS天线短路 | 检查工程问题 |
| 96或2 144 | GPS接收机正在计算位置 | 等待45 min |

3. GPS相关告警

GPS主要告警如表3.2.10所示。

表3.2.10 GPS相关告警表

| 告警编号 | 名称 | 告警源 | 可能原因 | 处理思路 |
| --- | --- | --- | --- | --- |
| 20162 | GPS进入HoldOver预警状态 | 主控板 | 长时间没有捕捉到GPS信号,GPS信号长时间过弱 | 查看GPS状态、配置数据;<br>检查GPS天馈安装环境;<br>排查工程问题;<br>检查设备问题 |
| 20163 | GPS进入HoldOver超时状态 | 主控板 | 长时间没有捕捉到GPS信号,GPS信号长时间过弱 | 查看GPS状态、配置数据;<br>检查GPS天馈安装环境;<br>排查工程问题;<br>检查设备问题 |

续表

| 告警编号 | 名称 | 告警源 | 可能原因 | 处理思路 |
| --- | --- | --- | --- | --- |
| 20164 | 时钟锁相环异常 | 主控板 | 主控板晶振锁定异常 | 检查设备问题 |
| 21056 | 管脚 CDD_BOARD5V 监测值超出阈值上限 | 主控板 | 主控板卡硬件故障 | 排查工程问题；<br>检查设备问题 |

(1) 20162:GPS 进入 HoldOver 预警状态

告警值:255(无效)。

告警概述:配置数据长时间处理没有捕捉到 GPS 卫星信号或信号过弱状态。

排障方法:

第一步、查看 GPS 状态、配置数据

① 在 LMT-B 上查看“时钟源索引”:1 表示 GPS;2 表示北斗;3 表示级联;4 表示 1 588。参照实际情况修改。

② 在 LM-TB 上查看“GPS 故障状态代码”:如果是 2,修改“时钟源天线工作状态”为无源;如果是 8、10、12 或 2056、2058、2060,转入“排查工程问题”;如果是 96 或 2144,等待 45 min。

③ 在 LMT-B 上查看“是否无 GPS 启动”,参照实际情况修改。

第二步、检查 GPS 天馈安装环境

① 检查 GPS 安装环境是否满足要求,主要检查 120 度净空要求、周围可能存在的干扰、多个蘑菇头的放置。

② 用一个圆柱形通口的金属罩罩住 GPS 天线,对比 GPS 锁星情况,确定是否有外界干扰。

③ 用 GPS 手持仪测试锁定情况,与基站 GPS 锁定情况进行对比,确定是否有外界干扰。

第三步、排查工程问题

① 排查与 GPS 相关的蘑菇头天线、馈线、放大器、功分器、避雷器、接地线、GPS 级联线缆等。

② 量电压:从蘑菇头向基站方向进行测量。GPS 线缆除了传输 GPS 射频信号外,还为 GPS 蘑菇头、放大器等设备供电。可将基站假想为 5.3 V 的直流电源,使用万用表向基站方向测量电压。测量节点为各个接头,如 GPS 天线接头、分路器的 GPS 天馈接头、避雷器的 GPS 天馈接头、基站的 GPS 天馈接头等。将黑(－)表笔接天线的芯、红(＋)表笔接天线的屏蔽地。各测量节点的电压值都在 5 V 左右(此经验值需要各地项目在实际中获取);如为 0 V,说明开路。测量节点离基站越远,电压值应该越小;如不符合,可能某个器件有损坏。

③ 量电阻:从基站向蘑菇头方向进行测量。使用万用表电阻挡的 20 kΩ 量程,向蘑菇头方向测量 GPS 天线的等效电阻,测量节点为各个接头,如 GPS 天线接头、分路器的 GPS 天馈接头、避雷器的 GPS 天馈接头、基站的 GPS 天馈接头等。将红(＋)表笔接 GPS 天线的芯、黑(－)表笔接 GPS 天线的屏蔽地,测量结果为 $R_1$;红(＋)表笔接 GPS 天线的屏蔽地、黑(－)表笔接 GPS 天线的芯,测量结果为 $R_2$;一般来说,$R_1$ 和 $R_2$ 的值相差不大,可以记为一个值 $R$。各测量节点的电阻值在 150～400 kΩ 之间(此经验值需要各地项目在实际中获取);如果电阻值极大,说明开路;如果电阻值极小,说明短路。

表 3.2.11 是一组经验值。

表 3.2.11　GPS 电阻经验值

| 万用表 | 挡位 | GPS 天线类型 | $R_1$ | $R_2$ |
| --- | --- | --- | --- | --- |
| DT9204 | 20 kΩ | UCT | 9 kΩ | 3.6 kΩ |

④ 查馈线

表 3.2.12 是一组馈线参数。

表 3.2.12　馈线参数

| 线缆长度需求 | 线缆型号及损耗 | 备注 |
| --- | --- | --- |
| 0～70 m | LMR400(衰减 18 dB/100 m) | 无 |
| 70～110 m | LMR600(衰减 12 dB/100 m) | 无 |
| 70～150 m | LMR400(衰减 18 dB/100 m) | 增加 GPS 信号放大器 |

⑤ 查级联线

时钟级联接口如图 3.2.26 所示，用网线对 GPS 进行级联，级联线长度为 3～10 m，可以支持 3 级，3 m 以内支持 4 级，时钟级联情况如表 3.2.13 所示。

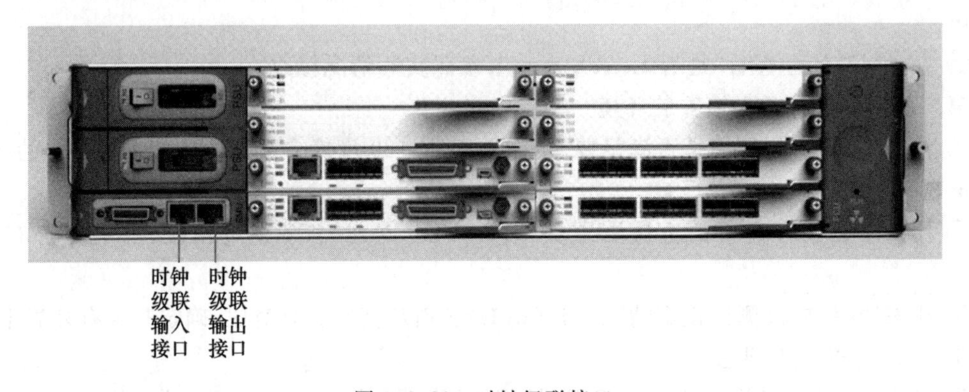


图 3.2.26　时钟级联接口

表 3.2.13　时钟级联情况

| 级联环境 | 线序 | 级联基站时钟源 | 级联基站时钟源天线工作状态 |
| --- | --- | --- | --- |
| 上级 5116，下级 5116 | 全部直连，不对网线内部的线序作调整 | 2(需要与 18AE 统一为 3) | 与上一级基站配置相同 |
| 上级 18AE，下级 18AE | 1、3 号细线对调，2、6 号细线对调，4、5、7、8 直连 | 3 | 与上一级基站配置相同 |

⑥ 查功分器

在安装的功分器上明确标明有＋5 V 供电的接口下接的基站可以设置为有源工作方式，其他接口下的基站一定要设置为无源工作方式(如星时通公司的一分四功分器)。在安装的功分器上没有明确标明有＋5 V 供电的功分器下接的所有基站，请设置为无源工作方式(如宁波泰立公司的一分二功分器——SP2WB136MS)。

第四步、检查设备问题

① 查主控板锁相环状态

• 在 LMT-B 上查询 GPS 故障状态，查询结果为 GPS 没有故障状态告警。

• 用 OSP Studio 登录主控板卡，此时控制台上会周期性地打印：

```
0x7d4f800(tDpllMain):ADJUST EPLD
0x7d4f800(tDpllMain):Reseting Epld Phase Twice
```

• 在控制台下输入 PLL_PRINT_SWITCH4 后，会看到 THE CURRENT PP1S_REF PHASE DIFFERENCE 的值一直在变化。

满足以上现象的板卡，为锁相环不正常。如果下电复位不能解决就更换主控板。

② 查总线

通过 LMT-B 查询各个板卡的温度为无效，通过 LMT-B 查询风扇转速为有效。满足以上现象，为总线挂死，上站插拔风扇并下电复位基站可以解决。

(2) 20163:GPS 进入 HoldOver 超时状态

告警值:255(无效)。

告警概述:GPS 失锁后，长时间无法自动恢复，自动关闭射频通道，修改系统可用状态为不可用，基站无法正常运行。

排障方法同(1)。

(3) 20164:时钟锁相环异常

告警值:255(无效)。

告警概述:自动关闭射频通道，基站无法正常运行。

排障方法：

第一步、用 OSP Studio 登录主控板卡，键入命令 PLL_STATE_RECOVER，如果不能解决就更换主控板。

第二步、查锁相环问题，转入(1)中的"检查设备问题"。

(4) 21056:管脚 CDD_BOARD5V 监测值超出阈值上限

告警值:255(无效)。

告警概述:基站供电出现异常，板卡供电芯片损坏等硬件原因，机房环境有突发或持续的强电磁干扰，可能导致板卡工作异常。

排障方法：

第一步、排查 GPS 天馈是否短路，转入(1)中的"排查工程问题"。

第二步、附加信息是 VOLT_GPS_SYSTEM Alarm; SCT 5V GPS Voltage，说明主控板给 GPS 供电有异常，如果下电复位不能解决就更换主控板。

(5) 开站时 GPS 长时间不能锁定

告警概述:开站时 GPS 长时间不能锁定。

排障方法同(1)。

## 六、主站侧的故障处理

1. 主站侧的问题介绍

主站侧的故障一般表现为板卡不能正常工作，小区退服，基站不可用。对于单板故障，先复位板卡，如果复位后仍然无法正常启动，需要将笔记本式计算机的直连板卡进行单板升级，如果升级后板卡还是不能正常工作，需要更换板卡；发生小区退服时，一般可在 OMT 上看到告警，基站侧没有相关的告警，此时需要检查对应小区的基带资源和射频资源是否故障，可能是单板故障导致的基带资源丢失，或者是 RRU 退服或故障后导致射频资源不足，从而引起小区退服；产生基站不可用告警时，是基站没有一个可用的本地小区，此时需要查看基站侧时钟信息、板卡、RRU 等。

主站侧还有一些告警与设备所处环境有关系，如机房温度过高、风扇故障导致电源模块保护频繁下电，致使基站反复重启。

2. 主站侧的主要故障分析

(1) 21008：光模块不在位

告警值：光模块 ID 号。

告警概述：光模块不在位的告警原因是，光模块被拔除或没有插上，需要检查光模块是否在位，接触是否良好。

排障方法：分析基站告警日志，如果发现有 21008 告警，需要检查告警板卡的机框槽位号，确认对应板卡，更换对应的光模块，观察问题是否解决；如果无法解决，更换至空闲光口，并修改网元布配。

(2) 220068：基站不可用

告警值：255(无效值)。

告警概述：基站不可用的告警原因是没有一个可用的本地小区，需要检查 GPS 状态以及本地小区所需的物理资源和射频资源。

排障方法：检查 GPS 状态是否正常，如果 GPS 不正常，请参照“五、GPS 的故障处理”进行排障；通过 LMT-B 查看板卡信息，确认 BPOA、BPIA 以及 RRU 是否可用；查看网元布配与实际情况是否吻合。

(3) 20121：环境温度过高

告警值：255(无效值)。

告警概述：此告警原因是基站所处的环境温度过高，需要上站检查环境温度。

排障方法：在 LMT-B 上检查板卡温度，如果长时间超过 70℃，需要上站处理，检查机房空调是否打开；检查清理防尘网。

(4) 20120：环境温度过低

告警值：255(无效值)。

告警概述：此告警原因是基站所处的环境温度过低，需要上站检查环境温度。

排障方法：对于频繁出现或出现后无告警清除的情况，检查机房空调是否正常运行。

(5) 20137：雷击告警

告警值：255(无效值)。

告警概述：此告警原因是基站雷击传感器感应到遭受雷击，可能导致设备无法正常运转。

排障方法：确认当天是否有雷击现象发生，检查是否需要更换防雷模块。

(6) 20228：基站散热环境异常(风扇长时间高速运转)

告警值：255(无效值)。

告警概述：由 OMT 上报，在 1 min 一次的风扇调整周期内，发现风扇的占空比高于从 MIB 中读取的高速运转门限值(LMT-B 中可设置)时，会将计数器加 1，到 20 min(LMT-B 中可设置，初始值是 20 min)后(其实就是连续检测 20 次)，如果计数器大于或等于 20 时就会触发该告警；如果上报基站散热环境异常，该告警清除的条件是所有风扇都低于高速运转门限值。

排障方法：确保机房空调运转正常；风扇防尘网洁净无尘；将 BPOA 板卡优先插在靠近风扇的一侧。

(7) 20156:单板不在位

告警值:255(无效值)。

告警概述:此告警原因是单板故障或拔出,根据告警出现频度确认处理方式。

排障方法:上站确认板卡状态,插拔板卡,近端升级,若无效则更换板卡。

(8) 20078:规划设备不在位

告警值:255(无效值)。

告警概述:此告警原因是规划中的设备未安装或未上电以及规划错误。

排障方法:检查规划设备是否正常安装并上电;检查网元布配是否与实际相符。

(9) 20124:环境湿度过低

告警值:传感器编号。

告警概述:环境湿度低于设置的湿度下限,可能无法保证器件的正常运行。在湿度较低的情况下,由于干燥,基站板卡周围会有较多静电,如果打开 MBO 设备操作时没有按规定佩戴静电手环,有可能将板卡击穿。

排障方法:出现此告警时,首先要确认基站环境是否真的干燥,实际湿度数值如果低于 2 000,直接联系厂家解决。

## 七、RRU 的故障处理

1. RRU 问题介绍

RRU 是基站的中频和射频单元,通过光纤和基站连接,RRU 安装位置可以拉远到几千米到几十千米,拉远的距离主要取决于基站和 RRU 所采用的光模块的发射功率。RRU 问题主要有两类。

(1) RRU 无法接入问题

该类问题主要表现为 RRU 无法接入基站,导致规划的本地小区无法建立,主要由于光口、光模块或光纤故障引起。个别 RRU 无法接入也可能是 RRU 的软件异常导致,需要通过 OSP Studio 对 RRU 单独进行升级。

(2) 射频通道问题

该类问题主要表现为某个通道或某些通道收方向或发方向故障,导致通道收发异常。故障主要由于射频线缆连接松动,线缆进水引起。如果排除外部线缆问题,也可能是 RRU 硬件故障引起,需要更换 RRU。

2. RRU 主要故障分析

(1) 21700:上联光纤通信异常

告警值:4(TDRI 故障)。

告警概述:此告警由 RRU 检测到上联光纤光信号异常产生。如果偶然出现一次,可以不处理。如果频繁出现需要考虑下面原因:RRU 接入基站处的光模块有问题;RRU 与基站相连的光纤有问题;多台 RRU 级联时,上级 RRU 复位或异常。

排障方法:如果是多台 RRU 级联,有中间的 RRU 上报该告警,同样需要排查前一级 RRU 的光模块,排查两个 RRU 之间的光纤以及本 RRU 的光模块;如果上级复位,则该告警不需要关注。

(2) 21701:下联光纤通信异常

告警值:1:光模块 LOS/2:光模块 TX_FAULT/3:SERDES 故障/4:TDRI 故障/5:光模

块 LOS 恢复/6:光模块 TX_FAULT 恢复/7:SERDES 故障恢复/8:TDRI 故障恢复。

告警概述:此告警由上一级设备(EIU/BPI/RRU)检测到下联光纤光信号异常产生,一般是光链路问题或者下级设备发生了复位,但是也发现个别设备插了光模块,却没有连接设备,由于检测异常上报了大量告警。

排障方法:如果频繁上报,需要检查光链路,或者检查是否由于检测错误导致了频繁告警,如果没有连接设备的光口上报告警,可以拔除光模块;如果连接了设备,频繁告警,检查光链路(光纤、光模块)。

(3) 21023:光模块的接收光功率检测值超出下限

告警值:1～2(光模块 ID 号)。

告警概述:该告警由 RRU 侧接收光功率过低产生,需要考虑上一级的光模块、光纤和本级光模块。

排障方法同(1)。

(4) 20650:RRU 不在位

告警值:255(无效)。

告警概述:RRU 不在位的表现有两种。一种是偶尔上报一次,随后上报告警清楚。另一种是频繁上报,随后上报告警清楚。告警可能的原因有 RRU 复位或下电;光纤拔出或异常;光模块拔出或异常;IFU 时钟源异常导致 RRU 反复复位;本振失锁导致 RRU 反复复位;RRU 电源异常导致 RRU 反复复位。

排障方法:对于偶尔上报该告警并随后上报告警清楚的站点,需要检查 RRU 是否上电,检查光纤两侧的光功率是否正常,主站侧通过 LMT-B 查到的结果如图 3.2.27 所示。

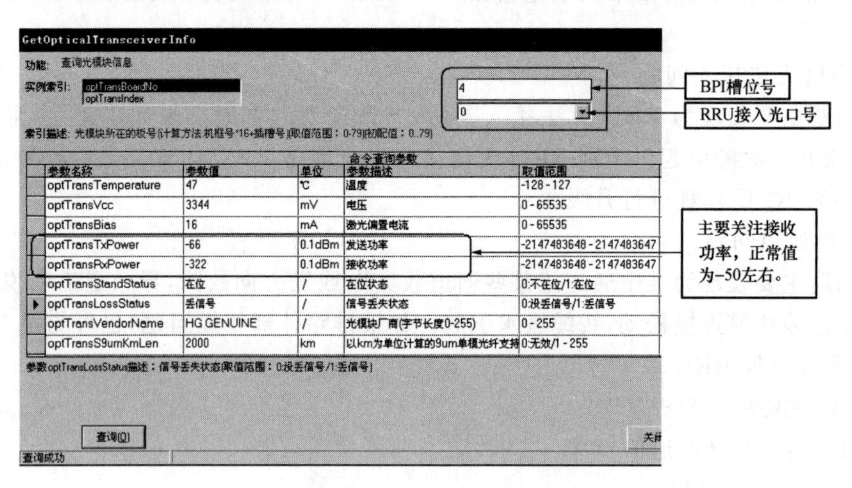


图 3.2.27　查询光功率结果

对于频繁上报 RRU 不在位告警,随后又上报告警清楚的站点,需要进行如下操作:提取基站告警日志,查看告警中是否有大量的"IFU 时钟源异常"或"RRU 本振失锁""RRU 电源故障"告警以及相应告警清除。如果有"RRU 电源故障"告警,请参考 21952;如果有"IFU 时钟源异常",请参考 21707。

(5) 21964:RRU 通道天线通道幅相一致性告警

告警值:1(发射通道天线通道幅相一致性告警)/2(接收通道天线通道幅相一致性告警)。

告警概述:该告警原因是 RRU 的一根或多根通道故障,需要检查线缆连接情况。

排障方法：上站检查线缆连接是否拧紧；将故障通道与正常通道所连接的线缆交换，观察故障是否解除。如果仍有问题，那么需更换 RRU。

(6) 20110：RRU 智能天线降质

告警值：255（无效）。

告警概述和排障方法同(5)。

(7) 21707：IFU 时钟源异常

告警值：255（无效）。

告警概述：可能是外部时钟源问题、光纤和光模块有问题或 RRU 内部时钟源问题。

排障方法：如果同一基站下所有 RRU 都上报该告警，需要检查基站时钟是否失锁。如果同一基站下只有这台 RRU 上报该告警，查询主站和 RRU 侧的收/发光功率是否正常，更换 RRU 上的光模块，看告警是否消除。若更换光模块无效且光功率正常，联系厂商。

(8) 21952：RRU 电源故障告警

告警概述：出现这条告警，主要是 RRU 内部源故障，导致 RRU 不能给射频单元供电，会出现射频无输出的情况。

排障方法：查看告警日志中有 RRU 电源故障的告警。如果 RRU61 号日志中编号为 21709 的电压异常告警中只有电源小于 12V 的告警而且最后一次电压值为 0 或者很小的数值，如图 3.2.28 所示，那么可以确认为 RRU 内部电阻丝烧毁，需要将故障设备返修。

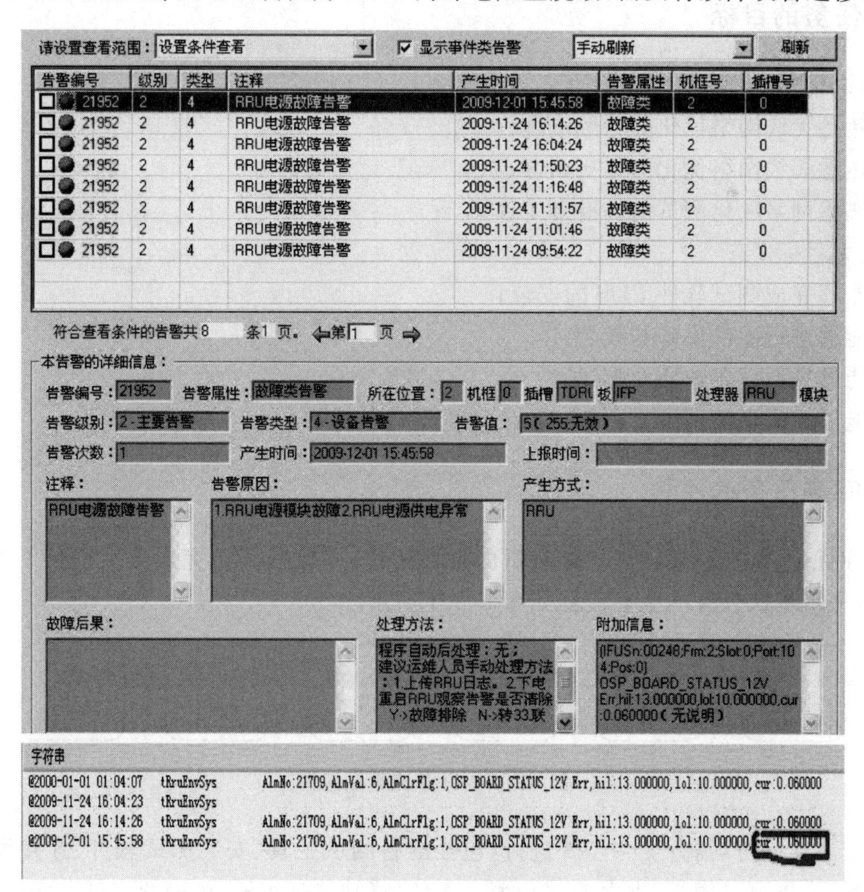


图 3.2.28　RRU 电源故障查询结果

# 任务 3.3　无线网络的优化准备

## 【任务描述】

无线网络优化是通过对现已运行的网络进行话务数据分析、现场测试数据采集、参数分析、硬件检查等手段，找出影响网络质量的原因，并且通过参数的修改、网络结构的调整、设备配置的调整和采取某些技术手段，确保系统高质量地运行，使现有网络资源获得最佳效益，以最经济的投入获得最大的收益。通俗地说，无线网络优化就是手机和基站之间的信号性能改善或提升。请以某通信公司网络部的一名无线网优工程师的身份，在开展具体的网络优化工作前，完成相关准备工作。

## 【任务分析】

### 一、任务的目标

1. 知识目标

(1) 熟悉无线网络优化的一般流程；

(2) 熟悉无线网络优化的主要内容；

(3) 熟悉网络优化测试前的准备工作。

2. 能力目标

(1) 能够完成测试软件 CDS 的安装；

(2) 能够进行硬件安装与设置；

(3) 能够进行设备连接及调试；

(4) 能够完成无线网络优化测试前的环境搭建工作。

### 二、完成任务的流程

在实际优化测试前，要做好优化测试的准备工作，本次任务是完成测试软件 CDS 的环境搭建工作，完成本次任务的主要流程如图 3.3.1 所示。

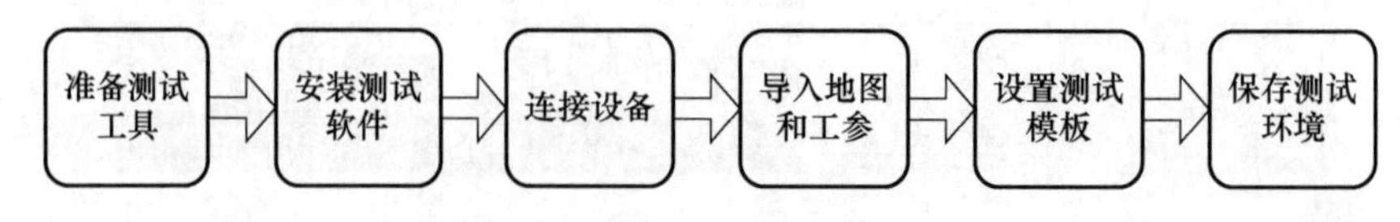


图 3.3.1　任务流程示意图

要完成本次任务，需分 6 个步骤进行，包括准备测试工具、安装测试软件、连接设备、导入地图和工参、设置测试模板、保存测试环境。本任务【技能训练】详细介绍了任务实施流程。测试准备工作是后续优化测试的关键阶段，具体工作内容参考【知识链接与拓展】中的“四、网络优化测试准备”，完成任务的同时，熟悉路测软件 CDS 的界面和使用方法，参考【知识链接与拓展】中的“五、测试软件介绍”。

### 三、任务的重点

本次任务的重点是软件使用及连接问题处理。

## 【技能训练】

### 一、训练目的

为网络优化测试准备好环境。

### 二、训练用具

笔记本式计算机、CDS 软件、加密狗、GPS 小天线、华为手机。

### 三、训练步骤

#### （一）准备测试工具

1. 测试用笔记本式计算机要求：内存 1 GB 以上，硬盘 120 GB 以上，CPU 2.0 GHz 以上，操作系统为 Windows XP SP3/Windows VISTA/Windows 7。

2. 测试终端：路测型测试终端 LTE UE。

3. GPS 设备：支持 RS232、USB 以及蓝牙接口的 GPS 设备，协议类型为 NMEA 0183 2.0。

4. 加密狗：用于 CDS 软件授权控制。

#### （二）安装测试软件

1. 安装 CDS 软件

CDS LTE 7.1 是北京惠捷朗科技有限公司开发的无线网络优化路测工具，可满足 LTE 网络规划、建设、开通验收、维护优化等各阶段对空中接口的测试需求。

根据北京惠捷朗科技有限公司提供的 CDS SETUP.exe 安装程序及补丁程序，完成 CDS LTE 测试软件的安装。CDS SETUP.exe 包含以下三个安装程序。

(1) CDS 安装程序：CDS Setup.exe

(2) 补丁 1：vcredist_x86.exe

(3) 补丁 2：msxmlchs.msi

按照默认步骤安装即可。若要指定安装路径，手动选择完成即可。

2. 安装测试终端驱动程序

CDS LTE 支持的测试终端包括：创毅终端-Innofidei、海思终端-Hisilicon 和高通终端-Qualcomm。以海思终端设备安装为例，安装流程如下：

(1) 双击“DriverSetup.exe”，进行驱动安装。

(2) 安装 Hisi UE Agent。

(3) 双击“Hisi UE Agent 1.0.23.0(Polaris V100R001B141).exe”进行 Hisi UE Agent 安装。

注:测试时需运行 Hisi UE Agent。

3. 安装 GPS 驱动

(1) 采用 CDS LTE 配置的环天(BU353)GPS,安装 GPS 驱动:测试笔记本式计算机是采用 Windows XP 系统则安装 Windows XP 驱动,如果是 Windows 7 系统则安装压缩包里面提供的 VISTA 驱动即可。

(2) 采用其他 GPS,则安装 GPS 提供的驱动,如果默认接口不是 NMEA 则需要设置为 NMEA。

### (三) 连接设备

1. 打开 CDS 软件

将 USB 加密狗插入计算机 U 口,双击安装完成的 CDS 执行程序即可。若打开软件过程中出现了如图 3.2.2 的提示,则有两种可能:

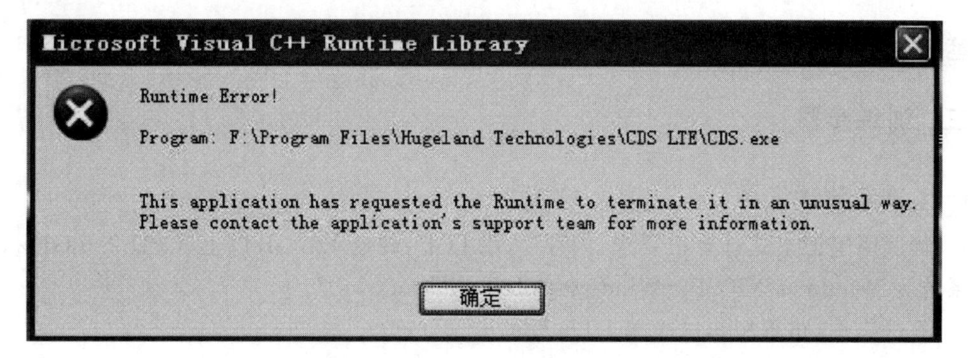


图 3.3.2 CDS 软件打开报错示意图

(1) 未能识别到可用的加密狗。此时应确认是否插入加密狗或重新插拔加密狗。

(2) 若用户使用的操作系统是 Windows 7,应使用管理员权限再次重现打开软件。

启动软件后,默认视图如图 3.3.3 所示。

图 3.3.3 打开 CDS 时的默认视图

2. 添加设备

添加设备需在设备管理模块中完成。设备的添加、删除操作只能在软件处于“空闲”状态时进行。添加方式有手动添加和自动添加。

(1) 手动添加：选择图 3.3.3 中方框选中的按钮，弹出设备管理器窗口，单击管理器工具栏中的添加设备按钮，会弹出可添加的设备列表菜单，在列表中根据实际情况来选择所需添加的设备。设备添加后，CDS 自动搜索系统中的设备，在设备的端口下拉列表中将自动添加发现的设备端口，用户需要为设备指定正确的端口，如图 3.3.4 所示。

图 3.3.4　终端端口设置

如果进行 DT 测试，还需要添加 GPS：NMEA GPS。

(2) 自动添加：如有保存过的工作区，可直接打开已有的工作区文件，如图 3.3.5 所示，快速载入设备配置，无须手动添加。

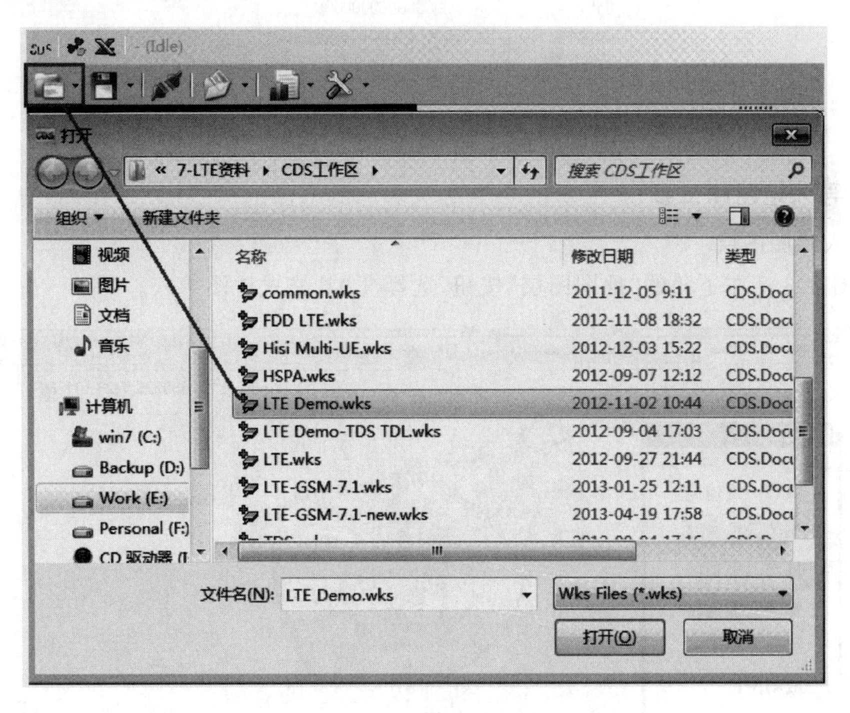


图 3.3.5　打开已有工作区

注：在特殊情况下，如果实际设备已连接到系统，但 CDS 未能正确自动识别其端口，此时可为设备强制指定端口，请按如下步骤操作。

① 单击弹出设备管理器菜单。

② 在设备列表中找到对应设备的正确端口，右击，在弹出的菜单中选择“使用此串口”。

③ 在打开已有工作区快速恢复测试环境时，也需确认设备是否对应正确的端口。

3. 连接设备

单击工具栏按钮，软件会根据配置尝试连接添加的设备。

如果硬件设备与 CDS 通信正常，则连接按钮变为，视图开始显示采集的数据；如果有任何一个硬件设备与 CDS 未能正确通信则会弹出错误提示框。

在软件与设备处于连接态时，单击按钮即可断开连接；当软件处于记录日志状态时，不可断开连接，该按钮灰显。

设备正确连接后，用户可在对应设备的属性中查看设备的基本信息，如设备类型、设备版本、IMEI、IMSI 等，如图 3.3.6 所示。

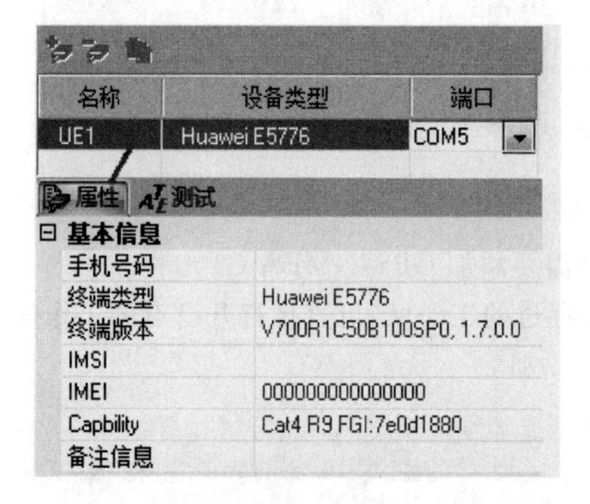


图 3.3.6　终端属性窗口

## (四) 导入地图和工参

1. 导入地图图层

单击图 3.3.7 左下角的“地图图层”按钮，选择 TAB 格式地图导入。

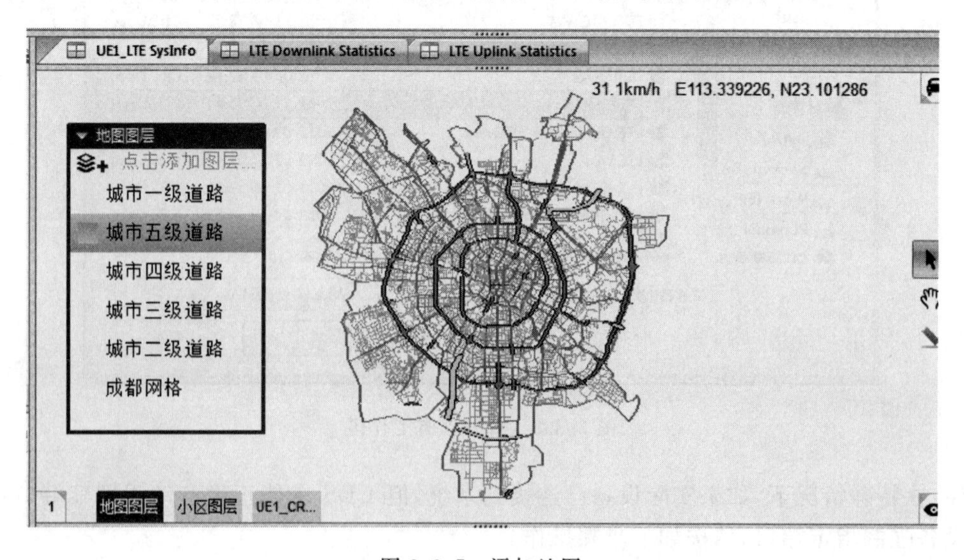


图 3.3.7　添加地图

2. 导入小区图层

单击软件左上角的“小区工作室”按钮,导入准备好的工参数据,单击圆圈处按钮,可以自动生成自定义的小区图层,如图 3.3.8 所示。

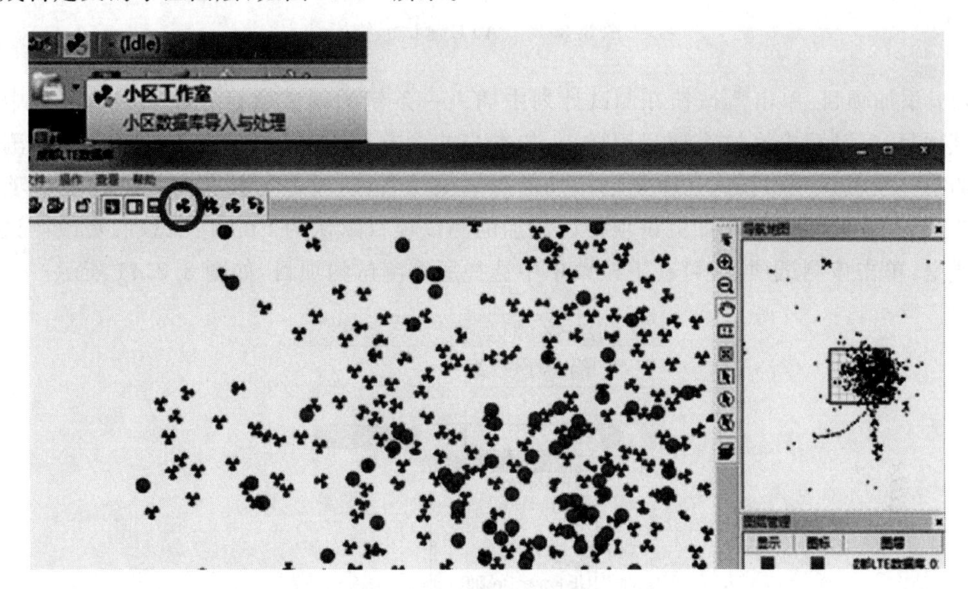


图 3.3.8　添加小区数据库

单击图 3.3.9 左下角的“小区图层”按钮,选择对应导入。

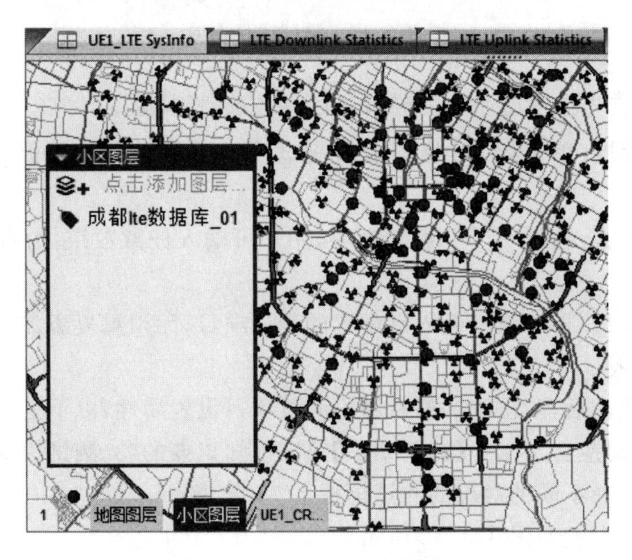


图 3.3.9　添加小区图层

### (五) 设置测试模板

1. 添加测试项目

在设备管理器中单击需要配置测试项目的终端,选择图 3.3.10 中的“ATE 测试”标签,在此处进行自动测试的配置。

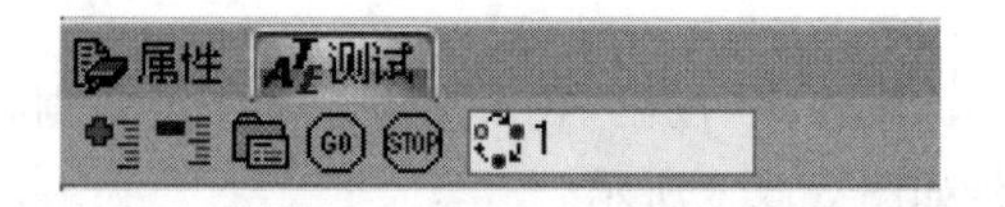


图 3.3.10 ATE 测试标签

(1) 添加项目:单击按钮在测试计划中插入一条新的测试项目。如果当前已选中了某个测试项目,新项目会在这个项目后插入,如果当前没有选中任何项目,新项目会作为测试计划中的第一个测试项目插入。单击已添加的测试项目名称,可在下拉菜单中更改测试项目选择图 3.3.10 中的按钮添加测试项目。添加的测试项目默认为 Email 测试项,更改测试项目的方式是:单击该测试项目,可在下拉菜单中选择所需测试的项目,如图 3.3.11 所示。

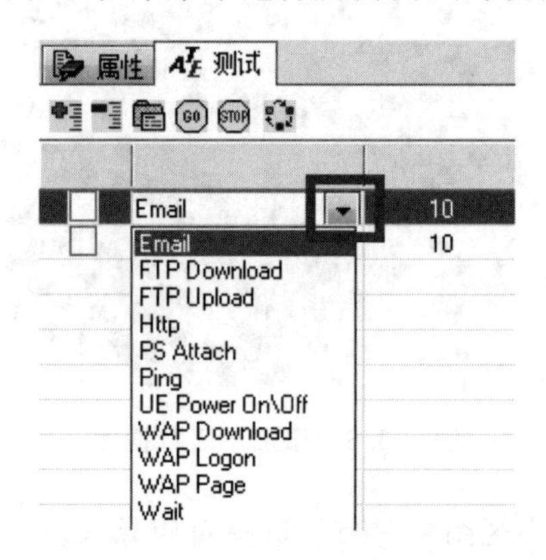


图 3.3.11 测试项目选项

(2) 删除项目:首先选中已添加的测试项目,单击将其删除。

(3) 测试模板管理:单击,可将当前的测试项目配置保存为模板,或导入已有的测试模板。

(4) 测试循环次数:在编辑框中,用户可输入任意数字,为自动测试设置循环执行的次数。

如打开已有工作区,即可自动载入已配置的测试项目,无须重复添加。

2. 配置测试模板

测试项目添加成功后,双击测试项目弹出测试项目设置属性,以下是几种常见测试属性的设置方法,各项参数对应含义参考【必备知识】第五项知识点的“3. 测试模板配置说明”,实际测试中根据测试需求选择不同的对应的测试模板。

(1) Attach 测试设置如图 3.3.12 所示。

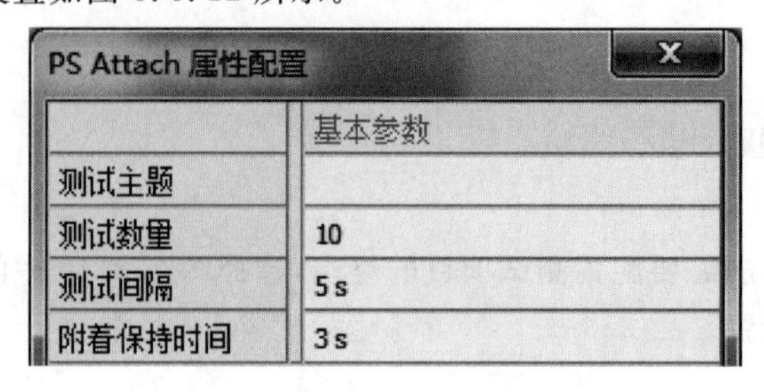
PS Attach 属性配置

| | 基本参数 |
|---|---|
| 测试主题 | |
| 测试数量 | 10 |
| 测试间隔 | 5 s |
| 附着保持时间 | 3 s |

图 3.3.12 Attach 测试设置

（2）FTP 下载测试设置如图 3.3.13 所示。

（3）FTP 上传测试设置如图 3.3.14 所示。

| FTP Download 属性配置 | |
|---|---|
| 测试主题 | |
| 测试数量 | 1 |
| 测试间隔 | 5 s |
| 传输停顿超时 | 180 s |
| 拨号网络 | 宽带连接 |
| 服务器地址 | 10.4.1.139 |
| 用户名 | ftpuserd |
| 密码 | 123456 |
| 被动模式 | ☑ |
| | 文件传输参数 |
| 服务器文件路径 | /video/2010.ts |
| 本地保存路径 | C:\Program Files\Hugeland Tec… |
| 下载线程数量 | 5 |
| | 高级设置 |

图 3.3.13　FTP 下载测试设置

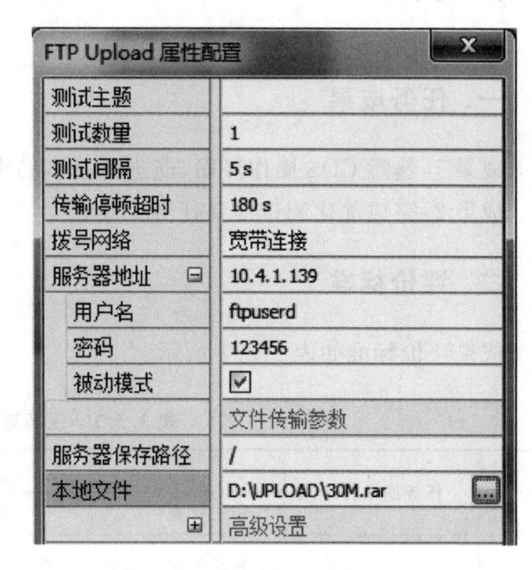


图 3.3.14　FTP 上传测试设置

（4）UE Power On/Off 属性配置如图 3.3.15 所示。

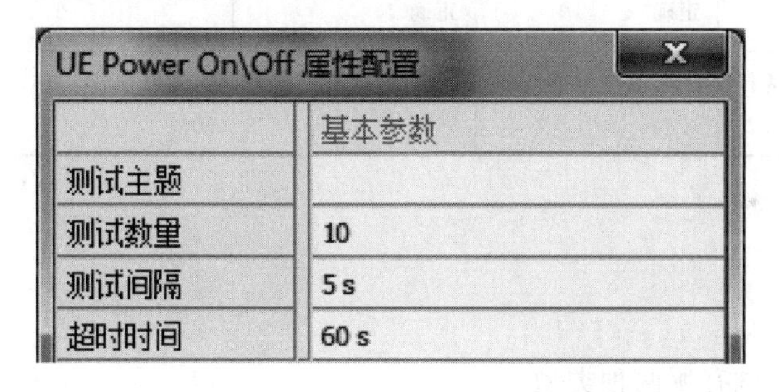


图 3.3.15　UE Power On/Off 属性设置

### （六）保存测试环境

当完成所有设置的时候，切记要保存工作区。可以将当前配置保存成工作区文件。单击图 3.3.16 中的保存按钮即可。后续 DT 测试或者室内测试，打开已保存的工作区，即可进行相应的测试工作。

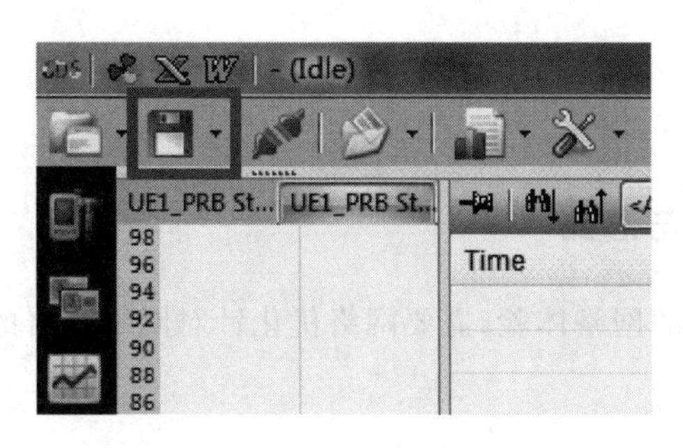


图 3.3.16　保存工作区

# 【任务成果】

## 一、任务成果

成果1:熟悉CDS操作界面,能进行基本的设置。
成果2:完成优化测试准备任务工单。

## 二、评价标准

成果评价标准如表3.3.1所示。

**表3.3.1 任务成果评价参考表**

| 序号 | 任务成果名称 | 评价标准 | | | |
|---|---|---|---|---|---|
| | | 优秀 | 良好 | 一般 | 较差 |
| 1 | 优化准备配置结果 | 能熟练完成六个测试流程,配置数据无误,判断结论正确 | 能熟练大部分测试流程,测试配置无误,判断结论正确 | 能熟练完成两个测试流程,测试配置数据基本正确 | 使用软件不熟练,在规定时间内没有得到配置数据 |
| 2 | 优化测试准备任务工单 | 完成率为90%～100% | 完成率为70%～90% | 完成率为50%～60% | 完成率低于50% |

# 【任务思考】

一、无线网优测试有哪两种类型?
二、画出网优测试流程图。
三、网络优化的主要内容有哪些?
四、请说出一些重要的测试参数。
五、网优测试的注意事项有哪些?
六、为什么需要网络优化?

# 【知识链接与拓展】

## 一、网络优化原则与思路

为了给用户提供良好的网络体验,需要网络优化针对网络部署的实际情况,有针对性地提升网络质量和用户感受。

1. 网络优化原则

(1) 前期优化统筹与后期规划统一考虑;

（2）网络数据与路测数据统一考虑。

2. 网络优化思路

（1）系统质量标准

在实际运营当中能从系统得到的指标有接通率、完成率、掉话率等。接通率是指用户所有试呼中接通呼叫次数与呼叫总次数的比率。成功率是指已分配业务信道的呼叫中正常结束连接的呼叫次数与已分配业务信道的呼叫次数的比率。掉话率是指已完成的呼叫中发生掉话的呼叫次数占已完成的呼叫次数的比率。

（2）覆盖管理标准

覆盖是以链路的覆盖为标准，参考信号 RSRP，SINR 为基准进行管理的。

网络优化分长期的网络优化和突击性的网络优化。长期的网络优化一般针对大片区的规划设计，需长期监督网络质量并随时做出网络的改动，每次改动规模一般很少，需要少量且固定的优化工程师。突击性的网络优化一般针对某个出故障的片区，需在一定限期内（如系统相对稳定时）提高网络的质量，通常可以对网络做出较大的改动，在短时间内需要大量的人力资源。

## 二、网络优化流程

网络优化是 LTE 网络建设过程中的重要组成部分，优化质量的好坏直接影响到网络运行的质量和用户感知，根据 LTE 网络的特点，如何高效地完成外场优化是影响 LTE 网络建设和发展的关键历程。

网络优化工作情况有两种：一种是在基站开通以后，基站各部分工作完好时，网络优化的目的在于检查网络是否符合设计要求；另一种是网络出现问题时，网络优化的目的在于最大限度地提高网络性能，提升用户体验。

优化过程主要分为数据采集、数据分析、问题处理和问题闭环过程，流程如图 3.3.17 所示。

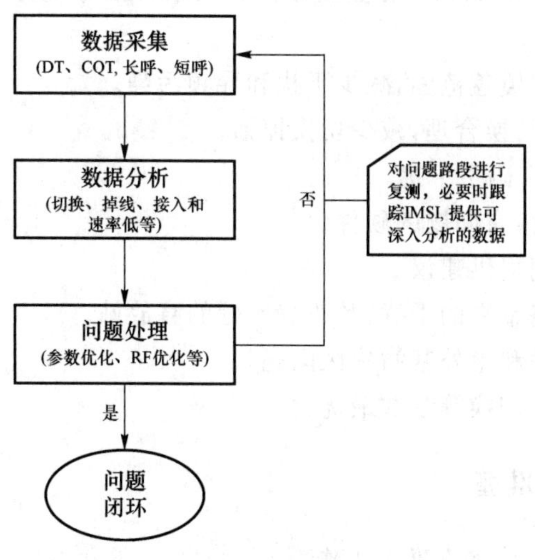


图 3.3.17　网络优化流程

（1）数据采集：主要通过测试软件对 LTE 网络进行 DT 测试和 CQT 测试，以获取最基础的网络性能信息。要求测试路线尽量覆盖测试区域内的所有小区，保证测试数据真实可靠。

(2) 数据分析:主要对测试数据中的切换、掉线、接入失败和速率低问题进行分析。

(3) 问题处理:目前主要通过无线参数优化、RF优化等手段对问题进行处理。对于优化后问题仍存在的路段进行复测,必要时跟踪IMSI对问题进行深入分析定位。

(4) 问题闭环:对于各问题点形成问题跟踪表直至问题闭环。

网络优化第一阶段工作是数据收集与分析,通过数据分析可以发现系统存在的问题和潜在的问题。数据的收集是一项重要的工作,要求数据完整和准确。获取数据的方式有两种:一种是利用路测工具(如CDS、鼎力Pilot Pioneer/Navigator等)进行测试,获得数据反映网络的覆盖、通话质量、切换、小区相邻关系等;另一种是通过系统中的OMC中的话务统计工具,它反映网络质量指标,如掉话率、切换成功率等,通过话统数据分析,可以发现网络问题。结合路测数据分析,可以准确地定位网络故障。

发现网络问题以后就进入网络优化第二阶段,通过调整系统参数和基站工程参数进行问题处理。可以调整天线方向角和倾角,调整功率控制参数和切换参数,达到改善网络性能的目的。基站参数调整以后,为了确认调整后的效果,再进行路测及话务统计分析,若发现调整后,网络性能改善,则固定下来;若性能没有改善,则需重新调整,直至满足要求。

## 三、网络优化内容

无线网络优化实质上是对手机和基站之间的空中信号的性能改善,换言之就是通过数据采集、性能评估、优化方案制订和优化方案实施几个步骤来完成。其中数据采集包括路测和拨打测试(DT和CQT)以及话务统计(NMO)等,路测和拨打测试是最基础的工作,主要是坐在小轿车里打开笔记本式计算机和相关测试软件,连接上路测设备和GPS、扫频仪等进行道路类测试或者在大楼等高档商务区测试采集数据。

完成测试数据采集后对相关数据进行统计,找出影响网络问题的区域和原因,通过分析定位故障并提出解决方案,最后进行实施和调整效果验证。另外,话务统计分析属于中高级无线网优工程师的工作范畴,但路测和路测数据分析必须结合话务统计分析。优化内容涉及以下内容:

1. 调整天线控制基站覆盖范围,减少干扰和导频污染。
2. 修改基站邻集,使切换合理,减少切换掉话。
3. 修改基站PCI,减少码字干扰。
4. 检查基站硬件,更换有问题的硬件。
5. 为覆盖盲区的规划提供建议。
6. 检查直放站给网络带来的干扰,整改有问题的直放站。
7. 解决室内覆盖基站和室外基站邻区问题。
8. 参数优化,让接入、切换等参数最优化。

## 四、网络优化测试准备

在优化测试前,必须完成如下准备工作。

1. 制订测试计划

网络优化测试主要的目的是采集网络数据,在网络测试开始前的测试准备阶段,其包括以下内容:测试组织计划、人员安排、责任人和双方的配合沟通渠道、网络的初步勘察、测试执行的要求、基础数据与工具准备等。

在基础数据与工具的准备方面，主要包括以下内容。

- 基站信息表：包括基站名称、编号、MCC、MNC、TAC、经纬度、天线挂高、方位角、下倾角、发射功率、中心频点、系统带宽、PCI、ICIC、PRACH 等。
- 基站开通信息表、告警信息表：包括站点是否存在告警，是否闭塞，小区功能是否激活，其他各个网元、传输是否正常，一旦有异常现象和故障出现，需要立即分析排除。
- 地图：网络覆盖区域的 Mapinfo 电子地图。
- 路测软件：包括软件及相应的加密狗或版权许可证。
- 测试终端：和路测软件配套的测试终端。
- 测试车辆：根据网优测试工作的具体安排，准备测试车辆。
- 电源：提供车载电源或者 UPS 电源。

2. 制订测试路线

根据测试内容的不同，测试路线的设计主要涉及以下两种测试场景：

(1) 单站性能测试。单站性能测试针对单个站点，在小区覆盖范围内进行，如单站验证中的切换功能验证。此时，测试路线应遍历该小区周边可视的目标覆盖区域的主干道、次主干道、支路等道路，所选择的测试路线上应保证能触发同站 3 个小区之间的双向切换事件。

(2) 区域性能测试。区域性能测试针对整个网络，在已有 LTE 无线网络覆盖的全部区域内进行。路测时，测试路线应尽可能遍历测试区域内的主干道、次主干道、支路等道路，并遍历选定测试区域内所有小区。

如无特别说明，以上两种路测场景，测试车应视实际道路交通条件以中等速度行驶，一般市区车速约为(40±20)km/h，而机场高速按照高速路里侧快车道标准速度进行测试，车速约为(80±20)km/h。

另外，测试类别不同，相应的测试路线选择原则也略有不同。

(1) DT 测试路线的选择

DT 测试路线选择的原则如下：①能够占用所测基站的各个小区；②能够测试到基站周围的覆盖情况；③能够测试到小区间以及站间的切换。当然，具体的路线选择还要考虑到实际的路况和地理环境的影响。

(2) CQT 选点原则

在单站优化 CQT 测试部分，对于单个小区一般选取近、中、远三点进行相应的 CQT 测试，CQT 选点的具体原则如下。

- NC(近点)：SINR>20 dB。
- MC(中点)：10 dB<SINR<15 dB。
- CE(远点)：SINR<5 dB。

如果根据 SINR 的规则进行 CQT 选点实现起来较为困难，可以按照 RSSI 的如下标准进行选点。

- NC(近点)：RSSI>－60 dB。
- MC(中点)：－60 dB<RSSI<－80 dB。
- CE(远点)：－80 dB<RSSI<－100 dB。

3. 检查测试工具

在优化测试前，必须对所有的测试设备进行检查，避免因为测试设备的问题导致优化测试过程中出现故障和测试结果的不准确性，从而影响测试的进度。检查设备的内容包括：车辆、电源、测试终端等是否齐备；测试计算机、路测软件、各种串口、USB连接数据线等是否正常；测试终端的接入权限是否正常等。测试所需的设备清单如下：

(1) 室外单站优化测试中主要需要的测试工具(数量为1个测试分析小组所需)，如表3.3.2所示。

**表3.3.2 室外单站优化测试工具**

| 序号 | 测试工具名称 | 描 述 |
|---|---|---|
| 1 | 数据采集软件 | 支持LTE FDD/TDD网络的测试，同时支持LTE FDD/TDD测试终端的数据采集(RF覆盖测试必须支持Scanner的数据采集) |
| 2 | 后处理分析软件 | 支持LTE FDD/TDD网络测试终端或Scanner测试数据的分析，包括支持覆盖分析、KPI指标分析、Layer3信令解码等，同时应该能够从测试log当中提取相应的测试数据 |
| 3 | 测试终端 | 支持LTE FDD/TDD网络 |
| 4 | Scanner | 支持LTE FDD/TDD频段的测试(一般选用Agilent的扫频仪) |
| 5 | GPS | 支持USB接口，测试数据采集时提供GPS信息 |
| 6 | 车载逆变器 | 从车辆点烟器取电，为车载测试笔记本式计算机、Scanner和测试终端提供电源 |
| 7 | 笔记本式计算机 | 运行数据采集软件，连接测试终端或者Scanner |
| 8 | 电子地图 | 为路测提供地理信息，便于测试过程中进行路线选择规划 |
| 9 | 测试车辆 | 具备方便测试操作的空间与平台，具备点烟器或者蓄电池供电装置 |

(2) 室内单站优化测试中主要需要的测试工具(数量为1个测试分析小组所需)，如表3.3.3所示。

**表3.3.3 室内单站优化测试工具**

| 序号 | 测试工具名称 | 描 述 |
|---|---|---|
| 1 | 数据采集软件 | 支持LTE FDD/TDD网络的测试，同时支持LTE FDD/TDD测试终端的数据采集(RF覆盖测试必须支持Scanner的数据采集) |
| 2 | 后处理分析软件 | 支持LTE FDD/TDD网络测试终端或Scanner测试数据的分析，包括支持覆盖分析、KPI指标分析、Layer3信令解码等，同时应该能够从测试log当中提取相应的测试数据 |
| 3 | 测试终端 | 支持LTE FDD/TDD网络 |
| 4 | Scanner | 支持LTE FDD/TDD频段的测试(一般选用Agilent的扫频仪) |
| 5 | Scanner电池 | 为Scanner室内测试提供电源 |
| 6 | 笔记本式计算机 | 运行数据采集软件，连接Scanner及测试终端 |
| 7 | 室内平面图 | 为步行打点测试提供地理信息 |

## 五、测试软件介绍

1. 软件界面

CDS软件界面主要分为操作界面和视图界面两个部分，如图3.3.18所示。

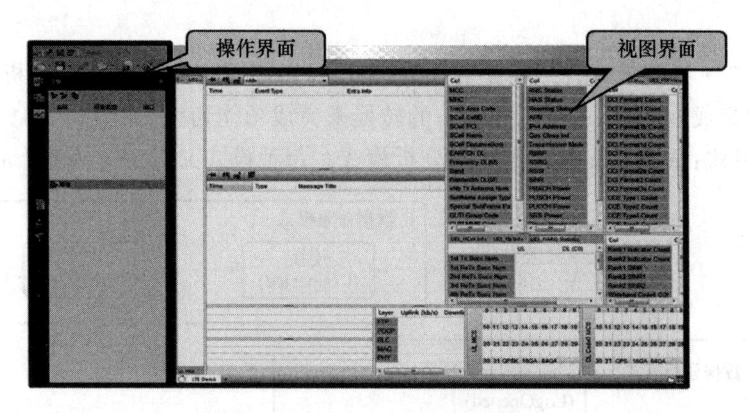


图 3.3.18　操作界面和视图界面

(1) 操作界面:包括标题栏、工具栏、导航栏以及资源管理器,大部分的 CDS 配置和控制操作从此部分发起。

(2) 视图界面:视图界面是 CDS 测试数据展示窗口,为用户提供了灵活直观的数据呈现。

CDS 用户界面的常用按钮功能如表 3.3.4 所示。

**表 3.3.4　CDS 按钮功能介绍**

| 图标 | 功　能 |
| --- | --- |
|  | 设备管理,用于添加/删除测试设备以及配置自动测试计划,此按钮在"回放"状态将被隐藏 |
|  | 视图管理,分类列出预定义的视图及视图页,用户可双击或拖拽打开选中的视图或视图页 |
|  | 分析模块管理,列出的每一项对应一个数据分析模块(没有授权的模块被隐藏),这些模块只在"回放"状态使用,进入"连接"状态后此按钮被隐藏 |
|  | IE 列表,分类列出了 CDS 支持的测试数类型,用户可选择一个或多个拖拽到视图或后处理插件中。测试数据的显示风格也在此设置 |
|  | 事件列表,分类列出内置事件以及用户自定义事件。用户可以为事件配置图标、告警音、字体颜色,配置自定义事件,定义事件组等。用户也可以将事件或事件组拖拽到某些视图中 |
|  | 过滤器管理,是用户定义逻辑表达式,用于数据后处理阶段根据需求过滤数据。用户在此可以修改过滤器的定义,也可以将过滤器拖拽到某些视图中使用 |
|  | 小区工作室,用于导入小区数据库并生成小区的地图图层 |
|  | 报告编辑器,用于用户定制报告模板 |
|  | 信令列表,管理器中分类列出了各种制式下空中接口及非接入层的信令,用户可选择一个或多个拖拽到后处理插件中 |

2. 工作模式

CDS LTE 7.1 是前后台合一的路测软件,集前台数据采集和后台数据分析于一体。软件将前、后台功能集成在一起,通过工作状态的转换来完成功能切换,如图 3.3.19 所示。软件主要工作于两种模式:数据采集模式和数据分析模式。每种模式又可细分为若干状态。

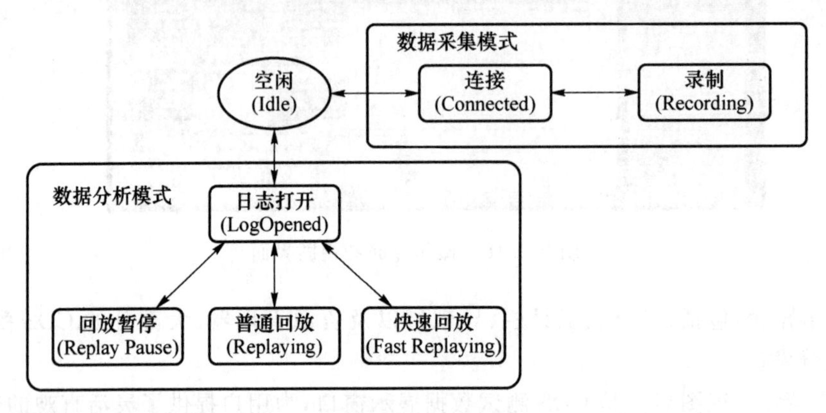


图 3.3.19　CDS 软件工作模式转换示意图

CDS 软件两种工作模式之间需要通过“空闲”状态进行过渡,模式转换时 CDS 的工具栏同时进行动态切换,这意味着:

(1) 连接设备采集数据前必须先关闭已打开的日志文件;

(2) 打开日志文件进行回放或分析前必须先断开与实际设备的连接。

打开 CDS 测试软件后,软件的标题栏将显示测试软件的状态,如图 3.3.20 所示。

图 3.3.20　软件状态栏示意图

当连接了测试设备,或者记录测试日志后,软件便处于数据采集状态;此时不能进行日志回放等分析操作,状态栏的状态如图 3.3.21 所示。

图 3.3.21　连接状态栏图

当软件打开了测试日志进行数据分析时,不能同时进行数据采集的工作。若需要采集,需将日志关掉,状态栏的状态如图 3.3.22 所示。

图 3.3.22　回放状态栏图

3. 测试模板配置说明

(1) 测试模板参数说明

① FTP 下载设置如表 3.3.5 所示。

表 3.3.5 FTP 下载设置参数说明

| 参数名称 | 单位 | 参数说明 |
|---|---|---|
| 测试数量 | | 计次测试方式下的文件下载次数 |
| 测试时长 | s | 计时测试方式下的下载总时长(从文件开始传输计时,传输成功或失败停止计时) |
| 测试间隔 | s | 多次下载测试之间的空闲时间 |
| 数据停传超时 | s | 如果下载过程中传输中断超过此时间将判别为下载失败 |
| 服务器地址 | | FTP 服务器地址 |
| 用户名 | | FTP 登录用户名 |
| 密码 | | FTP 登录密码 |
| 被动模式 | | 以主动或被动方式进行下载。<br>FTP 建立数据链接有两种模式：<br>• 主动模式。由客户端打开一个本地端口,等待服务器端进行数据连接。<br>• 被动模式。由服务器打开一个端口,等待客户端进行数据连接 |
| 服务器文件路径 | | 下载文件在服务器上的路径及文件名称。例如:/pub/myfiles. rar |
| 线程数量 | | 设置多线程下载数量,最大支持 50 |
| 测试方式 | | • 计时测试:下载测试总时长满足"测试时长"设置时退出测试。<br>• 计次测试:下载测试次数达到"测试次数"设置时退出测试 |
| 自动拨号方式 | | 与添加的终端类型有关,CDS 会自动匹配 |
| 控制端口 | | FTP 控制通道连接端口,默认为 21 |
| 传输类型 | | 传输格式选择:Binary Mode 或 ASCII Mode |
| 多线程类型 | | 决定了实际下载的数据量大小：<br>• 单文件。实际下载数据量=选中文件大小。<br>• 多文件。实际下载数据量=选中文件大小×线程数量 |
| 本地路径 | | 下载文件本地存储路径。如不需要保存下载文件,此处不填写 |

② PS Attach 设置如表 3.3.6 所示。

表 3.3.6 Attach 设置参数说明

| 参数名称 | 单位 | 参数说明 |
|---|---|---|
| 测试数量 | | Attach\Detach 过程为一次测试,测试重复次数。若次数设置为 0,则执行 Detach |
| 测试间隔 | s | 重复测试间的空闲时间 |
| 保持时间 | s | Attach 成功后到发起 Detach 的等待时间 |

③ Wait 设置如表 3.3.7 所示。

表 3.3.7 Wait 设置参数说明

| 参数名称 | 单位 | 参数说明 |
|---|---|---|
| 等待时间 | s | 等待持续的时间,该时间内不进行任何测试 |

④ VoIP 测试如表 3.3.8 所示。

**表 3.3.8　VoIP 测试参数说明**

| 参数名称 | 单位 | 参数说明 |
| --- | --- | --- |
| 测试数量 | | VoIP 呼叫次数 |
| 测试间隔 | s | 重复测试间的空闲时间 |
| 保持时间 | s | 呼叫接通后的保持时间 |
| 角色 | | 设置测试终端作为主叫方或被叫方 |
| 编码方式 | | CDS 提供多种语音编码方式供用户选择，包括 AMR、AMR-WB、G.722、GSM、PCMU、PCMA、SPEEX 等 |
| 对端手机 | | 在测试终端为主叫的前提下，需指定被叫手机；<br>若被叫终端添加至同一 PC，在 UE1-UE8 中选择；<br>若被叫终端添加至不同 PC，选择 Other |
| 被叫账号 | | 若对端手机选择 Other，需添加被叫账号，即被叫用户申请的 VoIP 账户名称 |
| VoIP 服务器地址 | | VoIP 服务器的地址：x.x.x.x |
| 用户名 | | 用户申请的 VoIP 账号名称 |
| 密码 | | 对应 VoIP 账号的密码 |
| 音频文件 | | 通话时播放的音频文件，文件格式指定为.wav，音频采样率指定为 16 kbit/s；<br>设置主被叫测试时，本端选择音频文件，对端会对语音质量进行评估，产生 MOS 分值 |
| 播放接收语音 | | 是否播放接收到的语音文件 |

注：在选择编码方式时，如 AMR/8 000/1，编码方式后的数字 8 000 是编码器本身的参数，表示采样率，并不代表速率，与传输参数无关。

(2) 测试项目执行顺序

ATE 测试中的项目按照以下原则执行：

① 已激活的测试项目按顺序执行，未激活项目会被跳过；

② 一个项目里设置的测试次数全部执行完成后再执行下一个项目；

③ 所有已激活项目执行完一遍后，按照外循环次数重复执行下一次测试。

举例说明：

① 如需进行 FTP Download 短呼测试，共下载 100 次，要求一次 FTP 下载完成后间隔 20 s开始下一次 FTP 下载，配置如图 3.3.23 所示。

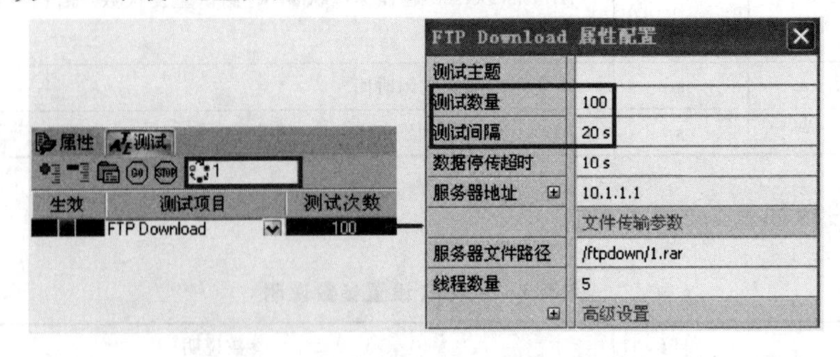


图 3.3.23　测试项目执行顺序配置示意图一

② 如需进行 PS Attach＋FTP Download＋Detach 共 100 次，要求两次测试之间的间隔为 20 s，配置如图 3.3.24 所示。

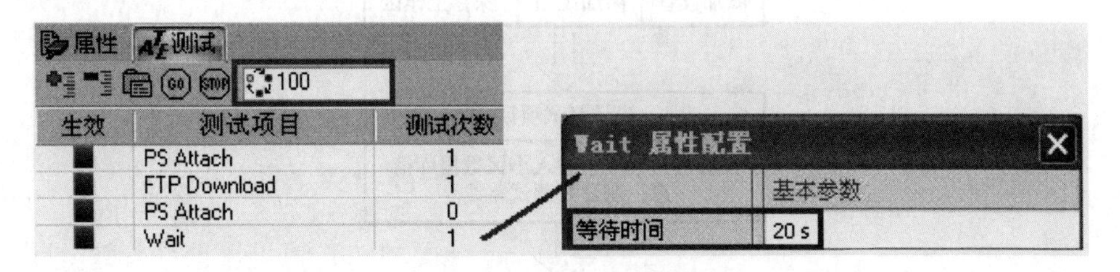


图 3.3.24　测试项目执行顺序配置示意图二

# 任务 3.4　无线网络优化测试

## 【任务描述】

无线网络优化中的数据采集包括路测(DT)、拨打测试(CQT)和话务统计(NMO)等。路测和拨打测试是最基础的工作，是坐在小轿车里，打开笔记本式计算机和相关测试软件，连接路测设备和 GPS、扫频仪等，进行道路类测试或者在大楼等高档商务区测试采集数据。请以某通信公司网络部的无线网优工程师的身份，在完成优化准备后，继续展开优化测试工作。

## 【任务分析】

### 一、任务的目标

1. 知识目标

(1) 掌握 DT/CQT 的定义；

(2) 熟悉 DT/CQT 测试的基本规范要求；

(3) 熟悉网络优化测试的类型、内容和方法。

2. 能力目标

(1) 能够完成 DT 测试和 CQT 测试；

(2) 能够对测试数据进行简单的分析处理。

### 二、完成任务的流程

在前期优化测试的准备工作的基础上，本次任务将完成实际的测试，以采集相应的网络数据，供网络优化调整使用。完成本次任务的主要流程如图 3.4.1 所示。

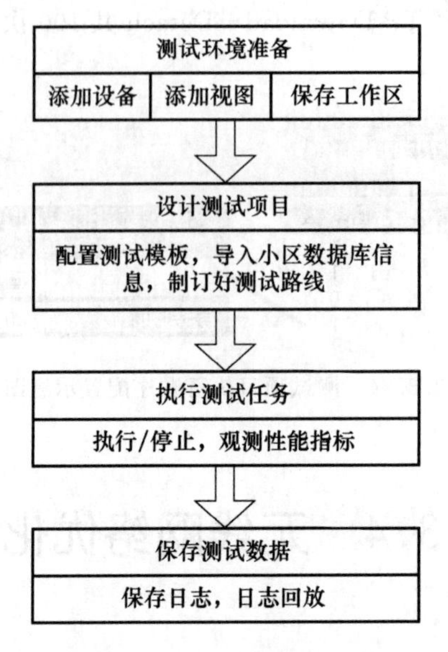


图 3.4.1 任务流程示意图

要完成本次任务，除了上一任务提到的几个步骤外，本次任务中要结合实际的网络站点信息，设置好测试路线，进行测试任务执行，观测相应的性能指标，记录好相应的测试数据和测试LOG。本任务【技能训练】详细介绍了任务流程。在以上各项工作完毕后，应进行《优化测试任务单》的填写。

### 三、任务的重点

本次任务的重点是测试过程的执行和性能指标的观测分析。

## 【技能训练】

### 一、训练目的

为网络优化调整采集网络数据。

### 二、训练用具

便携式计算机（笔记本式计算机）、CDS 软件、加密狗、GPS 小天线、华为手机、小区数据库信息和数字地图。

### 三、训练步骤

#### （一）准备测试环境

1. 添加设备

运行 CDS 7.1 软件添加设备。根据实际情况来选择所需添加的设备，DT 测试需要添加GPS。详细步骤参见任务 3.3 的［技能训练］，包括以下几个部分：

(1) UE、GPS 设备选择；

(2) 测试设备连接；

(3) 数据卡、测试手机的接口驱动安装。

设备添加完成后，添加视图保存工作区。若已根据任务三搭建好测试环境，则直接打开工作区即可进行测试。

2. 添加视图

选择视图页管理器如图 3.4.2 所示。

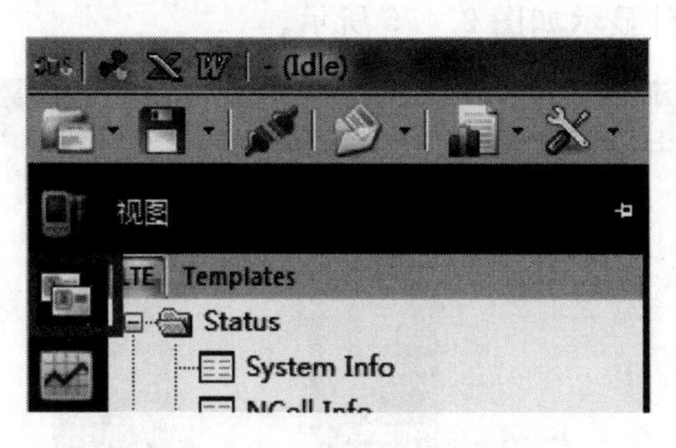


图 3.4.2　视图页管理器

在视图管理器中双击任意一个选项即可在 CDS LTE 的主显示页打开该窗口。如图 3.4.3 所示，双击“System Info”，即打开“UE1-System Info”窗口。

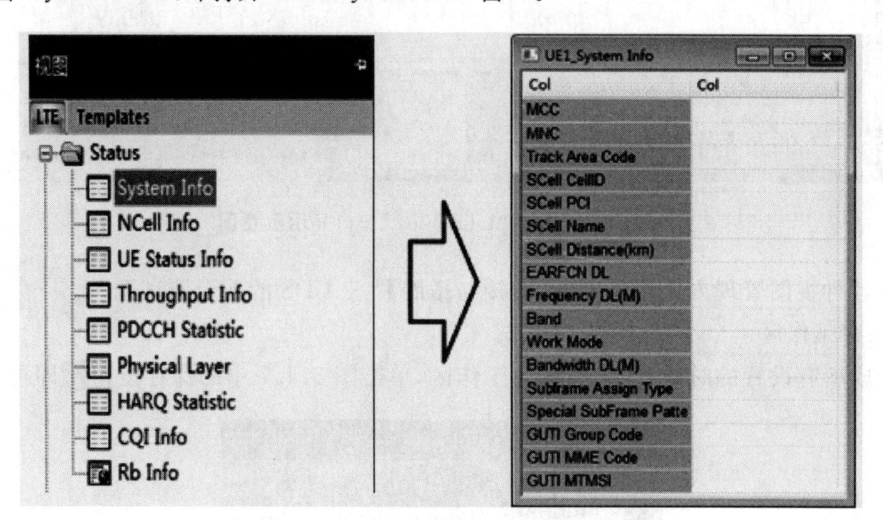


图 3.4.3　打开观测指标视图示意图

可在视图管理器下方的选项中选择“视图页”选项，如图 3.4.4 所示。

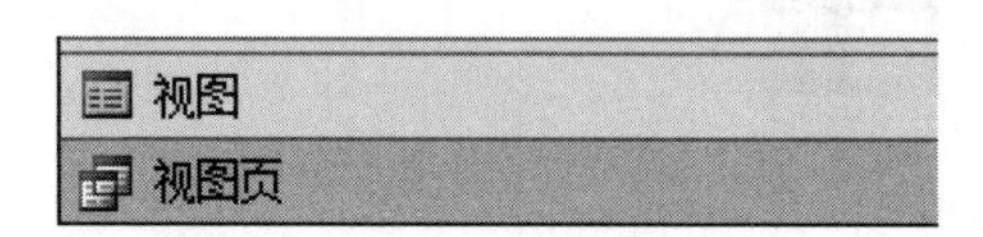


图 3.4.4　视图页选项

选择“视图页”选项后，可以看到 CDS LTE 软件配置好的视图“LTE View”，如图 3.4.5 所示。

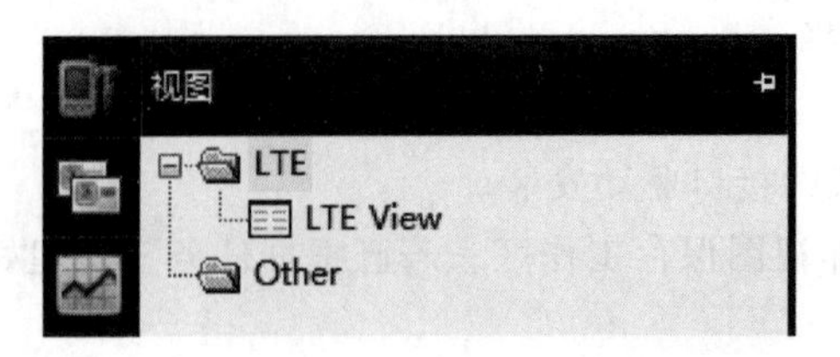


图 3.4.5　视图“LTE View”选择示意图

双击“LTE View”，软件显示如图 3.4.6 所示。

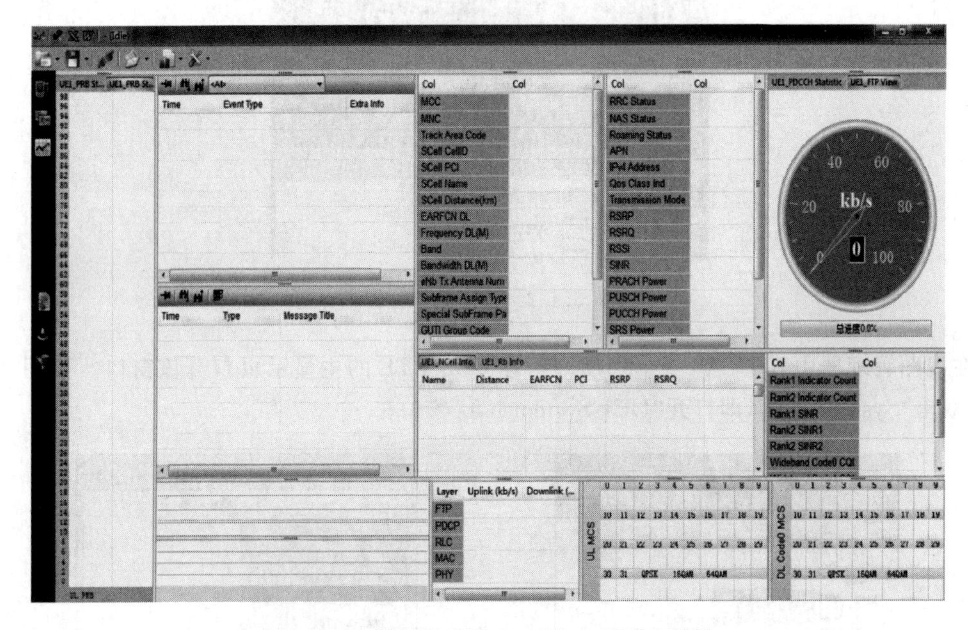


图 3.4.6　视图“LTE View”窗口显示示意图

具体各种视图管理方式参见【知识链接与拓展】“三、CDS 的前台测试”。

3. 保存工作区

当完成所有设置的时候，切记要保存工作区，单击图 3.4.7 中的保存按钮即可。

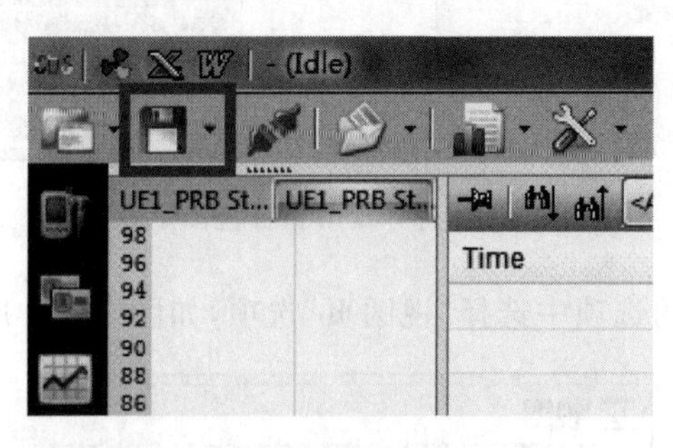


图 3.4.7　保存工作区示意图

## (二) 设计测试项目

1. 配置测试模板

选择测试名称为 UE1 的设备，设备下方会出现属性页和测试页，在测试页里进行测试项目的添加。实际测试中根据测试需求，选择相应的测模板进行设置(例如，Attach 测试设置如图 3.4.8 所示)。

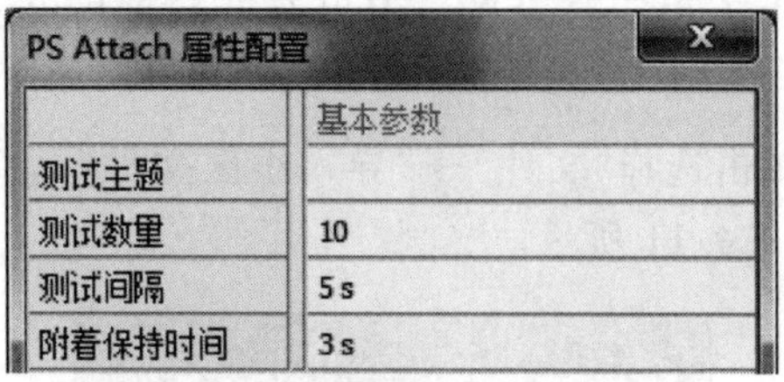

PS Attach 属性配置

| | 基本参数 |
|---|---|
| 测试主题 | |
| 测试数量 | 10 |
| 测试间隔 | 5 s |
| 附着保持时间 | 3 s |

图 3.4.8　Attach 配置示意图

2. 导入小区数据库信息

(1) 创建小区数据库

根据测试需求，创建与测试相对应的小区数据库  成都LTE数据库.csv ，不能修改小区数据库中的列标题，只能修改小区数据库里面的具体数据内容。

(2) 打开小区工作室

软件的左上角可以看到小区工作室的图标，如图 3.4.9 所示，单击后进入小区工作室，如图 3.4.10 所示。

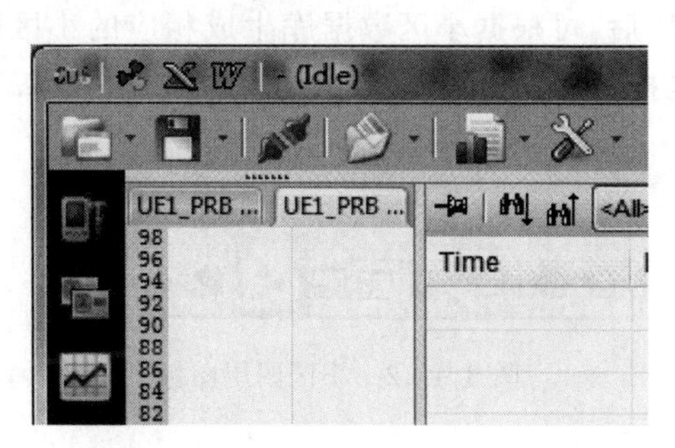


图 3.4.9　打开小区工作室示意图

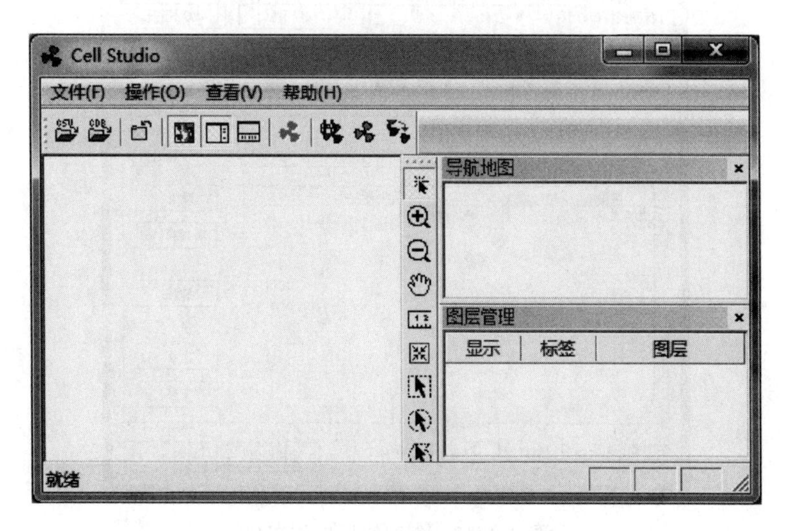


图 3.4.10　进入小区工作室示意图

（3）导入小区数据库

导入小区数据库的操作有两个：

① 在小区工作室的左上方单击选择[icon]，弹出选择数据库文件对话框，然后单击“导入”即可。

② 在小区工作室菜单单击选择“文件”→“导入小区文件”，弹出选择数据库文件对话框，然后单击“导入”即可，如图 3.4.11 所示。

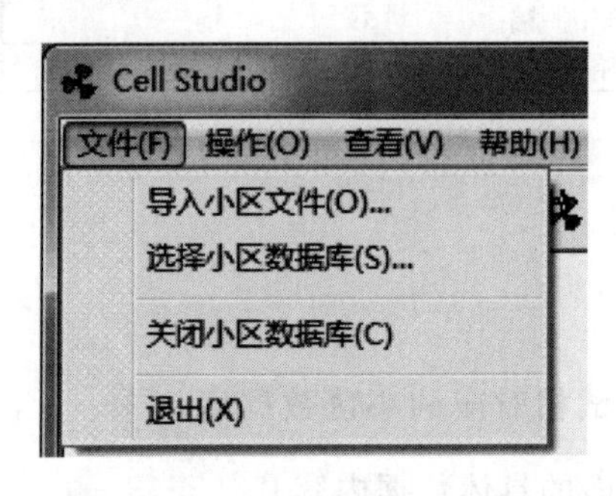


图 3.4.11　导入小区文件示意图

注：如果小区数据库文件有误，则软件会提示错误，修改错误后重新导入。

（4）生成小区图层

当正确导入小区数据库后，可根据小区数据库生成相应的小区图层，具体操作如下：单击图 3.4.12 所示方框选中的按钮，打开创建小区图层窗口，如图 3.4.13 所示。

图 3.4.12　小区图层图标

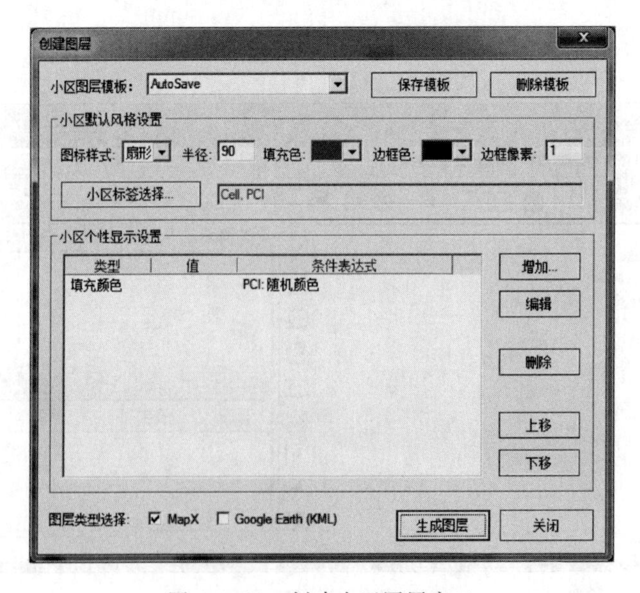


图 3.4.13　创建小区图层窗口

生成小区图层有三个地方需要设置：

① 在“小区个性显示设置”中增加填充颜色，这样制作的小区图层个性显示比较清晰。

② 在“小区标签选择”中选择一个或多个参数作为小区的标签。

③ 如果需要使用 Google Earth 地理分析的功能，在生成图层前需要在“图层类型选择”中，将“Google Earth(KML)”选上。

生成主题图层后，窗口显示如图 3.4.14 所示。

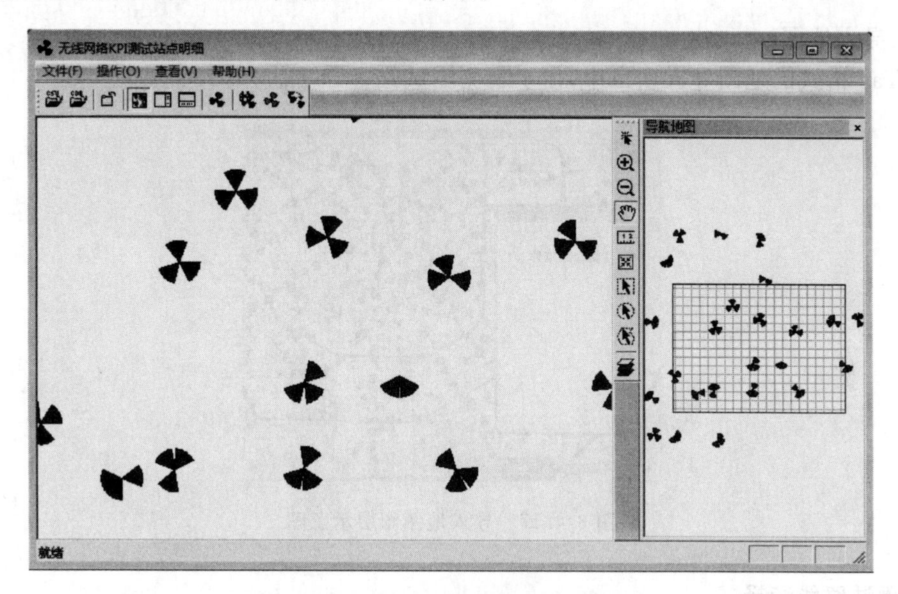


图 3.4.14　主题图层窗口

(5) 选择当前小区数据库

当完成以上操作后，还需要将导入的小区数据库选择为当前小区数据库方能生效。具体操作如下：

- 在工具菜单中选择“小区数据库选择”，如图 3.4.15 所示。

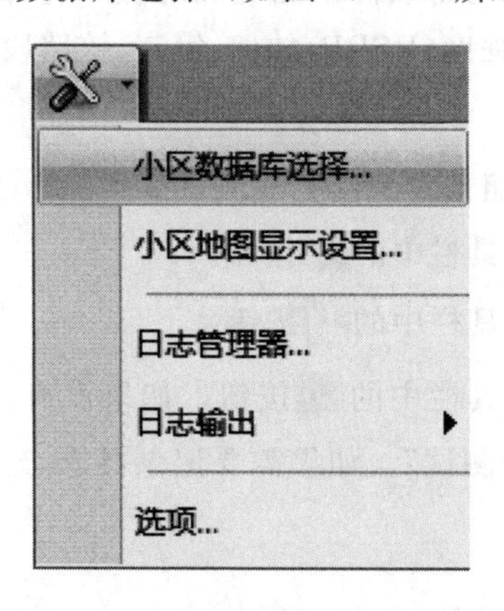


图 3.4.15　小区数据库选择示意图一

- 在弹出的“选择小区数据库”窗口中选择所需的小区数据库，如图 3.4.16 所示。

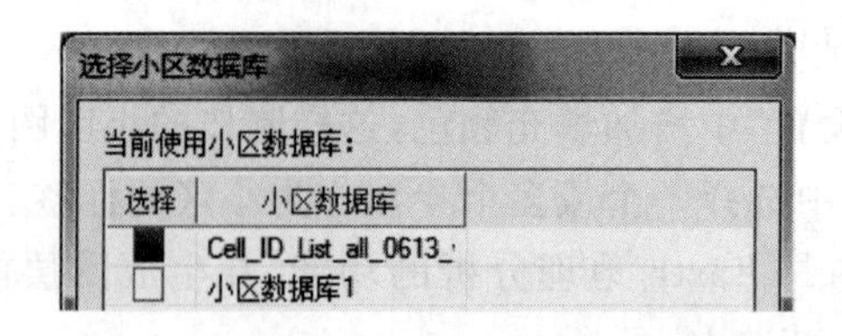


图 3.4.16　小区数据库选择示意图二

(6) 导入地图

将 Tab 格式的地图导入项目中,便于观测测试位置,如图 3.4.17 所示。

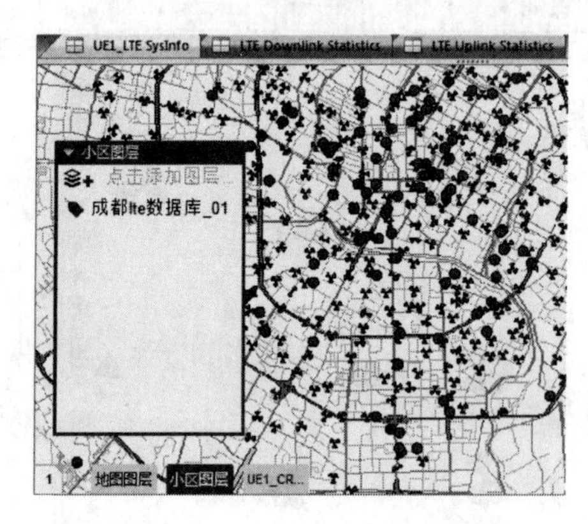


图 3.4.17　导入地图图层示意图

**3. 测试路线选择**

DT 测试路线选择原则有以下几点:

(1) 能够占用所测基站的各个小区;

(2) 能够测试到基站周围的覆盖情况;

(3) 能够测试到小区间以及站间的切换。

当然,具体的路线选择还要考虑实际的路况和地理环境的影响。第一,测试路段是哪个小区覆盖;第二,该路段覆盖信号强度(RSRP)如何;第三,该路段覆盖信号质量(SINR)如何。

**(三) 执行测试任务**

1. 利用地图窗口、GPS 按照预定线路完成测试线路。

(1) 连接设备:单击软件工具栏中的按钮。

(2) 记录日志:单击软件工具栏中的按钮。

(3) 开始测试:单击软件工具栏中的GO按钮。如果没有记录日志就开始测试,软件会弹出提示,"未录制测试,是否开始测试"。如果需要记录日志,选择"否";如果不需要记录日志,选择"是"。

2. 实时观测测试指标。

测试过程中,可根据测试需求预先设置的视图窗口观测相应的性能指标,如观测 RSRP、SINR、天线模式、PCI、MCS 等参数信息,以及关键事件和信令流程等。

**(四) 保存测试数据**

1. 保存测试数据

测试完成后，依次单击“停止测试”“停止记录日志”“断开设备连接”三个按钮。到对应的LOG日志保存目录即可看到测试日志。

2. 日志回放

单击“打开日志”按钮(如图3.4.18所示)，然后可以对日志进行回放分析(如图3.4.19所示)。网络优化人员可根据测试数据进行后台数据分析，后台分析软件使用方法参考【知识链接与拓展】“四、CDS后台软件的分析方法”。

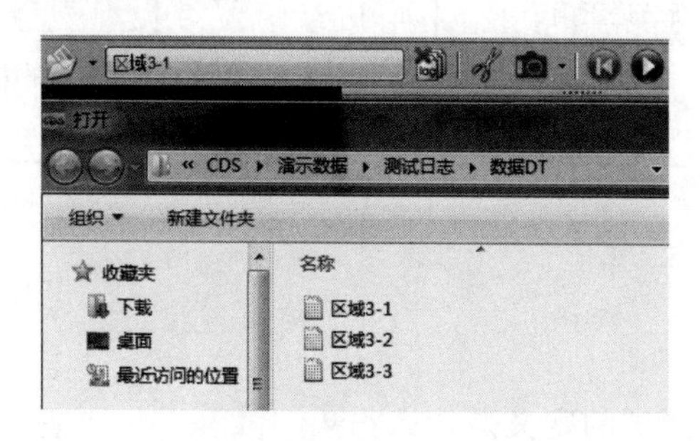


图3.4.18 打开日志示意图

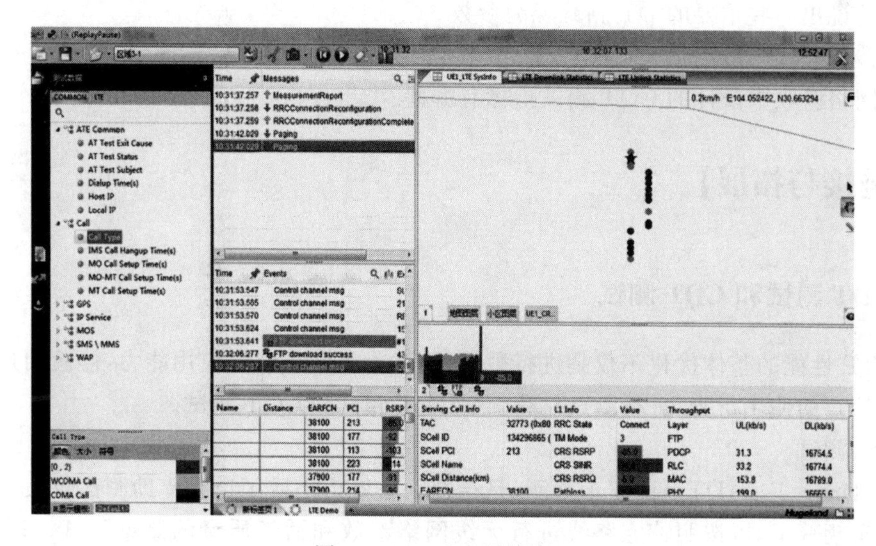


图3.4.19 日志回放窗口

# 【任务评价】

## 一、任务成果

成果1：熟悉DT/CQT测试概念，能进行DT/CQT测试。

成果2：优化测试任务工单。

## 二、评价标准

成果评价标准如表3.4.1所示。

表 3.4.1　任务成果评价参考表

| 序序号 | 任务成果名称 | 评价标准 | | | |
|---|---|---|---|---|---|
| | | 优秀 | 良好 | 一般 | 较差 |
| 1 | 优化测试数据及 LOG | 能熟练完成所有测试流程，测试数据及 LOG 完整，判断结论正确 | 能熟练大部分测试流程，提交测试 LOG，判断结论正确 | 能熟练完成两个测试流程，测试配置数据基本正确 | 使用软件不熟练，在规定时间内没有完成测试任务 |
| 2 | 优化测试任务工单 | 完成率为 90%～100% | 完成率为 70%～90% | 完成率为 50%～60% | 完成率低于 50% |

## 【任务思考】

一、DT 测试和 CQT 测试的定义是什么?

二、DT 测试和 CQT 测试的区别有哪些?

三、请说出一些重要的 DT 测试观测参数。

四、传输模式 TM5 的含义是什么?

五、网络验收中设计的 CQT 测试指标有哪些?

## 【知识链接与拓展】

### 一、DT 测试和 CQT 测试

对 LTE 性能的整体优化不仅是进行数据优化，为了测试移动应用能力，体验用户感受，还需要模拟用户的使用行为，进行测试优化，包括 DT 测试和 CQT 测试。

1. DT 测试

路测(Drive Test，DT)，即驱车路测，是指在一个城市中或国道上借助测试仪表、测试手机以及测试车辆等工具，按照特定路线进行无线网络参数和话音质量的测试形式。DT 测试是使用测试设备沿指定的路线移动测量无线网络性能的一种方法，进行不同类型的呼叫，记录测试数据，统计网络测试指标。在 DT 中模拟实际用户，不断地上传或者下载不同大小的文件，通过测试软件的统计分析，获得网络性能的一些指标。

DT 测试项目包括使用无线测试仪表对无线信号强度、越区切换位置、越区切换电平、网络干扰情况等参数进行测量，以及在移动环境中使用测试手机沿线进行全程拨打测试。它通过所采集到的无线参数以及呼叫接通情况和测试者对通话质量的评估，为网络规划、网络工程建设以及网络优化提供较为完备的网络覆盖，同时也为网络运行分析提供较为充分的数据基础。

路测性能分析方法主要分析空中接口的数据及测量覆盖问题。从 DT 测试中，我们可以分析关于网络的以下问题：

(1) 基站分布覆盖情况是否存在盲区。

(2) 切换关系次数和切换电平是否正常。

(3) 下行链路是否有同频、邻频干扰情况。

(4) 路面是否存在小岛效应。

(5) 小区扇区是否错位。

(6) 基站天线下倾角、方位角及天线高度是否设计合理。

(7) 分析呼叫接通情况，找出呼叫不通及掉话的原因。

(8) 分析受外部干扰区域的频点和受干扰电平值，及对网络的影响程度。

以上述8种方法围绕网络的接通率、掉话率、拥塞率和切换成功率等指标，通过循环程序：统计测试→数据分析→制订实施优化方案→系统调整→解决问题→统计测试。

2. CQT测试

拨打质量测试(Call Quality Test,CQT)，是指在固定的地点测试移动通信无线数据网络性能。CQT以用户的主观评测为主，即用主观评价的方法测量信道的话音质量。CQT测试是在城市中选择多个测试点，在每个点进行一定数量的呼叫，通过呼叫接通情况及测试者对通话质量的评估，分析网络运行质量和存在的问题。

CQT验收是针对预先定义的重点区域分别进行拨打测试，感受实际业务情况，根据相应的验收标准对业务接通、掉话、业务质量等多项指标进行考核。与DT相比，CQT测试验收指标更多地依赖于验收人员的主观感受。

CQT测试需要针对不同业务分别进行，一般采用间歇通话的方式，一次通话保持一定时间后断开再继续呼叫。

CQT测试的测试结果将作为最终网络优化的一个结果。它必须是符合客户要求的。如果不能满足测试指标要求，需要重复进行优化，直到达到客户要求为止。

## 二、网络的优化测试

按工程优化阶段的不同，网络优化分单站优化和区域优化两个阶段，而区域优化又分簇优化、区优化和全网优化，其中以簇优化最为典型。单站优化和簇Cluster优化作为LTE网络整体优化的基础，其目的在于保证在工程建设期间各基站和基站簇符合工程规范要求，软硬件配置与规划方案一致，基站簇KPI指标和业务性能达到相应要求，尽量将有可能影响到后期全网优化的问题在前期解决，为后期更高层次的网络优化打下良好的基础。

1. 单站优化测试

在LTE网络的初期优化中，单站优化是很重要的一个阶段，其目的是在簇优化前，获取单站的实际基础资料、保证待优化区域中的各个站点各个小区的基本功能(如接入、业务承载运行等)以及基站信号覆盖情况均是正常的。通过单站优化，可以将网络优化中需要解决的因为网络覆盖原因造成的掉话、接入等问题与设备功能性掉话、接入等问题分离开来，有利于后期问题定位和问题解决，提高网络优化的效率。通过单站优化，还可以熟悉优化区域内的站点位置、配置、周围无线环境等信息，为进一步的优化打下基础。

单站优化包括测试准备、单站RF覆盖性能、CQT&DT测试以及问题处理三部分。在测试准备阶段，需要结合核心网以及XMS侧检查站点状态是否正常，并选择合适的测试路线和测试点，同时需要检查测试设备是否齐备可用。在单站优化测试过程中，要根据单站优化规范测试，针对存在的硬件安装问题，提交问题分析报告给工程安装团队以及eNB维护工程师，由他们协调解决，功能性问题由核心网研发工程师和无线研发工程师一起配合解决。

在每个LTE站点安装、上电并激活开通后，针对其单站各个小区进行DT和CQT测试。

测试内容包括各项 RF 覆盖情况、业务性能、切换性能等。通过单站测试可发现基站安装、天线安装、参数配置等方面的问题。单站优化测试基本内容如表 3.4.2 所示。

**表 3.4.2　单站优化测试基本内容**

| 阶段 | 子任务 | 测试目的 |
| --- | --- | --- |
| 单站优化阶段 | 基站基础数据库检查 | 确定规划数据的准确性，排除工程误差因素的影响 |
| | RF 覆盖情况优化 | 确定每个天线主瓣和旁瓣信号情况是否正常，确定每个天线的覆盖范围与规划是否一致，排除天馈线接错以及硬件故障的影响 |
| | 单站业务功能测试 | 确保每个小区能正常接入，同时，测试站点能正常地承载基于各种协议的业务功能 |
| | 单站切换测试 | 首先确保测试站点小区间与站间切换功能正常，其次确定周边物理邻区是否配备了相应的逻辑邻区关系 |
| | 告警和硬件故障排查 | 排除硬件故障的影响 |

(1) 基站基础数据库数据检查

① 实地勘察基站经纬度、天线方向角、下倾角、天线挂高等基本工参数据是否与 DateBase 当中的数据相符，若存在出入，应及时对 DateBase 的相关参数进行修改。

② 现场检查各小区天馈的主覆盖方向是否有阻挡，若天馈的主覆盖的方向有明显的建筑物阻挡，严重影响了该小区的覆盖性能，应出具相应的方位角调整方案进行调整。

③ 通过测试确定基站硬件工作状态是否正常，若检测到硬件存在问题，先联系核心机房通过 XMS 侧检测该基站的状态和告警情况，进一步采取 Lock/Unlock、小区重启以及基站重启的手段，若无法解决问题，建议联系 eNB 维护工程师进站进行排障工作。

④ 检测天线是否接反，若发现小区之间的天馈硬件接反，应出具相应的工单说明情况进行调整。

⑤ 测试传输系统工作是否正常，确定无传输告警。

(2) 基站 RF 覆盖测试

① 室外站点 RF 覆盖测试

选择合适路线，利用测试软件对测试站点的覆盖区域进行扫频测试。

确定是否可以正常收到该基站所有小区的信号。同时，对比规划目标，确定每个天线主瓣和旁瓣信号的情况是否正常，确定每个天线的覆盖范围与规划是否一致，排除天馈线接错以及硬件故障的影响。

对不合规划或者存在故障之处，提交测试内容以及相应的整改措施进行调整，调整后重复上面的步骤进行复测。

② 室内站点 RF 覆盖测试

在各楼层内首先准确判断方向和所在位置，然后依据该楼层的地图，开始步行，利用测试软件对楼层覆盖区域进行扫频测试。

对比规划目标，确定每个天线的覆盖情况是否正常，确定每个天线的覆盖范围与规划是否一致，排除天馈以及硬件故障的影响；测试时确定该楼层室内覆盖所用小区是否正常工作，注意在人员主要活动区域是否存在信号过强、弱覆盖、无覆盖、室外宏站信号对室分信号造成干扰等问题。

对于不合规划和可能存在硬件故障之处，提交测试内容，针对相关问题采用增加衰减器、增强信号功率、增加室分天线等措施来解决，调整后重复前面的步骤。

(3) 单站业务功能测试

在单站优化测试中，要对各小区进行相应的业务测试，以确保各小区能够正常接入，同时，确保各小区能够正常地承载基于各种协议的业务功能。而在实际单站验证业务测试过程中，主要进行的是 Latency 测试以及 FTP 和 UDP 的业务测试。

(4) 单站切换测试

通过路测，检查各业务的切换功能是否正常，检查小区间以及站间的切换是否正常，检测是否存在漏配邻区的情况。

测试方法：将 UE 驻留在需要测试的小区上，然后向目标小区移动，从信令上查看是否有切换成功的消息。在测试过程中，必须保证小区间以及基站间（基于 X2 口）的切换测试次数均大于或等于 5 次，否则，增加测试圈数。

2. 基站簇优化

基站簇优化阶段所做工作主要有：覆盖优化、干扰优化、切换优化以及掉话、接入率优化等。基本上，基站簇优化是一个测试、发现和分析问题，优化调整，再测试验证的重复过程，直到基站簇优化的目标 KPI 指标达到为止。

(1) 基站簇优化前的注意事项

① 划分基站簇

在单站优化之后，需按照基站簇（Cluster）来对 LTE 网络进行优化，基站簇优化是指对某个范围内的数个独立基站进行具体条目的优化（每个簇一般包含 5～30 个基站）。基站簇划分的主要依据：地形地貌、区域环境特征、相同的 TAC 区域等信息。每个基站簇包含的基站数目不宜过多，并且各个基站簇之间的覆盖区域应该有相应的重叠，以防止在 Cluster 的边缘位置形成孤岛站点（也就是说，相邻的基站簇没有站点能够提供连续覆盖）。

② 确认基站簇状态

确认基站簇状态的目的是了解和保证测试 Cluster 内的每一个站点的状态。例如，具体站点的地理位置在哪，站点是否开通，站点是否正常运行而没有告警，站点的逻辑邻区关系等相关工程参数的配置情况如何，站点的目标覆盖区域在哪等。

③ 规划测试路线

测试路线应该能够占用待测 Cluster 内所有开通的站点。如果测试区域内存在主干道或人流密集区域，那么相应地，这些路线也需要被选择作为测试路线。测试路线应该经过与相邻基站簇重叠区域，以便测试基站簇交叠区域的网络性能，包括邻区关系的正确性。测试路线应该标明车辆行驶的方向，测试路线尽量考虑当地的行车习惯。测试路线需要用 Mapinfo 的 Tab 格式保存，以便后续进行优化验证测试时能保持同样的测试路线。

影响测试路线设计的一个重要因素就是基站簇内站点的开通比例。对于基站簇内站点开通比例小于 80%的条件下进行基站簇优化的情况，测试路线在设计时需要尽量避免经过那些没有开通站点的目标覆盖区域，尽量保证测试路线有连续覆盖。在实际情况下，路测数据会包含一些覆盖空洞区域的异常数据，直接影响覆盖和业务性能的测试结果。对于这些异常数据，在对路测数据进行后处理分析的时候需要滤除。

④ 检查测试工具

优化之前准备好测试软件、分析软件、测试终端、笔记本式计算机、电子地图、车载逆变器、

GPS、测试车辆等。

(2) 基站簇优化测试内容和方法

基站簇优化的主要内容如表 3.4.3 所示。

**表 3.4.3 基站簇优化测试基本内容**

| 优化内容 | 说 明 |
| --- | --- |
| 覆盖优化 | ① 实现对覆盖空洞的优化,保证网络中导频信号的连续覆盖;<br>② 实现对弱覆盖区域的优化,保证网络中导频信号的覆盖质量;<br>③ 实现对主控小区的优化,保证各区域有较为明显的主控小区;<br>④ 实现越区覆盖问题的优化 |
| 干扰优化 | ① 对下行而言,干扰问题体现为 RSRP 数值很好而 SINR 数值很差;<br>② 对上行而言,干扰问题体现为扫频测试得出的测试区域 eNB 底噪数值很高 |
| 切换优化 | 主要包括邻区关系配置以及切换相关参数的优化,解决相应的切换失败和切换异常事件,提高切换成功率 |
| 掉话率与接通率优化 | 专项排查,解决掉话和接通方面的问题,进而提高掉话率和接通率 |
| 告警和硬件故障排查 | 解决存在的告警故障和硬件问题 |

覆盖优化主要实现对覆盖空洞、弱覆盖区域、主控小区以及越区覆盖问题的优化,保证网络中导频信号的覆盖质量。覆盖问题的分析基于对规划区域的路测数据,通过测试设备(如 LTE 终端)在行进过程中采集的 RSRP 指标数值来发现覆盖问题。在测试完成后,使用后台处理软件对导出相应的测试数据(包括经纬度、RSRP 以及 Serving Cell 的 Cell ID 和 SINR 等指标数值),然后通过 MapInfo 导出测试区域的覆盖图。

干扰优化主要是排除 Cluster 内存在的上行干扰和下行干扰的问题。干扰问题分析包括上行干扰问题分析和下行干扰问题分析,存在干扰会影响测试的指标数值,严重时会导致掉话和接入失败。通过 DT 测试中接收的 SINR 指标数据进行问题定位,通过后台处理软件导出相应的 SINR 的指标图,从指标图当中将 SINR 恶化区域标识出来,同时,结合检查恶化区域的下行覆盖 RSRP 指标情况,如果下行 RSRP 覆盖指标数值也差则认定为覆盖问题,在覆盖问题分析中加以解决。对于 RSRP 好而 SINR 差的情况,确认为下行干扰问题,分析干扰原因并加以解决。上行干扰问题通过扫频测试检查各个小区的底噪来进行判断。在确定测试 Cluster 区域内无 UE 接入的情况下,对 LTE 的上行频段进行扫频测试,如果某一小区的底噪过高,则确认存在上行干扰问题,分析干扰原因并解决。

切换优化是在覆盖优化和干扰优化的基础上,对逻辑邻区关系配置以及切换相关参数进行优化,以便提高切换成功率。切换是一个重要的无线资源管理功能,是蜂窝系统独有的功能和关键特征,是为保证移动用户通信的连续性或者基于网络负载和操作维护等原因,将用户从当前的通信链路转移到其他小区的过程。切换过程的优化对任何一个蜂窝系统都是十分重要的,因为从网络效率的角度出发,用户终端处于不适合的服务小区时,不仅会影响自身的通信质量,同时也将增加整个网络的负荷,甚至增大对其他用户的干扰。在簇优化阶段,在覆盖优化和干扰优化的基础上,切换优化的主要应该针对邻区关系配置和相关切换参数来进行优化。

掉话率与接通率优化主要针对专项排查,解决掉话和接通方面的问题,进而提高掉话率和接通率。掉话性能与覆盖性能、干扰性能和切换问题相关,在分析时可首先应该对覆盖性能、干扰性能和切换性能进行相应的核查。硬件和软件故障也会导致掉话，因此对故障告警进行收集和处理可发现硬件和软件故障导致的掉话。测试终端故障也可导致掉话发生，由于测试终端不是无线网络的组成部分，因此在进行掉话率统计时应当排除手机的影响。接通率和覆盖、干扰性能相关(这部分可参考前面的干扰问题分析)，设备的硬件问题也会导致接入失败；接通率还和资源容量有关，如载频容量、无线资源、传输资源等，但是，由于在LTE簇优化阶段在网的UE数量有限，故资源容量造成的接入问题暴露得不是很明显。

告警和硬件故障排查主要用于解决告警故障和硬件问题。首先可以通过网管工具来查询对于基站是否存在的告警情况；其次，在测试过程中，若遇到无法正常接收到小区信号或者小区无法正常接入的情况，应该及时和核心机房的支持工程师取得联系，通过网管工具查看Cluster内具体基站或者具体小区的状态，在采取Lock/Unlock、小区重启以及基站重启等操作均无法解决问题后，可以与eNB维工程师联系，进站排查同时采取相应的维护措施。

3. 主要测试指标

根据工程优化阶段的不同，各项测试指标会有所侧重。

(1) 单站优化主要测试指标如表3.4.4所示。

**表3.4.4　单站优化主要测试指标**

| 测试项目 | 测试指标 | 测试说明 |
|---|---|---|
| 覆盖测试 | RSRP、SINR等 | 进行小区主要覆盖范围内的DT测试，考察小区覆盖是否正常，输出RSRP、SINR等单站路测地理化LOG和相关CDF分布曲线 |
| 切换测试 | 切换成功率 | 考察eNB站内、站间切换是否正常 |
| 天馈接反/接错测试 | PCI分布 | 通过考察各小区PCI覆盖区域与规划是否一致来检查是否存在小区天馈接反/接错情况 |
| PING时延 | PING时延 | 选择覆盖良好的点进行定点测试，输出PING时延时长。<br>覆盖良好点：被测小区内RSRP＞－90 dBm，SINR＞20 dB，记录PING时延和PING成功率 |
| FTP下载 | 吞吐率 | 覆盖良好点：被测小区内RSRP＞－90 dBm，SINR＞20 dB，考察FTP下载速率 |
| FTP上传 | 吞吐率 | 覆盖良好点：被测小区内RSRP＞－90 dBm，SINR＞20 dB，考察FTP上传速率 |

(2) 区域优化(分簇、分区和全网)测试指标如表3.4.5所示。

**表3.4.5　区域优化主要测试指标**

| 测试项目 | 测试指标 | 测试说明 |
|---|---|---|
| 覆盖测试 | 考察网络覆盖指标，明确全网覆盖情况 | 输出RSRP，SINR等全网路测的CDF分布曲线 |
| 连接建立成功率与连接建立时延测试 | 连接建立成功率 | 连接建立成功率＝成功完成连接建立次数/终端发起分组数据连接建立请求总次数 |
|  | 连接建立时延 | 连接建立时延＝终端发出RRC Connection Reconfiguration Complete的时间至终端发出第一条RACH preamble的时间 |

续 表

| 测试项目 | 测试指标 | 测试说明 |
|---|---|---|
| 掉线率测试 | 掉线率 | 掉线率＝掉线次数/成功完成连接建立次数 |
| 切换成功率测试 | 切换成功率 | 切换成功率＝切换成功次数/切换尝试次数 |
| 切换时延测试 | 切换时延 | 切换控制面时延：控制面切换时延从 RRC Connection Reconfiguration 到 UE 向目标小区发送 RRC Connection Reconfiguration Complete<br>切换用户面时延：下行从 UE 接收到原服务小区最后一个数据包到 UE 接收到目标小区第一个数据包时间；上行从原小区接收到最后一个数据包到从目标小区接收到的第一个数据包时间。最后一个数据包指 L3 最后一个序号的数据包 |
| 用户平均吞吐率测试 | 吞吐率 | 路测方式测试单个用户的上下行平均吞吐率 |
| 重叠覆盖率 | 重叠覆盖比例 | 重叠覆盖率＝重叠覆盖度≥3 的采样点/总采样点×100％<br>其中，重叠覆盖度：路测中与最强小区 RSRP 的差值大于－6 dB 的邻区数量，同时最强小区 RSRP≥－100 dBm |

## 三、CDS 的前台测试

### （一）视图管理

1. 视图配置

在导航栏单击可打开视图管理器，视图管理器包括两个管理区：

（1）视图（视图管理区）。对于单个类型的视图窗口进行分类管理。

（2）视图页（视图页管理区）。对于视图页进行分类管理，一个视图页是若干视图的集合。

2. 添加视图

选中视图管理器中的某个视图，双击该视图或将其拖拽至显示页视图界面的某个区域中，视图将自动打开并直接锁定在当前显示页的这个区域中。

CDS 也提供了默认的视图页配置，初次使用时，用户也可在视图页管理器中选择默认视图页 LTE Demo，双击打开并导入视图配置。

工作区可保存视图的配置，在打开已有的工作区后，对应的视图将自动导入。

数据回放期间，视图可载入全部或部分数据，其时间范围与回放区间一致。

3. 视图布局与调整

如图 3.4.20 所示，用双击方式添加一个视图后，视图在用户界面上处于浮动状态，鼠标左键拖动视图标题栏，用户界面上将显示出表示区域位置的浮标按钮，将鼠标移动至浮标按钮上释放，视图将固定到对应区域。

（1）外围上、下、左、右四个按钮，表示在整个显示页的上、下、左、右四个方向切出一半作为新的区域；

（2）区域内的上、下、左、右四个按钮，表示在所处区域的上、下、左、右四个方向切出一半作为新的区域；

（3）区域中间按钮表示将视图放置在所处区域；

（4）区域左上按钮表示将视图由固定方式转换为浮动方式；

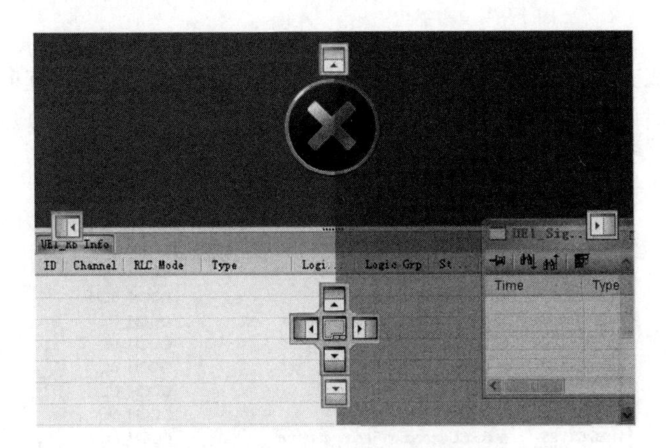


图 3.4.20　视图布局调整窗口

(5) 区域右上按钮表示关闭视图。

用拖拽方式也可添加一个视图，将视图拖拽至用户界面上，会直接显示出表示区域位置的浮标按钮，如图 3.4.21 所示。

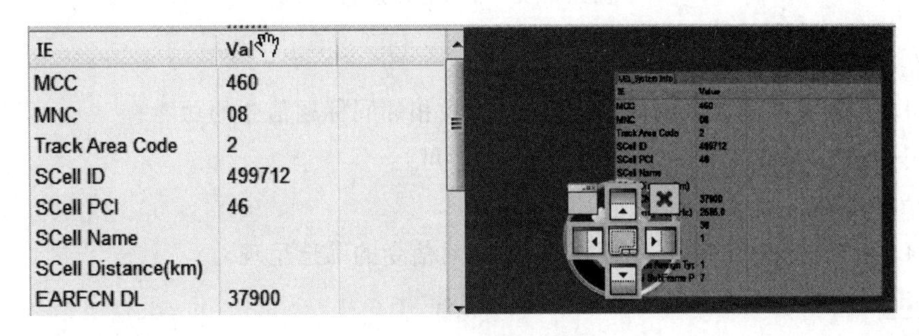


图 3.4.21　视图拖拽示意图

对已固定至某一区域的视图，将鼠标放置在视图顶部中间位置，当鼠标显示为“”时，鼠标左键拖拽即可移动视图。

4. 栅格视图

以表格形式显示信息元素(IE)值，在实测或动态回放数据时表格显示最新的测量值，在数据回放暂停时显示同步时间点前测量值的最后结果。

在资源管理器的 IE 列表中选中一个或多个 IE，将其拖入已存在的栅格视图中，如图 3.4.22 所示，鼠标停留的单元格将变为黄色，在鼠标旁边同时显示出 $N*2$ 的数字，表示新拖入的数据占用的行列数量(每个 IE 占用一行，第一列为 IE 的名称，第二列为 IE 的测量值)；释放鼠标，即可完成栅格视图数据的添加。

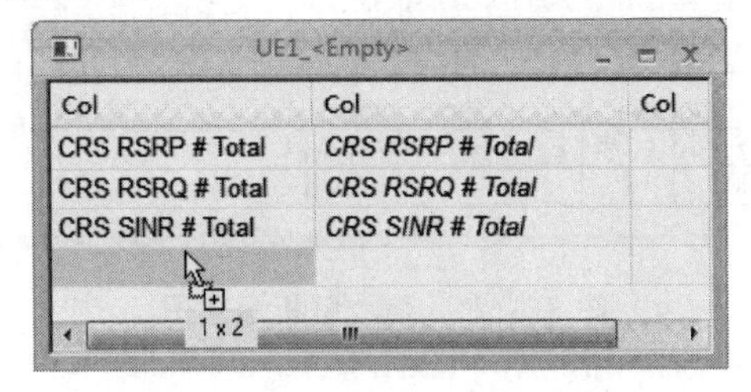


图 3.4.22　栅格视图添加示意图

5. 信令视图

信令视图以列表方式显示采集的空口及 NAS 层信令，包括信令的方向（信令标题前的箭头图标）、信令采集时间（PC 时间戳）、信令标题、信令（协议）类型，如图 3.4.23 所示。

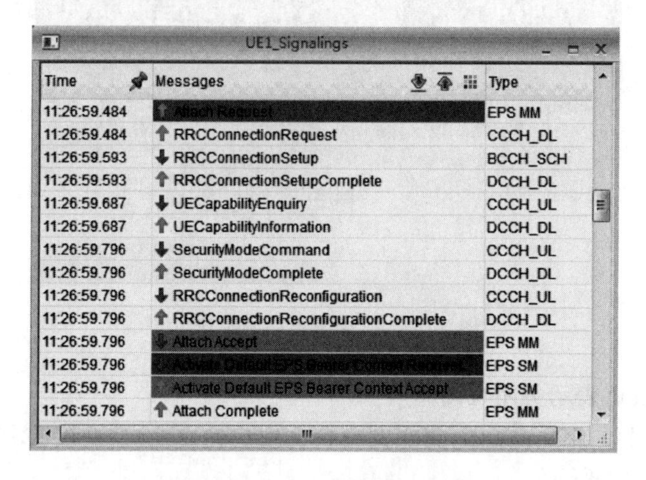


图 3.4.23 信令视图示意图

（1）信令查找

CDS LTE 提供在回放区间内向上/向下查找相邻同标题信令的功能。

在信令视图中选中任一信令，单击 / 即可。

（2）信令筛选

CDS LTE 通过配置信令显示模板，可完成对信令的筛选呈现。

单击 可完成对信令显示模板的配置与选择。

（3）信令详细解码

在信令视图内鼠标双击任一条信令将弹出其对应的详细解码窗口，此时单击信令视图中另外一条信令，详细信息窗口显示的解析内容会同步切换，如图 3.4.24 所示。

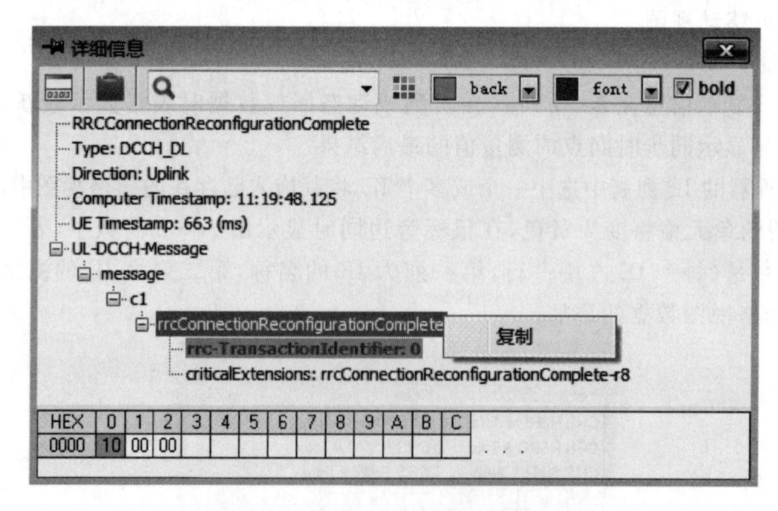


图 3.4.24 信令解析示意图

单击 可锁定当前详细解码窗口，此时双击信令视图中的其他信令将打开新的详细解码窗口。

信令详细解码窗口也提供复制、查找等功能。

(4) 信令标记

CDS LTE 提供对重要信令中的关键字段突出显示的功能，方便用户的查找和分析。

单击▦选择背景色、字体颜色、粗体等显示方式，双击需要突出显示的字段即可更改字段的显示方式。编辑后的配置会自动保存，只要在同一制式相同名称的信令详细信息中出现此字段，都会按照配置的方式突出显示。

(5) 信令比较

在信令视图内鼠标双击任意一条信令，弹出其对应的详细解码窗口，此时鼠标选中另一条希望比较的信令将其拖入已打开的详细解码窗口，窗口内将呈现两条信令详细解码的比较结果，如图 3.4.25 所示。

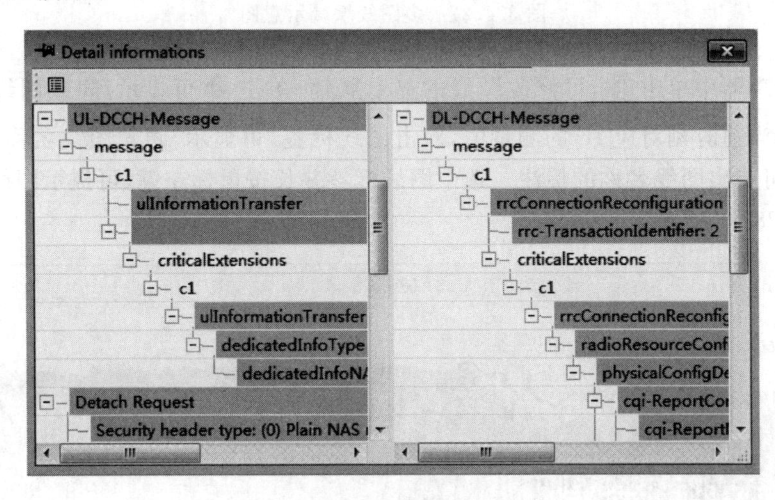


图 3.4.25　信令比较示意图

(6) 信令导出

在信令视图中，"Ctrl/Shift＋鼠标左键"选中一条或多条信令后，在右键菜单中选择"输出详细解码"，可将选中信令的详细解码信息导出并保存，文件格式为.txt。

6. Chart 视图

时间图用图线方式呈现测试数据随时间的变化趋势，如无线信号测量值 RSRP、SINR、吞吐量等 IE 均适用于时间图的呈现，如图 3.4.26 所示。

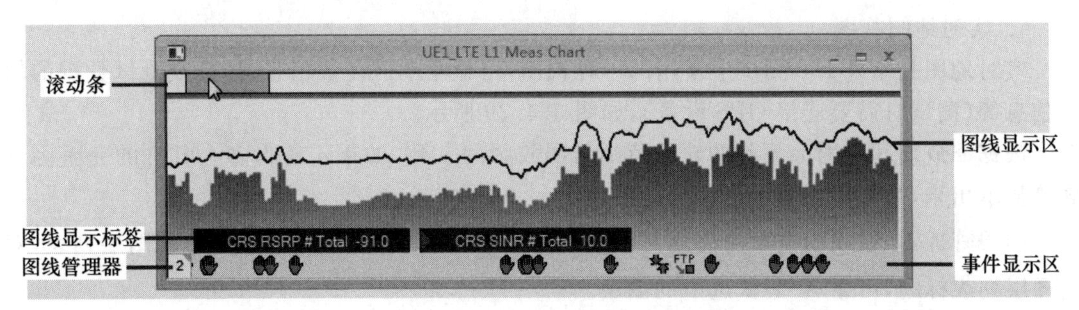


图 3.4.26　时间图示意图

(1) 图线显示

时间图支持添加多条图线,在资源管理器的 IE 列表中选中一个或多个 IE,拖入时间图中释放,即可完成添加图线;在图线管理栏中鼠标选中图线后拖拽到管理栏外,图线将被删除,如图 3.4.27 所示。

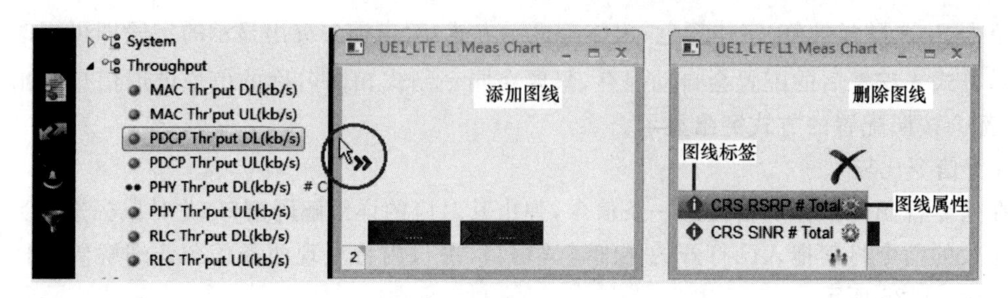


图 3.4.27　多图线增减示意图

在图线管理器中单击,可修改图线的显示属性;单击可显示/隐藏图线标签。图线标签默认显示当前时刻对应 IE 的测量值,双击图线标签,可显示/隐藏图线名称;将鼠标移至图线标签,也可弹出图线名称的标注。选中图线标签并长按鼠标左键,可提示图线的坐标轴范围,如图 3.4.28 所示。

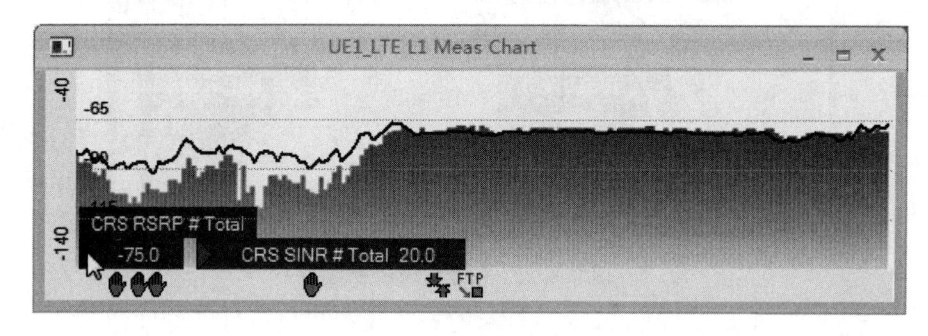


图 3.4.28　坐标轴提示示意图

(2) 事件显示

用户可选择在时间图底部显示事件图标。在图线管理器中选择弹出菜单,菜单列出了 CDS 中已定义的所有事件组,选择希望显示的事件组。如果选择〈None〉表示不显示任何事件,相应的区域也将被隐藏。

7. 实时地图视图

实时地图是室外 DT 测试中常用的一种视图,可显示小区位置信息、地图及测试数据的轨迹信息等(测试时需要连接 GPS 设备),如图 3.4.29 所示。

数据回放期间地图上显示的轨迹范围与回放区间一致,如果希望将多个日志的完整测试轨迹显示出来,需要使用后台提供的地图模块。

图层管理器:在视图左下角缩成一个小按钮,单击展开显示当前地图中的图层列表,双击图层列表标题,可显示/隐藏选中的图层。

图例快捷标签:提供快速展开/收缩图例窗口的操作,在图层管理器中单击可显示/隐藏对应图层的图例快捷标签。

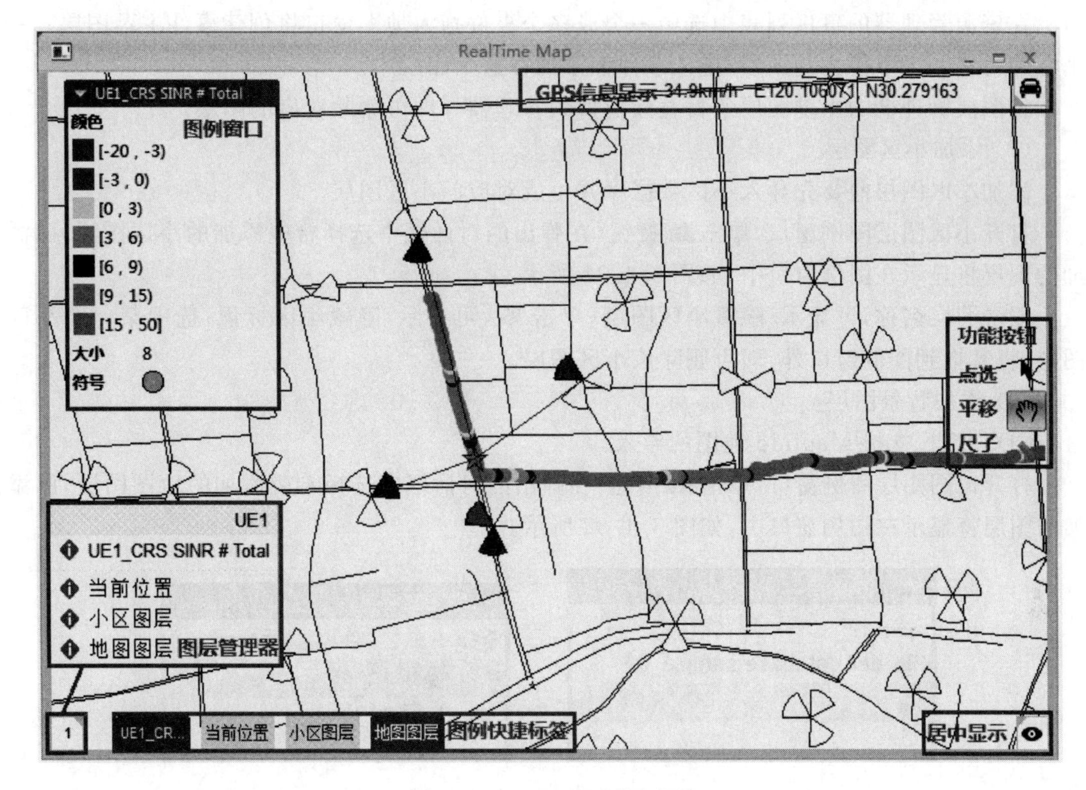


图 3.4.29　实时地图示意图

图例窗口:图例窗口与图层对应,不同图层提供了不同内容的图例窗口。

GPS 信息显示:在视图顶部靠右位置显示当前位置的经纬度、车速和高度信息,可单击视图右上角的图标勾选需要显示的信息。

当前位置:在视图上以☆标识。

(1) 添加测试数据轨迹

在资源管理器的 IE 列表中选中一个或多个 IE 数据,将其拖入地图窗口即可,在图层管理器中每个 IE 数据对应一个 IE 主题图层,如图 3.4.30 所示。

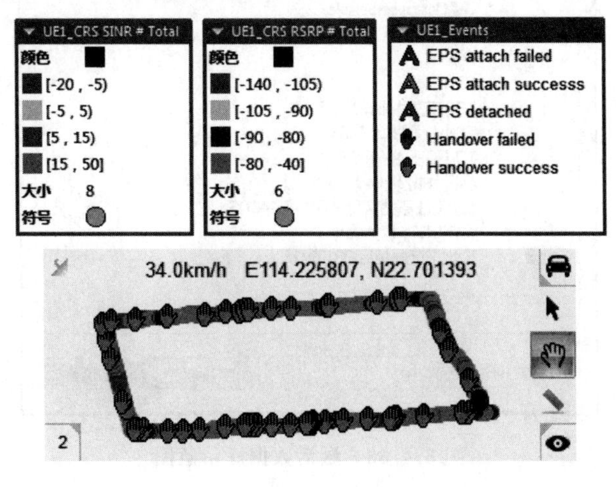


图 3.4.30　图层显示示意图

在资源管理器的事件列表中选中一个或多个事件拖入地图窗口将创建事件主题图层。一个终端对应一个事件主题图层，拖入事件都添加在这个图层中。

将图层管理器的主题图层条目直接拖拽到管理器外即可删除对应的图层。

(2) 添加小区图层

添加小区图层前要先导入小区数据库并生成对应的小区图层。

打开小区图层图例窗口，单击按钮，在弹出的对话框中选择希望添加的小区图层，已添加的图层将显示在图例窗口中，如图 3.4.31 所示。

双击图层名称，可显示/隐藏小区图层；单击，可显示/隐藏小区标识；选中某一个小区图层，将其拖到图例窗口外，即可删除该小区图层。

(3) 添加背景图层

CDS LTE 支持 MapInfo 地图的导入。

打开地图图层图例窗口，单击按钮，在弹出的对话框中选择希望添加的地图图层，已添加的图层将显示在图例窗口中，如图 3.4.32 所示。

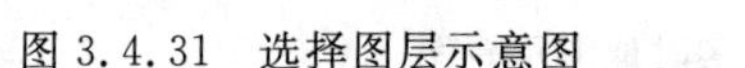

图 3.4.31　选择图层示意图　　图 3.4.32　添加图层示意图

双击图层名称，可显示/隐藏地图；单击，可显示/隐藏道路名称；选中某一个或几个图层，将其拖到图例窗口外，即可删除该地图图层。

(4) 服务小区及邻小区连线设置

此操作需在设备连接前，CDS 处于 Idle 状态下完成，共有两个步骤。

第一步：单击工具—小区数据库选择，激活一个或多个小区数据库，如图 3.4.33 所示。

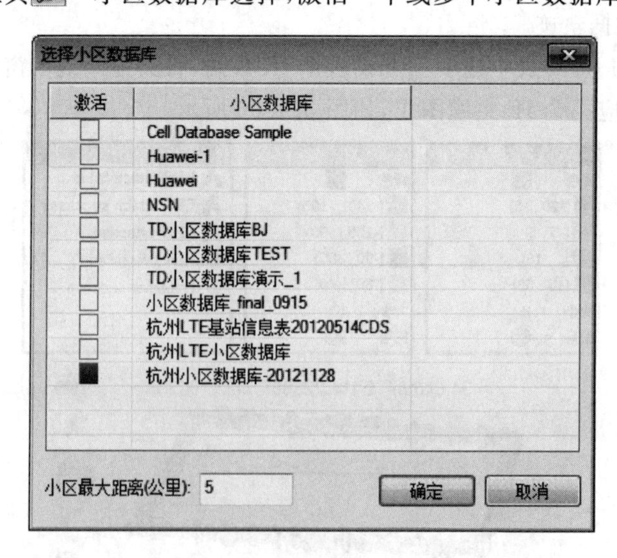


图 3.4.33　激活数据库示意图

第二步：在图层管理器中打开“当前位置”对应的图例窗口，设置服务小区和邻小区的颜色配置，并设置是否需要拉线显示，如图 3.4.34 所示。

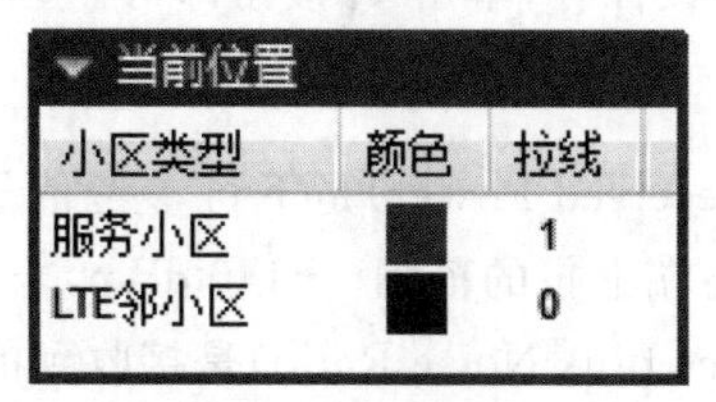


图 3.4.34　小区颜色配置示意图

注：在选择小区数据库时，用户可自定义小区的最大覆盖距离，超出此距离的邻区，在邻区列表中不会自动匹配小区的名称或显示小区的距离。

(5) 测试数据显示设置

CDS 对常用的 IE 数据，如 RSRP、RSRQ、RSSI、SINR 等，提供了默认的显示风格，包括颜色、大小、符号及分段区间，用户也可根据需要自定义 IE 数据的显示风格。

① 打开 IE 列表管理器，选中指定的 IE，以 RSRP 为例。

② 在 IE 列表管理器的下方，将呈现 RSRP 对应的默认显示风格，分为颜色、大小、符号三个管理页，如图 3.4.35 所示。

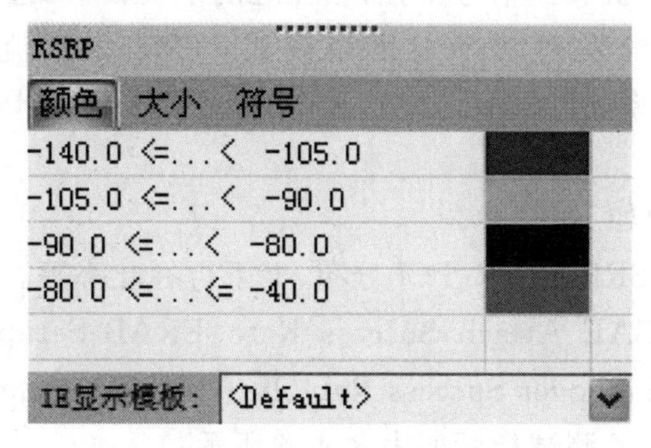


图 3.4.35　RSRP 颜色配置示意图

③ 选择“颜色”，在 IE 风格显示区内双击鼠标左键，弹出显示设置对话框，可对 RSRP 的分段区间及颜色进行设置，如图 3.4.36 所示。

图 3.4.36　RSRP 分区颜色配置示意图

④ 将自定义的 RSRP 显示风格保存，可覆盖〈Default〉模板，也可在输入框中输入模板名称，自定义模板保存，单击按钮即可。

### (二) 关注指标项

RSRP(Reference Signal Received Power)是下行参考信号的接收功率，可以用来衡量下行的覆盖。3GPP 协议中规定终端上报的范围(－140 dBm，－44 dBm)。

SINR(Signal to Interference plus Noise Ratio)是接收到的有用信号的强度与接收到的干扰信号(噪声和干扰)的强度的比值，可以简单地理解为"信噪比"。

RSRQ(Reference Signal Received Quality)主要衡量下行特定小区参考信号的接收质量，范围为－19.5～3 dB。随着网络负荷和干扰发生变化，负荷越大，干扰越大，RSRQ 测试值越小。

MCS(Modulation and Coding Scheme)是调制与编码策略。0～9 阶是 QPSK，10～16 阶是 16QAM，17～29 阶是 64QAM，29、30、31 分别是 QPSK、16QAM、64QAM 的误码率。

RSSI(Received Signal Strength Indication)是接收的信号强度指示，是无线发送层的可选部分，用来判定链接质量，以及是否增大广播发送强度。RSSI 的正常范围为(－90 dBm，－25 dBm)。RSSI 过低(<－90 dBm)，说明手机收到的信号太弱，可能导致解调失败；RSSI 过高(>－25 dBm)，说明手机收到信号太强，相互之间干扰较大，也会影响解调。

PUSCH Power(UE 的发射功率)、传输模式(TM3 为双流模式)、Throughput DL，Throughput UL 上下行速率、掉线率(ERAB Abnormal Release)、切换成功率(Handover Success)等。

路测中，常用的测试项如下：

- 空口覆盖。包括 RSRP、SINR、PCI 分布、上下行吞吐率等。
- KPI。包括 LTE/SAE Attach Success Rate、ERAB Setup Success Rate、Call Drop Rate、Intra-LTE Handover Success Rate、Intra-LTE Handover Delay 等。

网络验收中设计的 CQT 测试指标如表 3.4.6 所示。

**表 3.4.6 CQT 测试指标**

| 指标分类 | 指标名称 |
|---|---|
| 可接入性 | 主叫接通率 |
| | 被叫接通率 |
| | PDP 激活成功率 |
| 保持性 | 掉话率 |
| 服务完整性 | 上行 BLER 偏高率 |
| | 下行 BLER 偏高率 |
| | 语言客观评价(MOS) |
| 时延 | 呼叫建立时延 |
| | PING 包 RTD 时延 |
| | 业务中断时延 |

### (三) 切换事件与相关参数

1. 切换事件

- 事件 A1:用于停止异频/异系统测量,当服务小区质量高于指定门限时触发。这个事件可以用来关闭某些小区间的测量。
- 事件 A2:用于启动异频/异系统测量,当服务小区质量低于指定门限时触发,因为这个事件发生后可能发生切换等操作。
- 事件 A3:用于触发同频切换。当邻区质量高于服务小区质量一定偏置量时触发 UE 上报;这个事件发生可以用来决定 UE 是否切换到邻居小区。
- 事件 A4:用于触发异频切换。当邻区质量高于指定门限时 UE 上报 A4 事件。

2. 切换相关参数

- CIO(小区偏移量):通过修改该值可以优化调整切换带。该值越大越容易向邻区切换,越小越不容易切向邻区。
- 小区偏置:控制小区重选。该值越大越不容易重选到邻区,越小越容易重选到邻区。
- 同频切换幅度迟滞:表示同频切换测量事件 A3 的迟滞,可减少由于无线信号波动导致的同频切换事件的触发次数,降低乒乓切换以及误判。该值越大,乒乓切换和误判率越低。
- 同频切换时间迟滞:表示同频切换测量事件 A3 的时间迟滞。
- 同频切换偏置:表示同频切换中邻区质量高于服务小区的偏置值。

### (四) 子帧配置

子帧配置如图 3.4.37 所示,特殊子帧配置如表 3.4.7 所示。

| 上行-下行配置 | 上行-下行转换周期 | 子帧号 | | | | | | | | | |
|---|---|---|---|---|---|---|---|---|---|---|---|
| | | 0 | 1 | 2 | 3 | 4 | 5 | 6 | 7 | 8 | 9 |
| 0 | 5 ms | D | S | U | U | U | D | S | U | U | U |
| 1 | 5 ms | D | S | U | U | D | D | S | U | U | D |
| 2 | 5 ms | D | S | U | D | D | D | S | U | D | D |
| 3 | 10 ms | D | S | U | U | U | D | D | D | D | D |
| 4 | 10 ms | D | S | U | U | D | D | D | D | D | D |
| 5 | 10 ms | D | S | U | D | D | D | D | D | D | D |
| 6 | 5 ms | D | S | U | U | U | D | S | U | U | D |

图 3.4.37 子帧配置

**表 3.4.7 特殊子帧配置**

| 特殊子帧配置 | Normal CP | | |
|---|---|---|---|
| | DwPTS | GP | UpPTS |
| 0 | 3 | 10 | 1 |
| 1 | 9 | 4 | 1 |
| 2 | 10 | 3 | 1 |

续表

| 特殊子帧配置 | Normal CP | | |
|---|---|---|---|
| | DwPTS | GP | UpPTS |
| 3 | 11 | 2 | 1 |
| 4 | 12 | 1 | 1 |
| 5 | 3 | 9 | 2 |
| 6 | 9 | 3 | 2 |
| 7 | 10 | 2 | 2 |
| 8 | 11 | 1 | 2 |

### (五) TM 传输模式

TM1,单天线端口传输,主要应用于单天线传输的场合,室分场景。

TM2,开环发射分集,适合于小区边缘信道情况比较复杂,干扰较大的情况,有时候也用于高速的情况,分集能够提供分集增益,2 个天线传送相同的数据。

TM3,开环空间复用,适合于终端(UE)高速移动的情况,2 个天线传送不同的数据。

TM4,闭环空间复用,适合于信道条件较好的场合,用于提供高的数据率传输。

TM5,MU-MIMO 传输模式(下行多用户 MIMO),主要用来提高小区的容量。

TM6,闭环发射分集,闭环 Rank1 预编码的传输,主要适合于小区边缘的情况。

TM7,Port5 的单流 Beamforming 模式,主要也是小区边缘,能够有效对抗干扰。

TM8,双流 Beamforming 模式,可以用于小区边缘也可以应用于其他场景,R9 版本。

TM9,LTE-A 中新增加的一种模式,可以支持最大到 8 层的传输,主要为了提升数据传输速率,R10 版本。

## 四、CDS 后台软件的分析方法

我们可以利用后台分析插件对日志文件的测试数据进行深度处理。在软件左侧导航栏单击后分析插件按钮,即可弹出对应管理区,双击插件名称即可弹出分析窗口,用户可以将日志文件的测试数据进行进一步的分析处理,如图 3.4.38 所示。

图 3.4.38 后台功能菜单

- LTE 子帧信息录制：对于记录下的子帧级信息进行显示。
- 地理分析：以 Google Map 为地图背景的图形化分析。
- 地理分析：以 Maoinfo 图层为背景的图形化分析。
- 数据时间图：以时间区段为基准的数据分析。
- 统计 IE-距离关系：以距离为基准的分析。
- 统计 IE 数据：IE 数据全分析，提供了详细分析、PDF、CDF 等。
- 统计事件：事件全分析。
- 统计信令消息：信令全分析。

1. 统计 IE 数据

打开数据分析窗口，如图 3.4.39 所示。

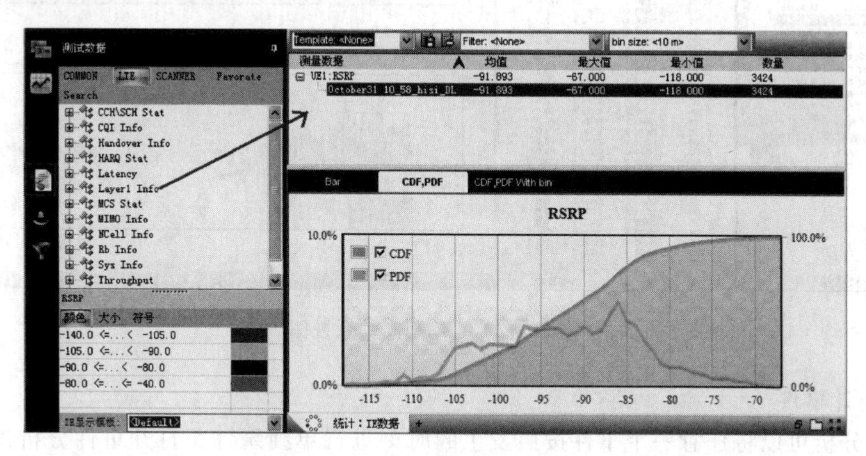


图 3.4.39　IE 数据统计视图

单击 IE 数据按钮，将 IE 数据拖动至分析窗口后，软件会自动完成分析，生成最大值、最小值、平均值、采样数量的统计，并根据原始数据生成对应的 CDF、PDF 图和 Bar 图等，如图 3.4.40 所示。

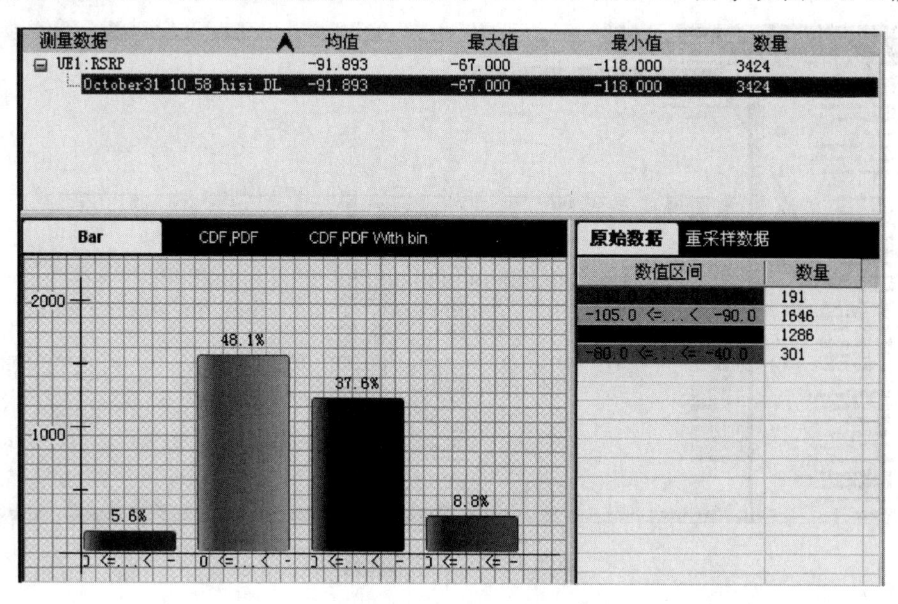


图 3.4.40　IE 数据统计

2. 统计 IE-距离关系

IE-与距离分析适用于各数据随距离变化单位分析。打开分析插件后，将 IE 数据需要统计的 IE 数据拖动至分析窗口，然后输入距离步长、频点、PCI 后，单击执行按钮，即可自动完成分析，如图 3.4.41 所示。

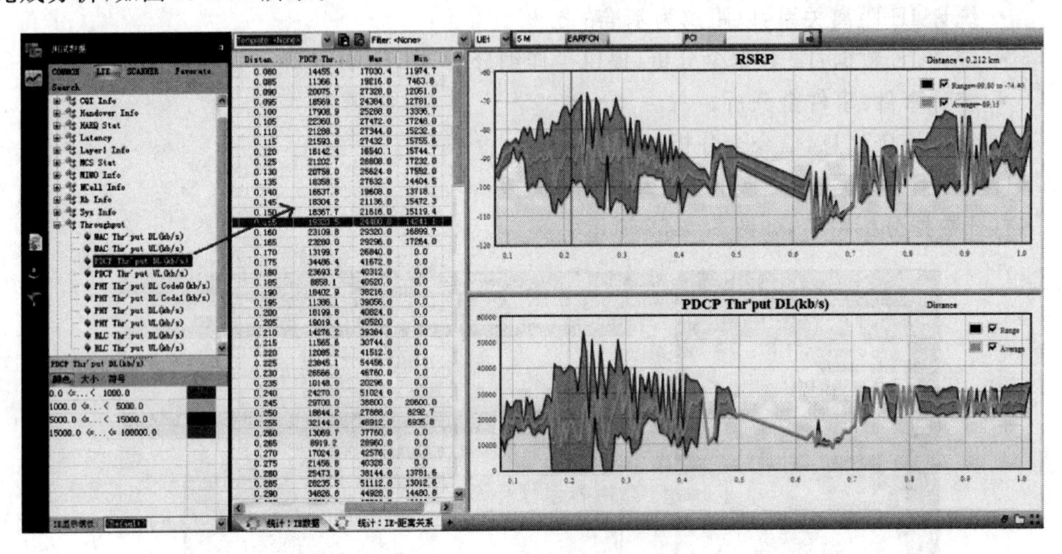


图 3.4.41　IE-距离关系视图

3. 统计事件

事件分析可以将任意一个事件按照发生的时刻进行单独统计。打开事件分析窗口后，从事件管理器中将对应事件拖动到分析窗口，即可完成分析操作。统计的结果，可以单击，进行保存。用户也可以在详细统计中的任意一行信息上双击，视图会立即同步跳转至视图显示窗口，如图 3.4.42 所示。

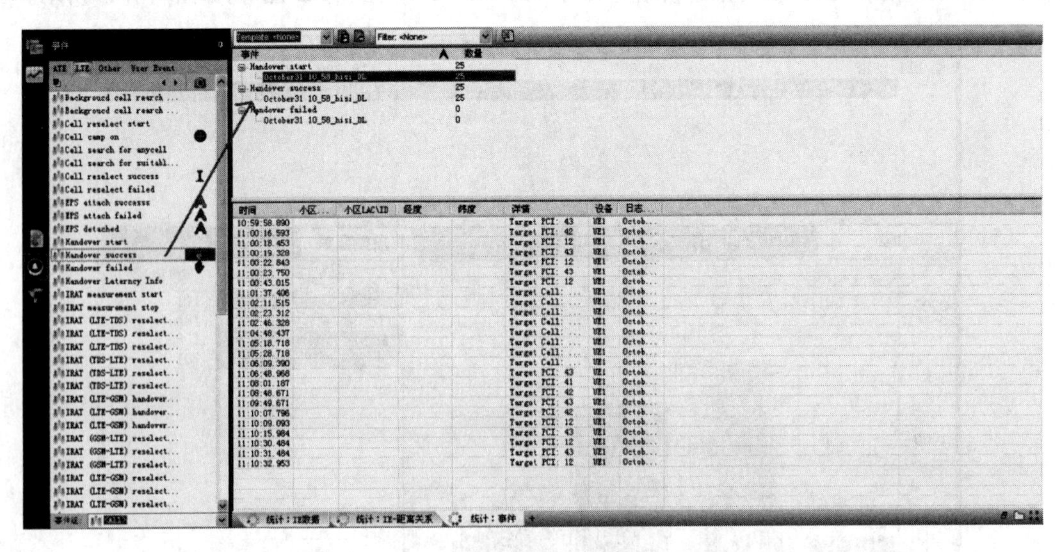

图 3.4.42　事件统计视图

4. 拉线图分析

后台分析时单击导航栏 地理分析: MapX 后，再单击左下角图层控制的按钮后出现 服务小区占用，出来的效果如图 3.4.43 所示，对我们日常优化分析比较有帮助。拉线的都是当前主覆盖小区，可以比较直观地看出测试区域基站的整体覆盖情况，然后通过分析拉线图调整天馈以及优化小区参数来控制小区覆盖，进而再去细化各项指标。

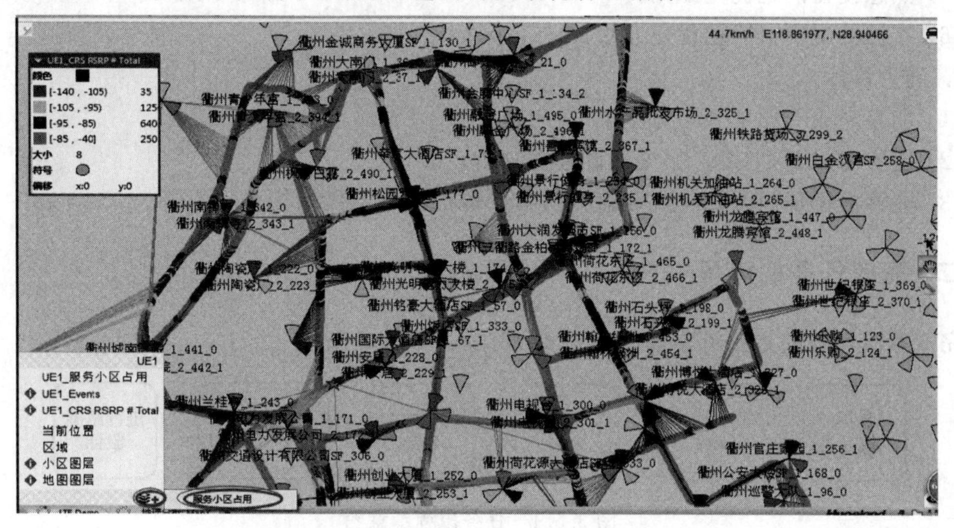


图 3.4.43　拉线图

# 任务 3.5　无线网络的优化调整

## 【任务描述】

针对覆盖的优化是网优工作的重要环节，也是具有代表性的一个环节。LTE 的覆盖优化主要是针对信号强度和合理网络拓扑。在系统的覆盖区域内，通过调整工程参数、功率及邻区关系等手段使最多区域的信号满足业务所需的最低电平的要求，尽可能利用有限的功率实现最优的覆盖，减少由于系统弱覆盖带来的用户无法接入网络或掉话、切换失败等问题。合理的网络拓扑是指每个小区有明确的覆盖范围，不出现越区覆盖的现象，重叠覆盖度在合理范围。请以某通信公司网络部的无线网优工程师的身份，根据测试数据分析结果完成覆盖类网络参数的优化与网络结构的合理调整。

## 【任务分析】

### 一、任务的目标

1. 知识目标

(1) 熟悉覆盖问题分类及定义；

(2) 掌握覆盖问题分析流程；

(3) 掌握覆盖问题相关参数含义及应用；

(4) 掌握覆盖问题相关指标含义及相应调整办法；

(5) 熟悉覆盖问题优化原则；

(6) 掌握典型覆盖问题优化办法。

2. 能力目标

(1) 能够完成 KPI 指标收集分析；

(2) 能够完成 DT、CDT 相关测试数据分析；

(3) 能够根据现网问题完成覆盖类网络参数优化和网络结构合理调整。

### 二、完成任务的流程

完成本次任务的主要流程如图 3.5.1 所示。

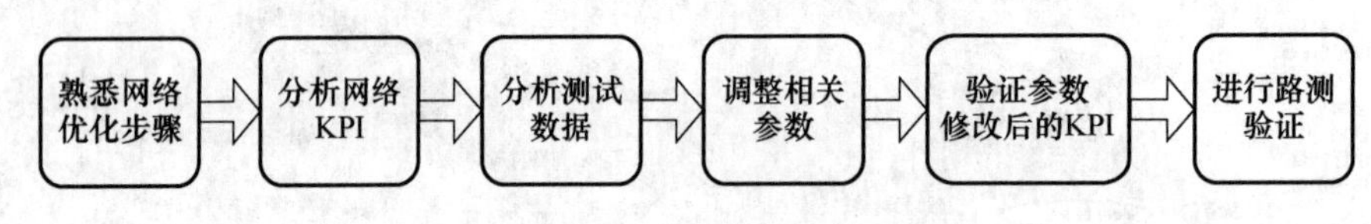


图 3.5.1　任务流程示意图

1. 在进行覆盖优化前需具备相关理论知识，首先需要对【知识链接与拓展】中提到的几个重要指标进行充分理解和熟悉，以达到灵活利用的目的。

2. 在进行覆盖优化工作前需要对【知识链接与拓展】中的覆盖问题分析流程进行熟悉，并对流程中涉及的知识点有全面的掌握。

3. 能够熟练运用 CDS 软件对采集的数据进行分析并完成相应的优化工作，可参考【技能训练】中的各个步骤。

### 三、任务的重点

本次任务的重点在于分析 KPI 和路测数据，并针对具体问题进行参数调整以达到优化目的。

## 【技能训练】

### 一、训练目的

通过完成具体问题的覆盖优化达到获取无线网络优化能力的目的。

### 二、训练用具

CDS 前后端数据分析工具。

## 三、训练步骤

### (一) 检查覆盖和干扰水平

下行覆盖采用 SINR 的 PDF 或 CDF 图形进行评估。如果 SINR 的分布较差,需要从 RF 优化的角度去提升 SINR 的分布,使之符合 RF 的验收要求。

上行覆盖采用 UE 测量到的下行导频的 RSRP(或路损 Pathloss=下行 RSRP-导频功率)作为覆盖的评估标准,RSRP 测量数据如图 3.5.2 所示。UE 测量到的 RSRP 是 UE 接收到的服务小区的下行导频 RS 信号质量,因此 RSRP 实际反映的是下行路损情况。在一般情况下,下行路损和上行路损是一致的。

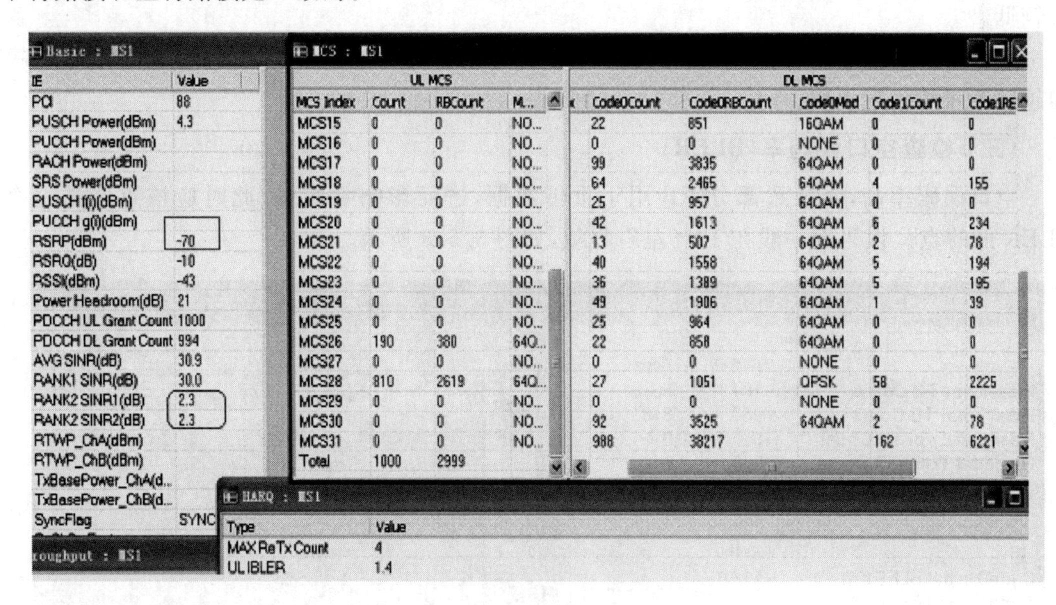

Basic : MS1

| IE | Value |
|---|---|
| PCI | 88 |
| PUSCH Power(dBm) | 4.3 |
| PUCCH Power(dBm) | |
| RACH Power(dBm) | |
| SRS Power(dBm) | |
| PUSCH f(i)(dBm) | |
| PUCCH g(i)(dBm) | |
| RSRP(dBm) | -70 |
| RSRQ(dB) | -10 |
| RSSI(dBm) | -43 |
| Power Headroom(dB) | 21 |
| PDCCH UL Grant Count | 1000 |
| PDCCH DL Grant Count | 994 |
| AVG SINR(dB) | 30.9 |
| RANK1 SINR(dB) | 30.0 |
| RANK2 SINR1(dB) | 2.3 |
| RANK2 SINR2(dB) | 2.3 |
| RTWP_ChA(dBm) | |
| RTWP_ChB(dBm) | |
| TxBasePower_ChA(d... | |
| TxBasePower_ChB(d... | |
| SyncFlag | SYNC |

MCS : MS1

| UL MCS | | | | DL MCS | | | | |
|---|---|---|---|---|---|---|---|---|
| MCS Index | Count | RBCount | M... | Code0Count | Code0RBCount | Code0Mod | Code1Count | Code1RE |
| MCS15 | 0 | 0 | NO... | 22 | 851 | 16QAM | 0 | 0 |
| MCS16 | 0 | 0 | NO... | 0 | 0 | NONE | 0 | 0 |
| MCS17 | 0 | 0 | NO... | 99 | 3835 | 64QAM | 0 | 0 |
| MCS18 | 0 | 0 | NO... | 64 | 2465 | 64QAM | 4 | 155 |
| MCS19 | 0 | 0 | NO... | 25 | 957 | 64QAM | 0 | 0 |
| MCS20 | 0 | 0 | NO... | 42 | 1613 | 64QAM | 6 | 234 |
| MCS21 | 0 | 0 | NO... | 13 | 507 | 64QAM | 2 | 78 |
| MCS22 | 0 | 0 | NO... | 40 | 1558 | 64QAM | 5 | 194 |
| MCS23 | 0 | 0 | NO... | 36 | 1389 | 64QAM | 5 | 195 |
| MCS24 | 0 | 0 | NO... | 49 | 1906 | 64QAM | 1 | 39 |
| MCS25 | 0 | 0 | NO... | 25 | 964 | 64QAM | 0 | 0 |
| MCS26 | 190 | 380 | 64Q... | 22 | 858 | 64QAM | 0 | 0 |
| MCS27 | 0 | 0 | NO... | 0 | 0 | NONE | 0 | 0 |
| MCS28 | 810 | 2619 | 64Q... | 27 | 1051 | QPSK | 58 | 2225 |
| MCS29 | 0 | 0 | NO... | 0 | 0 | NONE | 0 | 0 |
| MCS30 | 0 | 0 | NO... | 92 | 3525 | 64QAM | 2 | 78 |
| MCS31 | 0 | 0 | NO... | 988 | 38217 | | 162 | 6221 |
| Total | 1000 | 2999 | | | | | | |

HARQ : MS1

| Type | Value |
|---|---|
| MAX ReTx Count | 4 |
| UL IBLER | 1.4 |

图 3.5.2　RSRP 测量

1. RSRP 异常

定点测试时,建议选择好点,−65 dBm≥RSRP≥−80 dBm。如果距离天线很近的地方(在天线下方)RSRP 达不到−80 dBm,需要进行如下核查:

(1) 确认小区状态是否正常?有告警或是闭塞小区?

(2) 确认小区功率参数配置正确,LST PDSCHCFG。

(3) 宏站场景:确认天线是否存在问题?是否天线存在接反?天线的下倾角是否设置合理?

(4) 室分场景:确认分布系统是否存在问题,可以采取断开分布系统直接在 RRU 端口连小天线进行测试。

2. SINR 异常

定点测试时,建议选择好点,选择 SINR>20 的地方进行测试,在 RSRP 较好但是 SINR 异常时,需要核查:

(1) 闭塞邻区,看 SINR 的变化,如果闭塞邻区 SINR 变好,可以证明是同频干扰,需要核查 MOD3 干扰、重叠覆盖是不是过大,参数设置是否存在问题。

(2) 外部干扰。可以通过监控空闲状态 RSSI 和扫频进行问题定位。

### (二) 检查同频干扰的影响

当存在同频邻小区或者同频段的 2G/3G 信号时,邻小区的信号有可能会对本小区产生干扰,干扰严重时极度影响下行数传吞吐量。而且即便邻区没有用户接入,邻区的导频信号也会对本小区产生干扰。

此类问题最典型的现象就是无论怎么调节 UE 的位置来改变信号的接收质量,即便 RSRP 调整得非常高,UE 测量出的下行 SINR 也非常低。例如,本小区信号 RSRP 为 −77 dBm,信号非常好,但测出的 RANK2 的 SINR 仅有 1.64 dB,非常低。而此时邻区信号强度为 −83 dBm,和本小区的信号强度很接近,也就意味着干扰非常大,这将会导致 MCS 选阶较低。

如果发现有邻区干扰的情况,那么需要查看站点规划是否出现了异常,可能有 PCI 冲突和越区覆盖的情况出现。

### (三) 检查空口误码率(BLER)

空口误码率高,会导致部分 RB 用于重传数据,进而影响吞吐量,此时应该重新选一个 BLER 低的点。误码率一般在 10%左右收敛,如图 3.5.3 所示。

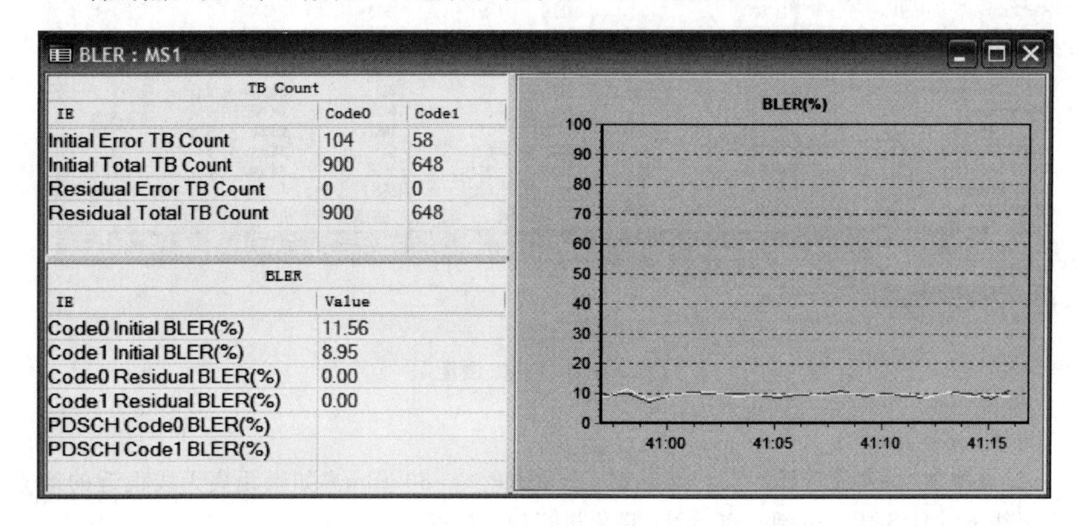


图 3.5.3 BLER 测量

若 DL Grant 和 RB 数都是调度充足,下一步需判断下行 BLER 是否收敛到目标值。目前下行的 BLER 目标值一般为 10%,5%~15%即认为 BLER 收敛。

如果要达到峰值,需要 BLER 为 0。

一般来说,在 SINR 较好的情况下 BLER 不高,主要是数据业务信道的 SINR 较差,数据业务信道受到干扰或上行存在干扰,而这种干扰一般来自同频干扰的邻小区,或是部分频段的外界干扰。

### (四) 检查 RSRP 过高的影响

在峰值测试中,虽然要求测试地点的 RSRP 与 SINR 要尽可能的好,但是也并不是说 RSRP 就没有了限制。通常我们规定的"近点"的 RSRP 要在 −75 dBm 以上,但也不要超过 −60 dBm。

这是因为终端接收到的功率过高的话会引起接收器件的削波，导致下行 SINR 降低，反而只会使得流量下降。并且，RSRP 很高也就意味着离基站的天线很近，那么收到同站邻区的干扰也可能增大，所以不建议在“极近点”进行测试。

一般情况下，RSRP 可以通过后台来减小功率或者加衰减器来消除影响。

### （五）检查上行干扰

在下行信号较好的情况下，上行吞吐率较低，UE 的发射功率较大，但是 MCS 的阶数没有达到 24(cat4、cat3 终端)、RB 调度不满，一般是因为上行可能存在干扰。

在空载时(UE 没有入网)，在 OMC 上打开小区性能检测中的 RSSI 统计监控，如图 3.5.4 所示。

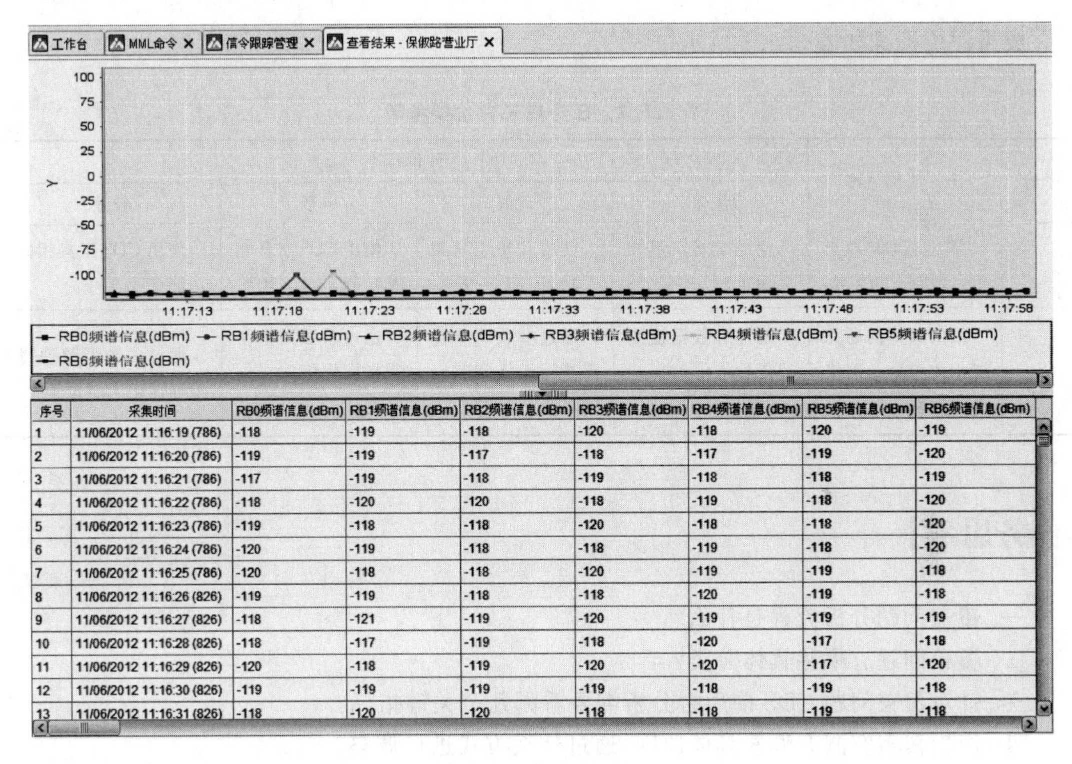


| 序号 | 采集时间 | RB0频谱信息(dBm) | RB1频谱信息(dBm) | RB2频谱信息(dBm) | RB3频谱信息(dBm) | RB4频谱信息(dBm) | RB5频谱信息(dBm) | RB6频谱信息(dBm) |
|---|---|---|---|---|---|---|---|---|
| 1 | 11/06/2012 11:16:19 (786) | -118 | -119 | -118 | -120 | -118 | -120 | -119 |
| 2 | 11/06/2012 11:16:20 (786) | -119 | -119 | -117 | -118 | -117 | -119 | -120 |
| 3 | 11/06/2012 11:16:21 (786) | -117 | -119 | -118 | -119 | -118 | -118 | -119 |
| 4 | 11/06/2012 11:16:22 (786) | -118 | -120 | -120 | -118 | -119 | -118 | -120 |
| 5 | 11/06/2012 11:16:23 (786) | -119 | -118 | -118 | -120 | -118 | -118 | -120 |
| 6 | 11/06/2012 11:16:24 (786) | -120 | -119 | -118 | -118 | -119 | -118 | -120 |
| 7 | 11/06/2012 11:16:25 (786) | -120 | -118 | -118 | -120 | -119 | -119 | -118 |
| 8 | 11/06/2012 11:16:26 (826) | -119 | -119 | -118 | -118 | -120 | -119 | -118 |
| 9 | 11/06/2012 11:16:27 (826) | -118 | -121 | -119 | -120 | -119 | -119 | -119 |
| 10 | 11/06/2012 11:16:28 (826) | -118 | -117 | -119 | -118 | -120 | -117 | -118 |
| 11 | 11/06/2012 11:16:29 (826) | -120 | -118 | -119 | -120 | -120 | -117 | -120 |
| 12 | 11/06/2012 11:16:30 (826) | -119 | -119 | -119 | -119 | -118 | -119 | -118 |
| 13 | 11/06/2012 11:16:31 (826) | -118 | -120 | -120 | -118 | -118 | -119 | -118 |

图 3.5.4　RSSI 测量

通过查看 RSSI 的值来判断是否存在上行干扰，需要说明的是关于 RSSI 读数问题，在判断是否存在上行干扰时需要保证对应扇区不存在入网终端，否则会因为扇区接收到的终端信号 RSSI 很高，导致无法做出判断。同时主分集的读数会有差距，通常相差约 5dB 以内认为是正常。

RSSI 是带内总信号强度指示，其理论上的计算值为

RSSI＝－174 dBm/Hz＋10 log10(BW)＋NF＋AD 量化误差

在单 RB 正常情况下的 RSSI 为－120 dBm 左右，20 MB 带宽内的 RSSI 为－98 dBm 左右，在 RSSI 跟踪中是按照 RB、系统带宽和物理天线端口进行 RSSI 统计的，随着 RB 值增加频率依次增加。

# 【任务评价】

## 一、任务成果

成果 1:掌握 CDS 工具前后台数据分析方法。

成果 2:根据具体问题完成相关参数及网络结构调整。

## 二、评价标准

成果评价标准如表 3.5.1 所示。

表 3.5.1 任务成果评价参考表

| 序号 | 任务成果名称 | 评价标准 | | | |
|---|---|---|---|---|---|
| | | 优秀 | 良好 | 一般 | 较差 |
| 1 | 掌握 CDS 工具后台数据分析方法 | 使用 CDS 工具相关功能 90%~100% | 使用 CDS 工具相关功能 70%~90% | 使用 CDS 工具相关功能 50%~70% | 使用 CDS 工具相关功能 50%以下 |
| 2 | 根据具体问题完成相关参数及网络结构调整 | 通过参数调整使得指标优化 90%~100% | 通过参数调整使得指标优化 70%~90% | 通过参数调整使得指标优化 50%~70% | 通过参数调整使得指标优化未超过 50% |

# 【任务思考】

一、覆盖问题分析流程是什么?

二、覆盖问题有哪些具体分类?

三、针对覆盖问题 CDS 前后台分析需要看哪几个关键指标?

四、产生覆盖空洞有哪些具体原因,通过什么方式进行调整?

五、弱覆盖、越区覆盖、重叠覆盖问题如何优化?

# 【知识链接与拓展】

## 一、覆盖问题的分类

移动通信网络中涉及的覆盖问题主要表现为四个方面:覆盖空洞、弱覆盖、越区覆盖和重叠覆盖,因此覆盖优化的主要目的就是减少弱覆盖,控制重叠覆盖。

1. 覆盖空洞

覆盖空洞是指连片站点中间出现信号强度较低或者根本无法检测到信号,从而使终端无法入网的区域,覆盖空洞的定义和 WCDMA 是类似的。具体判断可以利用测试得到最强小区的 RSRP 与设定的门限进行比较,则覆盖空洞定义为 RSRP<-120 dBm 的区域。图 3.5.5

是可能存在覆盖空洞场景的示意图。

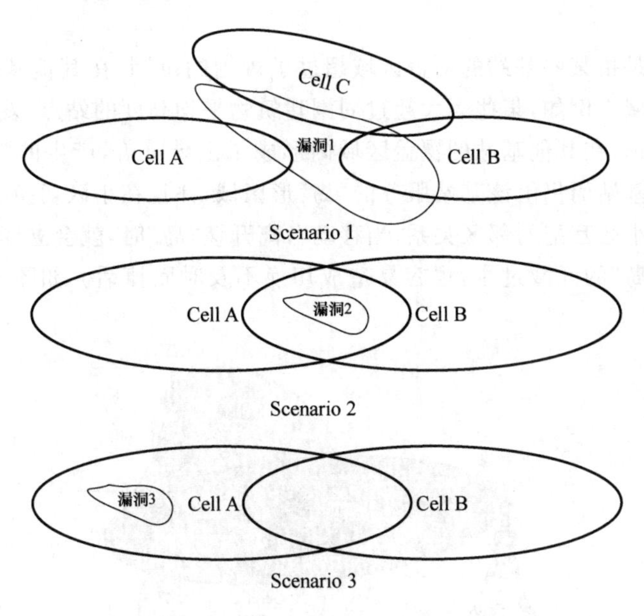


图 3.5.5　覆盖空洞示意图

通常覆盖空洞产生的主要原因有：

(1) 规划不合理,其他工程方面的因素导致实际站点与规划站点偏差较大,站点布局不合理,站点未开通；

(2) 站间距过大,站点过于稀疏；

(3) 天线下倾角过大；

(4) 天馈质量问题,天面空间受限导致挂高不足,天线方位角调整受限,天馈线接反或接错等；

(5) 山体或建筑物等障碍物遮挡。

2. 弱覆盖

弱覆盖一般是指有信号,但信号强度不足以保证网络能够稳定地达到要求的 KPI 指标的情况。主要表现为数据速率低,接通率不高,掉线率高,用户感知差等。弱覆盖区域定义为 RSRP<－100 dBm 的区域,弱覆盖区域必须满足服务小区及最强邻区的 RSRP 都小于－100 dBm 这个判断条件。弱覆盖与覆盖漏洞的场景一样,只是信号强度强于覆盖漏洞但是又不足够强,低于弱覆盖的门限。

导致弱覆盖的主要原因有：

(1) 站点未开通,站点布局不合理,实际站点与规划站点偏差较大；

(2) 实际工程参数与规划工程参数不一致,由于安装质量问题,出现天线挂高、方位角、下倾角、天线类型与规划的不一致,使得原本规划已满足要求的网络在建成后出现了很多覆盖问题；

(3) RS 功率配置偏低,无法满足网络覆盖要求；

(4) 天馈接反或接错；

(5) 邻区缺失,漏配或错配邻区；

(6) 硬件设备故障；

(7) 建筑物引起的阻挡。

3. 越区覆盖

越区覆盖一般是指某些基站的覆盖区域超过了规划的范围,在其他基站的覆盖区域内形成不连续的主导区域。例如,某些大大超过周围建筑物平均高度的站点,发射信号沿丘陵地形或道路可以传播很远,在其他基站的覆盖区域内形成了主导覆盖,产生的"岛"的现象。因此,当呼叫接入远离某基站而仍由该基站服务的"岛"形区域,并且在小区切换参数设置时,"岛"周围的小区没有与该小区互配的邻区关系,当移动台离开该"岛"时,就会立即发生掉话。即便是配置了邻区,由于"岛"的区域过小,也容易造成切换不及时而掉话。如图 3.5.6 所示,Cell A 为越区覆盖小区。

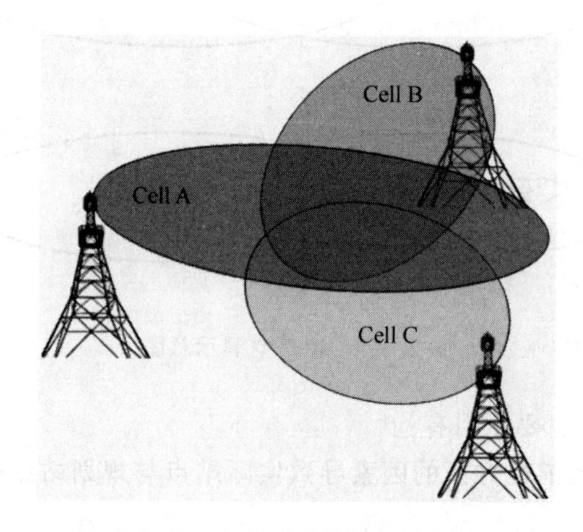


图 3.5.6 越区覆盖问题示意图

越区覆盖可能是由站点高度或者天线倾角不合适导致的。越区覆盖的小区会对邻近小区造成干扰,从而导致容量下降。产生越区覆盖的主要原因有:

(1) 站点高度过高;

(2) 天线下倾角设置不合理;

(3) 基站发射功率过高。

除上述原因外,还可能由一些特殊场景的传播环境导致,例如:

(1) 对于一些沿道路方向覆盖的小区,非常容易产生街道波导效应,信号可能沿街道覆盖到很远的地方。

(2) 江河、海湾的两岸,无线传播环境良好,信号很难控制,也非常容易产生这种越区覆盖问题。

4. 重叠覆盖

重叠覆盖问题是指多个小区存在深度交叠,RSRP 比较好,但是 SINR 比较差,或者多个小区之间乒乓切换用户感受差,如图 3.5.7 所示。重叠覆盖产生原因主要是城区内站点分布比较密集,信号覆盖较强,基站各个天线的方位角和下倾角设置得不合理,造成多小区重叠覆盖。典型的重叠覆盖区域有:高楼、宽的街道、高架桥、十字路口、水域周围的区域。

一般通过设置 SINR 的门限,或根据与最强小区 RSRP 相差在一定门限(一般 6 dB)范围以内的邻区个数在 3 个以上。此种方式是在排除弱覆盖的前提下,因为弱覆盖也会导致 SINR 比较差。

重叠覆盖率过高,会导致用户体验差,出现频繁切换,业务速率不高等现象。

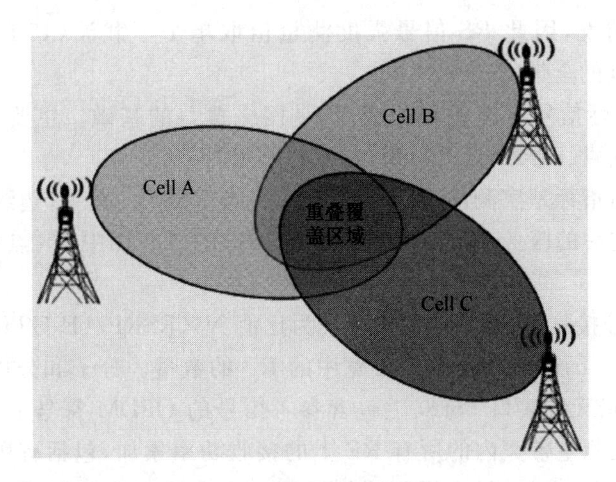


图 3.5.7　重叠覆盖示意图

## 二、覆盖问题的分析流程

1. 基础数据采集

在进行 LTE 覆盖分析之前，需获取优化目标区域的规划方案、站址分布、基站配置、天馈配置、RS 功率和业务负荷特点等基础数据。然后获取现网数据的信息，进行对比分析，找出覆盖问题可能存在的区域。

LTE 覆盖优化的初始阶段需研究规划方案和基础数据，掌握网络中的主要配置信息。需要掌握的基础信息包括：

(1) 规划数据(包含 PCI 规划、PRACH 规划等)；

(2) 基站物理信息(包括基站名称、编号、MCC、MNC、TAC、经纬度、天线挂高、方位角、下倾角、发射功率、中心频点、系统带宽、天线通道数等)；

(3) 基站开通信息表、告警信息表；

(4) 小区规划覆盖距离；

(5) 拟优化区域电子地图；

(6) 小区配置参数(包括接入、重选和切换参数、功率配置参数等)；

(7) 小区指标统计；

(8) RSRP、RS SINR；

(9) 切换成功率；

(10) 小区吞吐率。

在覆盖优化正式开始前，需要对 KPI 进行分析梳理，以便发现覆盖区域存在的主要问题，做到有的放矢。

2. 覆盖指标

(1) RSRP

RSRP(参考信号接收功率)在协议中的定义为在测量频宽内承载 RS 的所有 RE 功率的线性平均值。在 UE 的测量参考点为天线连接器，UE 的测量状态包括 RRC_IDLE 态和 RRC_CONNECTED 态。

说明：LTE 系统区别于以往 GSM、TD-SCDMA、WCDMA 系统，其采用 OFDM 技术，存在多子载波复用的情况，因此 RS 信号强度测量值取单个子载波(15 kHz)的平均功率，即 RSRP，而非整个频点的全带宽功率。

RSRP 代表了实际信号可以达到的程度，是网络覆盖的基础。主要与站点密度、站点拓扑、站点挂高、工作频段、EIRP、天线倾角/方位角等相关。

常用的覆盖评估指标是实测的平均 RSRP 和边缘 RSRP。其中，边缘 RSRP 为通过测试工具统计地理化平均后的服务小区或者 1 st 小区 RSRP CDF 图中 5%点的值。

(2) RSRQ

RSRQ(参考信号接收质量)在协议中定义为比值 $N\times$RSRP/(E-UTRA carrier RSSI)，其中 $N$ 表示 E-UTRA carrier RSSI 测量带宽中的 RB 的数量。分子和分母应该在相同的资源块上获得。RSSI 是指天线端口 port0 上包含参考信号的 OFDM 符号上的功率的线性平均，首先将每个资源块上测量带宽内的所有 RE 上的接收功率累加，包括有用信号、干扰、热噪声等，然后在 OFDM 符号上即时间上进行线性平均。由上述定义可知，RSRQ 不但与承载 RS 的 RE 功率相关，还与承载用户数据的 RE 功率以及邻区的干扰相关，因而 RSRQ 是随着网络负荷和干扰发生变化，网络负荷越大，干扰越大，RSRQ 测量值越小。

(3) SINR

SINR(信号与干扰加噪声比)是所关注测量频率带宽内的小区，承载 RS 信号的无线资源的信号干扰噪声比。测量参考点是扫频仪的天线连接器。作为 CQI 反馈的依据，在业务调度中发挥重要作用。

SINR 是从覆盖上能够反映网络质量的比较直接的指标，SINR 越高，网络覆盖、容量、质量可能越好，用户体验也可能越好。满负荷下 SINR 与除 PCI 以外的所有 RF 因素相关，空载下 SINR 与 PCI 规划相关，且受其他所有 RF 因素影响。

SINR 评估指标主要是实测平均 SINR 和边缘 SINR。

3. 覆盖优化目标

LTE 网络建设初期的覆盖优化至少要满足以下的要求，随着网络的发展及规模的增加，相应的指标将适当提升。

(1) LTE FDD 无线网络覆盖及吞吐量指标初期优化目标

① 表 3.5.2 中数据均为 20 MHz 系统带宽，50%网络负荷情况下的标准。

**表 3.5.2 LTE FDD 无线网络优化指标要求**

| 指标 | 定义 | 场景要求 | 目标值 |
| --- | --- | --- | --- |
| RS-RSRP | 公共参考信号 RSRP>−100 dBm 的数据点的百分比 | 密集城区和一般城区规划覆盖区内 | ≥95% |
| RS-SINR | 公共参考信号 SINR>−3 dB 的数据点的百分比 | | ≥95% |
| 小区下行边缘速率 | 下行 MAC 层速率>4 Mbit/s 的百分比 | | ≥95% |
| 小区上行边缘速率 | 上行 MAC 层速率>1 Mbit/s 的百分比 | | ≥95% |
| 小区下行平均吞吐率 | 每个小区所有测试点的下行平均速率(Mbit/s) | | ≥35 |
| 小区上行平均吞吐率 | 每个小区所有测试点的上行平均速率(Mbit/s) | | ≥25 |

② RSRP 和 RS-SINR 指室外测量值。

③ 分公司可根据用户感知、场景的重要程度以及后续网络调整、优化难度，适当提高覆盖指标。

(2) TD LTE 无线网络覆盖及吞吐量指标优化目标

① 表 3.5.3 中要求只针对 TD LTE 连续覆盖区域。

表 3.5.3　TD LTE 无线网络优化指标要求

| 指标 | 定义 | 场景要求 | 目标值 |
|---|---|---|---|
| RS-RSRP | 公共参考信号 RSRP＞－105 dBm 的数据点的百分比 | 密集城区和一般城区规划覆盖区内 | ≥95% |
| RS-SINR | 公共参考信号 SINR＞－3 dB 的数据点的百分比 | | ≥95% |
| 小区下行边缘速率 | 下行 MAC 层速率＞1 Mbit/s 的百分比 | | ≥95% |
| 小区上行边缘速率 | 上行 MAC 层速率＞128 kbit/s 的百分比 | | ≥95% |
| 小区下行平均吞吐率 | 每个小区所有测试点的下行平均速率(Mbit/s) | | ≥18 |
| 小区上行平均吞吐率 | 每个小区所有测试点的上行平均速率(Mbit/s) | | ≥10 |

② 表格中数据均为 20 MHz 系统带宽，50%网络负荷情况下的标准。

③ RSRP 和 RS-SINR 指室外测量值。

4. 配置参数调整

在进行 LTE 覆盖优化中，需关注表 3.5.4 中的关键参数，重点了解各参数调整对网络性能的影响。当调整天线的方向角、下倾角、挂高等工程参数仍无法解决相应的覆盖问题时，可以考虑以下相关参数的调整。

表 3.5.4　覆盖类关键参数表

| 参数中文名称 | 参数功能简介 | 参数对网络性能的影响 |
|---|---|---|
| 下行参考信号功率 | 该参数表示下行参考信号的功率，该参数用作一个基准值，其他下行信道的功率设定，均以参考信号功率为基准 | 该参数如果设置过小，将会影响相应 Cell 的覆盖范围。该参数如果设置过大，对其他小区干扰加大，影响网络的整体性能 |
| PA 值 | 该参数表示 PDSCH 功率控制 PA 调整开关关闭且下行 ICIC 开关关闭时，PDSCH 采用均匀功率分配时的 PA 值 | RS 功率一定时，增大该参数，增加了小区所有用户的功率，提高小区所有用户的 MCS，但会造成功率受限，影响吞吐率；反之，降低小区所有用户的功率和 MCS，降低小区吞吐率。该参数的调整需考虑 PB 的同步调整 |
| PB 值 | 该参数表示 PDSCH 上 EPRE(Energy Per Resource Element)的功率因子比率指示，它和天线端口共同决定了功率因子比率的值。即 $\rho_B/\rho_A$，对每个 UE，不包含 RS 的 OFDM 符号中的 PDSCH 的 EPRE 与 RS 的 EPRE 之比为 $\rho_A$；包含 RS 的 OFDM 符号中的 PDSCH 的 EPRE 与 RS 的 EPRE 之比为 $\rho_B$ | 取值越大，在小区 RS 的功率不变的情况下，PDSCH RE 功率相对越大，在小区发射总功率相对越大；在小区发射总功率不变的情况下，PDSCH RE 功率相对越大，小区 RS 的功率相对越小。当小区发射总功率受限时，可以将其取较小值，保证小区 RS 的功率能够满足覆盖要求，信道估计性能良好，但传输数据的功率减小，接收端的 SINR 降低，数据解调的性能下降 |
| 最低接收电平 | 该参数表示小区最低接收电平，应用于小区选择准则(S 准则)的判决公式 | 增加某小区的该值，使得该小区更难符合 S 规则，更难成为适当小区，UE 选择该小区的难度增加，反之亦然。该参数的取值应使得被选定的小区能够提供基础类业务的信号质量要求 |
| 前导格式 | 该参数表示小区所使用的前导格式 | 不同的前导格式，对应于不同的小区半径：<br>小区半径≤1 400 m 时，对于 FDD，建议前导格式取值为 0～3，对于 TDD，建议前导格式取值为 0～4；<br>1 400 m＜小区半径≤14 500 m 时，建议前导格式取值为 0～3；<br>14 500 mm＜小区半径≤29 500 m 时，建议前导格式取值为 1～3；<br>29 500 m＜小区半径≤77 300 m 时，建议前导格式取值为 1、3；<br>77 300m＜小区半径≤100 000 m 时，建议前导格式取值为 3 |

5．覆盖问题分析流程及方法

RSRP是网络覆盖的基础，其主要影响因素有：站点密度、天线挂高、网络拓扑、发射功率、工作频段、方位角、下倾角、切换参数等。评价RSRP时，一般采用平均RSRP和边缘RSRP进行分析，根据预先设定的网络覆盖优化标准进行评估，若RSRP偏低，则可根据下述流程进行评估，典型的覆盖问题优化思路和流程如图3.5.8所示。

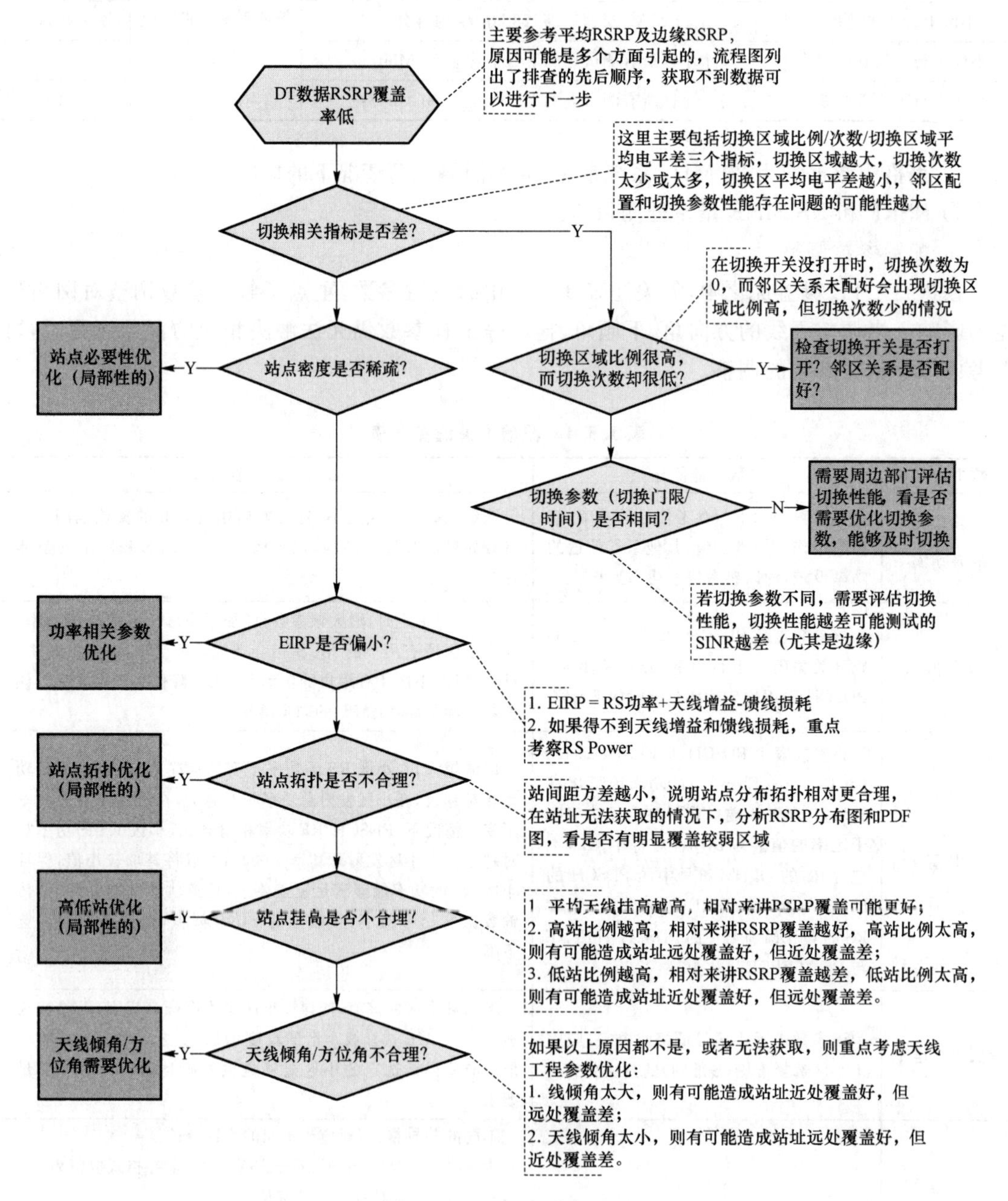


图3.5.8　RSRP分析流程

6．覆盖优化原则

原则1：先优化RSRP，后优化RS SINR。

原则2：覆盖优化的两大关键任务——消除弱覆盖（保证RSRP覆盖）；净化切换带，控制重叠覆盖(保证 SINR,切换带要尽量清楚,尽量使两个相邻小区间只发生一次切换)。

原则 3:先优化弱覆盖、越区覆盖,再优化重叠覆盖。

原则 4:优先调整天线的下倾角、方位角、天线挂高和迁站及加站,最后考虑调整 RS 的发射功率。

原则 5:如果 LTE 和 WCDMA 或 GSM1800 采用的是共天馈方案,由于 LTE 和 WCDMA/GSM 的工程参数需要保持一致,这给网络优化带来一定的困难。此时,天馈优化以尽量不影响 WCDMA/GSM 网络为前提,可通过调整功率、下倾角、天线挂高、方位角等手段,在保障 WCDMA/GSM 现网性能基本不受影响的前提下,优化 LTE 网络性能。

## 三、典型覆盖问题及优化方法

1. 覆盖优化手段

覆盖优化本身 LTE 和 GSM/WCDMA 没有太大差异,对于 LTE 网络而言,由于更严格的覆盖控制和干扰控制要求以及建网后对于覆盖目标的要求,天馈调整方案可能与 GSM/WCDMA 有所不同,在保证现网 GSM/WCDMA 不受影响的前提下,应尽量通过 RF 优化来提升 LTE 网络覆盖,具体的手段如下(按优先级排序),优化手段排序主要是依据考虑对覆盖影响的大小、对网络性能影响的大小以及可操作性。

(1) 调整天线下倾角

主要应用场景:越区覆盖、弱覆盖、重叠覆盖等场景。

(2) 调整天线方向角

主要应用场景:越区覆盖、覆盖空洞、弱覆盖、重叠覆盖等。

以上两种方式在 RF 优化过程中是首选的调整方式,调整效果比较明显。天线下倾角和方向角的调整幅度要视问题的严重程度和周边环境而定。

(3) 调整 RS 功率

主要应用场景:越区覆盖、重叠覆盖等场景。

调整导频功率易于操作,对其他制式的影响也比较小,但是效果不是很明显,对于问题严重的区域改善较小。

(4) 调整天线挂高

主要应用场景:越区覆盖、覆盖空洞、弱覆盖、重叠覆盖,在调整天线下倾角和方位角效果不理想的情况下选用。

(5) 调整天线位置

主要应用场景:越区覆盖、覆盖空洞、弱覆盖、重叠覆盖。

以上两种调整方式较前边两种调整方式工作量较大,受天面的影响也比较大,一般在调整下倾角、方位角、功率后效果还不明显的情况下使用。

(6) 调整站点位置

主要应用场景:覆盖空洞、弱覆盖。

以下场景应考虑搬迁站址:主覆盖方向有建筑物阻挡,使得基站不能覆盖规划的区域。基站距离主覆盖区域较远,在主覆盖区域内信号弱。

(7) 新增站点或 RRU

主要应用场景:扩容、覆盖不足等。

在现网中最常用的是前两种手段,当前两种无法实施的时候会考虑调整功率。后面几种实施成本较高，应用的场景也比较少。

2. 覆盖空洞/弱覆盖问题

覆盖空洞和弱覆盖的主要评估指标是路测数据得到的 RSRP，如果在覆盖区域该指标不能满足相应要求，就存在覆盖空洞或弱覆盖问题，或者说该区域属于覆盖空洞区域或弱覆盖区域。

对覆盖空洞和弱覆盖区域，需先分析问题产生的原因，并根据不同的原因采取相应的优化手段，典型的优化思路如下：

(1) 确保问题区域周边的小区都正常工作，若周边有最近的站点未建设完成或者小区未激活，则不需要调整 RF 解决。

(2) 分析该区域内检测到的 PCI 与工程参数的 PCI 进行匹配，根据拓扑和方位角等选定目标的主服务小区，并确保天线没有出现接反的现象。

(3) 如果各个基站均工作正常且工程安装正常，则需要从现有的工程参数分析并确定调整哪一个或者多个小区的来增强此区域信号强度。如果离站点位置较远则考虑抬升发射功率和下倾角的做法；如果明显不在天线主瓣方向，则考虑调整天线方位角；如果距离站点较近出现弱覆盖而远处的信号强度较强则考虑下压下倾角。

(4) 如果弱覆盖或者覆盖漏洞的区域较大，通过调整功率、方位角、下倾角难以完全解决的，则考虑新增基站或者改变天线高度来解决。

(5) 对于电梯井、隧道、地下车库或地下室、高大建筑物内部的信号盲区可以利用 RRU、室内分布系统、泄漏电缆、定向天线等方案来解决。

此外需要注意分析场景和地形对覆盖的影响，如是否覆盖空洞/弱覆盖区域周围有严重的山体或建筑物阻挡，是否覆盖空洞/弱覆盖区域属于需要特殊覆盖方案解决等。

3. 越区覆盖问题

越区覆盖的解决思路非常明确，就是减小越区覆盖小区的覆盖范围，使之对其他小区的影响减到最小。分析方法主要是利用反向覆盖测试数据、路测数据、scanner 测试数据等，确定出越区覆盖区域及越区覆盖的小区，然后根据不同原因进行相应的优化调整，典型的优化思路如下：

(1) 对于高站的情况，降低天线高度。

(2) 避免扇区天线的主瓣方向正对道路传播；对于此种情况应当适当调整扇区天线的方位角，使天线主瓣方向与街道方向稍微形成斜交，利用周边建筑物的遮挡效应减少电波因街道两边的建筑反射而覆盖过远的情况。

(3) 在天线方位角基本合理的情况下，调整扇区天线下倾角，或更换电子下倾更大的天线。调整下倾角是最为有效的控制覆盖区域的手段。下倾角的调整包括电子下倾和机械下倾两种，如果条件允许优先考虑调整电子下倾角，其次调整机械下倾角。

(4) 在不影响小区业务性能的前提下，降低载频发射功率。

4. 重叠覆盖问题

重叠覆盖问题主要通过重叠覆盖率进行评估，重叠覆盖率的定义如下：

$$\text{重叠覆盖率}=\text{重叠覆盖度}\geqslant 3\text{ 的采样点}/\text{总采样点}\times 100\%$$

其中，重叠覆盖度为路测中与最强小区 RSRP 的差值大于 −6 dB 的邻区数量，同时最强小区 RSRP≥−100 dBm。

从定义可以看出，重叠覆盖与信号强度差值和邻区数量有关，下面是某城市的测试结果。

(1) SINR与电平差的关系

服务小区RS SINR与RSRP差值关系如图3.5.9所示。

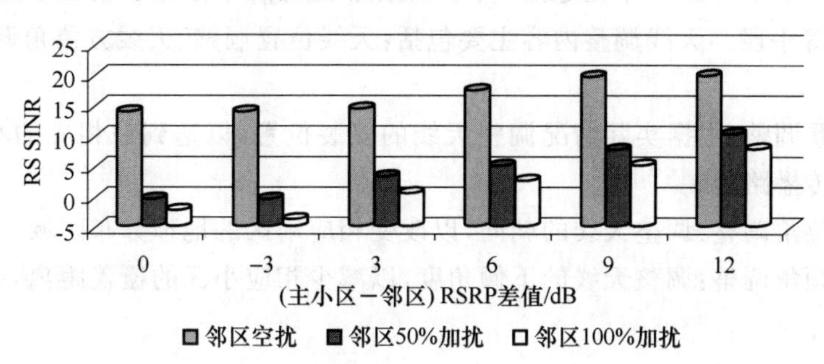


图3.5.9　服务小区RS SINR与RSRP差值关系

① 主服务小区与邻区的RSRP差值越小,对主服务小区的SINR影响越大,当差值大于9dB左右时,对SINR的影响较小。

② SINR受邻区加扰的影响较大,加扰级别越大,主服务小区的SINR越低。

(2) 吞吐量与电平差的关系

吞吐量与RSRP差值的关系如图3.5.10所示。

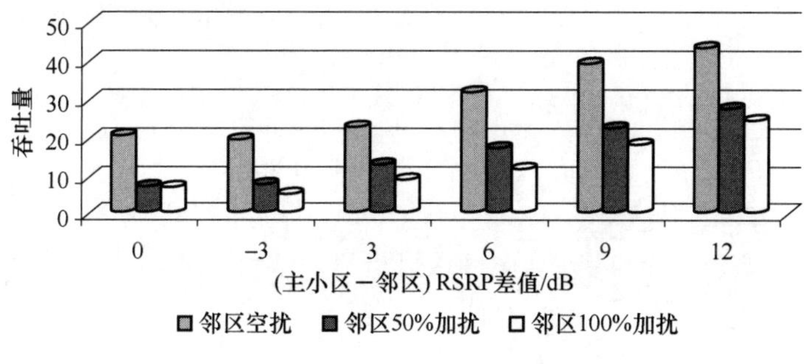


图3.5.10　吞吐量与RSRP差值的关系

① 主服务小区与邻区的RSRP差值越小,对主服务小区的吞吐量影响越大,当差值大于9 dB(主服务小区比邻区电平强9 dB以上)时,邻区对主服务小区的影响明显变小。

② 吞吐量受邻区加扰的影响较大,加扰级别越大,小区吞吐量越低。

(3) SINR与重叠覆盖度的关系

① 空扰时,排除模3干扰的因素,主服务小区SINR与重叠覆盖小区的数量也有一定关联,重叠覆盖小区的数量越多,SINR越差。

② 相同加扰级别时,主服务小区SINR与重叠覆盖小区的数量密切关联,重叠覆盖小区的数量越多,SINR越差。

(4) 吞吐量与重叠覆盖度的关系

小区吞吐量与重叠覆盖小区的数量有密切关联,重叠覆盖小区的数量越多,吞吐量越差。

解决重叠覆盖的方法是对小区覆盖进行严格控制,通过调整天线方位角和下倾角使同一测试点被尽可能少的信号覆盖,一般不能超过3个强信号覆盖。典型的优化方法如下:

(1) 首先,根据距离判断此区域应该由哪个小区作为主服务小区。

(2) 其次,看主服务小区的RSRP是否大于－100 dBm,若不满足,则调整主服务小区的下倾角、方位角、功率等。

(3) 最后，在确定主服务小区之后，抑制其余小区的信号在此区域的覆盖，可以通过天馈调整、参数调整等手段。天线调整内容主要包括：天线位置调整、天线方位角调整、天线下倾角调整。

- 天线位置调整：根据实际情况调整天线的安装位置，以达到在相应的小区内具有较好的无线传播路径。
- 天线方位角调整：调整天线的朝向，以改变相应扇区的地理分布区域。
- 天线下倾角调整：调整天线的下倾角度，以减少相应小区的覆盖距离，减小对其他小区的影响。

# 附　　录

## 一、移动通信系统的组成和特点

1. 移动通信系统组成

移动通信是指通信双方至少有一方在移动环境下所进行的信息传输和交换，这包括通信双方都在移动环境下的通信和移动物体和固定点之间的通信。移动通信是现代通信系统中不可或缺的组成部分，它的出现打破了通信与地点之间的固定关系，采用无线技术解决了因特网所不能解决的移动性，使人们可以在移动中进行信息的获取和交互。它的发展与普及改变了社会，也改变了人类的生活方式，让人们领悟到时代高速信息化的气息。

从通信网的角度看，移动通信可以看成是有线通信的延伸，它由无线和有线两部分组成。无线部分提供用户终端的接入，利用有限的频率资源在空中可靠地传送话音和数据；有线部分完成网络功能，包括交换、用户管理、漫游、鉴权等，构成公众陆地移动通信网(PLMN)。

移动通信包括无线传输、有线传输、信息的收集、处理和存储等，以 2 G 移动通信系统为例，其由移动业务交换中心(MSC)、基站子系统(BSS)〔包括基站控制器(BSC)和基站收发信器(BTS)〕、移动台(MS)及传输线路等部分组成。附录图 1 是移动通信系统的示意图。

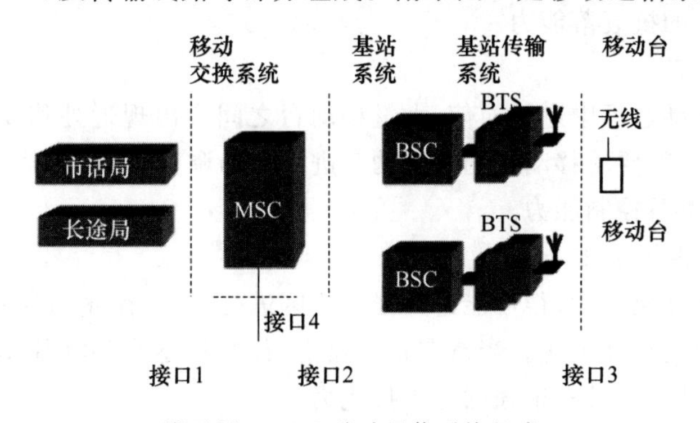


附录图 1　2 G 移动通信系统组成

(1) 移动台：MS 是一个子系统。它实际上是由移动终端设备和用户数据两部分组成的，移动终端设备称为移动设备，用户数据存放在一个与移动设备可分离的数据模块中，此数据模块称为用户识别卡 SIM。移动台有便携式、手提式、车载式三种，所以移动台不单指手机，手机只是一种便携式的移动台。

(2) 基站子系统：BSS 主要负责手机信号的接收和发送，把收集到的无线信号简单处理之后再传送到移动业务交换中心，通过交换机等设备的处理，再传送给终端用户，也就实现了无线用户的通信功能。所以基站系统能直接影响到手机信号接收和通话质量的好坏。

① 基站收发信器：BTS 提供无线信道与移动台的无线通信。

② 基站控制器：BSC 对下属基站（即 BTS）进行控制，其功能包括呼叫处理、切换控制、实现陆地电路和空中信道的动态连接/交换、操作和维护管理等。

（3）移动业务交换中心：MSC 是整个移动通信系统的核心，它控制所有基站控制器的业务，提供交换功能及和系统内其他功能的连接，并提供与其他网络的接口功能，把移动用户与移动用户、移动用户和固定网用户互相连接起来。除具有一般市话交换机的功能外，它还有移动业务所需处理的位置登记、越区切换、自动漫游等功能。

（4）传输线路部分：主要是指连接各设备之间的传输信道，基站与移动台之间采用无线信道连接，基站与移动交换中心之间常采用有线信道连接。

2. 移动通信的特点

和固定通信相比，移动通信采用无线信道，电波传播条件恶劣，用户数量大且在广大区域内进行不规则运动，其特点如下。

（1）对设备性能要求高

不同的移动通信系统有不同的特点，这也是对通信设备性能要求的依据。在陆地移动通信系统中，要求移动台体积小、重量轻、功耗低、操作方便。同时，在有振动和高、低温等恶劣的环境条件下，要求移动台依然能够稳定、可靠地工作。

（2）电波传播有严重的衰落现象

移动台因受到城市高大建筑物的阻挡、反射、电离层散射的影响，移动台收到的信号往往不仅是直射波，还有从各种途径来的散射波，称为多径现象，这种多径信号在接收端所合成信号的幅度与相位都是随机的，其幅度服从瑞利分布，而其相位在 $0\sim2\pi$ 域内服从均匀分布，因此出现严重的衰落现象。

当移动台处于高速运动状态时，会加快衰落现象，移动通信的衰落可达 30 dB 左右，这就要求移动台具有良好的抗衰落能力。

（3）存在远近效应

移动通信是在运动过程中进行通信，大量移动台之间会出现近处移动台干扰远距离相邻信道移动台的通信，一般要求移动台的发射功率进行自动调整，同时随通信距离的变化迅速改变，要有良好的自动增益控制能力。

（4）在强干扰条件下工作

移动台通信环境变化很大，很可能进入强干扰区进行通信，在移动台附近的发射机也可能对正在通信的移动台进行强干扰。当汽车在公路上行驶时，本车和其他车辆的噪声干扰也相当严重，这就要求移动通信具有很强的抗干扰能力。

（5）存在多普勒效应

多普勒效应指的是当移动台具有一定速度 $v$ 的时候，基站接收到移动台的载波频率将随 $v$ 的不同，产生不同的频移，反之也如此。移动产生的多普勒频偏为

$$f_{\mathrm{d}}=\frac{V}{\lambda}\cos\theta$$

式中，$v$ 为移动速度，$\lambda$ 为工作波长，$\theta$ 为电波入射角，如附录图 2 所示。此式表明，移动速度越快，入射角越小，多普勒效应越严重。

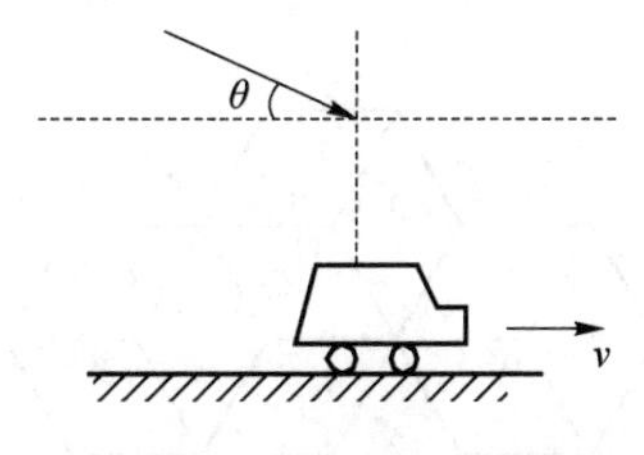


附录图 2　多普勒效应示意图

(6) 技术复杂

移动通信,特别是陆地移动通信的用户数量很大,为了缓和用户数量大与可利用的频率资源有限的矛盾,除开发新频段外,还要采取各种措施来更加有效地利用频率资源,如压缩频带、缩小信道间隔、多信道共用等。

移动台的移动是在广大区域内的不规则运动,而且大部分的移动台都会有关闭不用的时候,它与通信系统中的交换中心没有固定的联系。因此,要实现通信并保证质量,移动通信必须是无线通信或无线通信与有线通信的结合,而且必须要发展自己的跟踪、交换技术,如位置登记技术、信道切换技术、漫游技术等。

## 二、移动通信的基本技术

1. 信道复用技术

(1) 小区制移动通信的基本概念

蜂窝移动通信也称小区制移动通信,它的特点是把一个通信服务区域分为若干个小无线覆盖区,每个小区的半径为 2～20 km,用户容量可达上千个。每个小区设置一个基站,负责本区移动台的联系和控制,各个基站通过移动业务交换中心相互联系,并与市话局连接。每个小区只需提供较少的几个无线电信道就可满足通信的要求,邻近的小区使用不同的信道组。

小区制采用信道复用技术,所谓信道复用技术指的是:相邻小区不使用相同的信道组,但相隔几个小区间隔的不相邻小区可以重复使用同一组信道,以充分利用频率资源。不使用同一组信道的若干个相邻小区就组成了一个区群,即整个通信服务区也可看成是由若干个区群构成的。

为了实现频率复用,而又不产生同信道干扰,要求每个区群中的无线小区不得使用相同的频率,只有在不同区群中的无线小区(并保证同频无线小区之间的距离足够大)时,才能进行频率复用。大大缓解了频率资源紧缺的问题,提高了频率利用率,增加了用户数目和系统容量;小区半径较小,所以发射机功率较低,互调干扰亦较小;但同时由于小区半径较小,当移动台从一个小区驶入另一个无线区时,即越区过程中必须进行信道自动切换,以保证移动台越区时通话不间断,这又涉及越区切换技术。

陆地移动通信大部分是在一个宽广的平面上实现的,平面服务区内的无线小区组成方法要比带状服务区复杂得多。这些无线小区的实际形状取决于电波传播条件和天线的方向性。如果服务区的地形、地物相同,且基站采用全向天线,其覆盖范围大体是一个圆。为了不留空隙地覆盖整个服务区,无线小区之间会有大量的重叠。在考虑重叠之后,每个小区实际上的有效覆盖区是一个圆的内接多边形,其中正六边形无线小区邻接构成整个面状服务区为最好,因此这种六边形结构得到了广泛的应用。由于这种面状服务区的形状很像蜂窝,所以又称为蜂窝网,如附录图 3 所示。

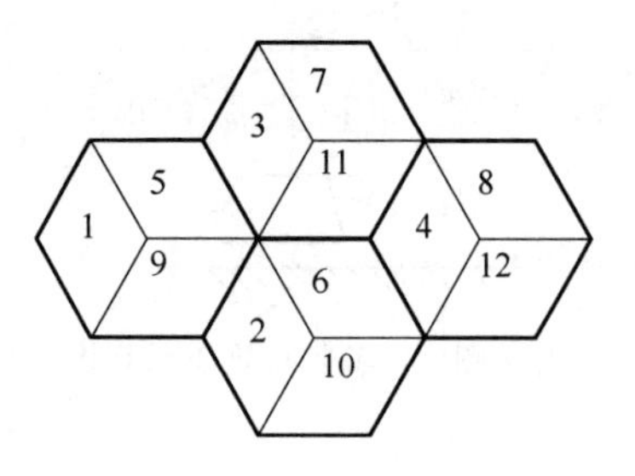


附录图 3　正六边形小区

(2) 蜂窝移动通信网络的区域定义

蜂窝移动通信网络的区域划分如附录图 4 所示。

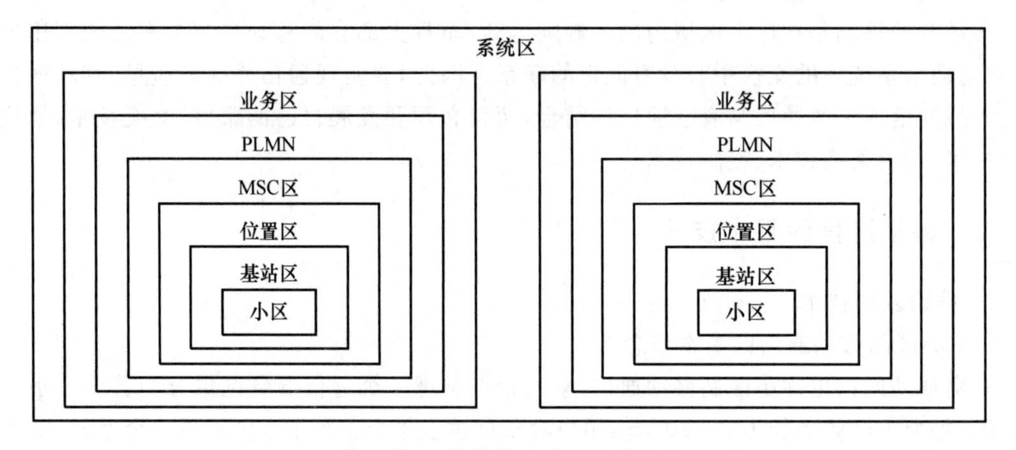


附录图 4　蜂窝移动系统区域划分

小区是采用基站识别码(BSIC)或全球小区识别码(CGIC)进行标识的无线覆盖区域。在采用全向天线结构的模拟网中,小区即为基站区;在采用 120°角天线结构的数字蜂窝移动网中,小区是每个 120°角的天线所覆盖的正六边形区域的三分之一。

基站区指的是一个基站所覆盖的区域。一个基站区可包含一个或多个小区,故不是所有的小区都设有一个专有的基站,但必须为一个特定的基站所覆盖。

位置区指的是一个移动台可以自动移动而不必重新“登记”其位置(位置更新)的区域,一个位置区由一个或若干个小区(或基站区)组成。要想向一个位置区中的某个移动台发出呼叫,可以在这个位置区中向所有基站同时发出寻呼信号。

移动业务交换中心简称 MSC,一个 MSC 区指的是由一个 MSC 覆盖的区域,一个 MSC 区可由若干个位置区组成。

PLMN(Public Land Mobile Network)是公用陆地移动网的简称,即陆地蜂窝移动通信网络。在该系统内具有共同的编号制度(比如相同的国内地区号)和共同的路由计划。在 GSM 系统中,一个 PLMN 可以由若干个 MSC 组成。MSC 构成固定网与 PLMN 移动网之间的功能接口,用于呼叫接续等。

业务区指的是由一个或多个移动通信网所组成的区域。只要移动台在业务区中,就可以被另一个网络的用户找到,而该用户也无须知道这个移动台在该区内的具体位置。一个业务区可由若干个 PLMN 组成,也可由一个或若干个国家组成,还可能是一个国家的一部分。

2. 分集技术

在移动通信系统中，移动台经常工作在各种复杂的地理环境中，移动的方向和速度是任意的，发送的信号经过附近各种物体的反射、散射等而形成多路径传播，使到达接收机输入端的信号往往是多个幅度和相位各不相同的信号的叠加，从而形成短期衰落(快衰落)。此外，还有长期衰落(慢衰落)，它是由于电磁场受到地形或高大建筑物的阻挡或者气象条件的变化而形成的，慢衰落的信号电平起伏相对较缓。

分集接收就是为了克服各种衰落，提高系统性能而发展起来的移动通信中的一项重要技术。其基本思路是：将接收到的多径信号分离成不相关的(独立的)多路信号，然后将这些信号的能量按一定规则合并起来，使接收的有用信号能量最大。对数字系统而言，使接收端的误码率最小；对模拟系统而言，提高接收端的信噪比。

根据分集的目的，分集可分为宏观分集和微观分集。

(1) 宏观分集

它以抗慢衰落为目的。由于地面等高线的多样性，局部地区有多种多样的变化。如果仅仅使用一个天线场地，由于地形是变化的，如丘陵或山坡，移动台接收不到中心位置地面信号，因此，必须采用两个独立天线场地来发射或接收两个或多个不同信号，并组合这些信号，以降低慢衰落。选择性组合技术是宏观分集方案中最受欢迎的技术之一，它意味着总是选择两个衰落信号中最强的一个。

(2) 微观分集

它是以抗快衰落为目的采用同一天线场地方式的分集技术。根据获得独立路径信号的方法又可分为：空间分集、时间分集、频率分集、极化分集、角度分集和多径分集等。

根据信号传输的方式，分集可分为显分集和隐分集。

(1) 显分集

构成明显的分集信号的传输方式，指利用多副天线接收信号的分集。

(2) 隐分集

分集作用隐含在传输信号之中的方式，在接收端利用信号处理技术实现分集。隐分集是只需一副天线来接收信号的分集，因此，在数字移动通信中得到了广泛的应用。目前，主要的隐分集技术有交织编码技术、跳频技术、直接扩频技术等。

3. 功率控制

当基站同时接收两个距离不同的移动台发来的信号时，由于两个移动台功率相同，则距离基站近的移动台将对另一移动台信号产生严重的干扰，称为远近效应，一般采用功率控制的方法克服远近效应。

功率控制分为前向功率控制和反向功率控制，而反向功率控制又分为开环和闭环两部分。

(1) 前向功率控制

因为不同移动台可能处在不同的距离和不同的环境，基站到每一个移动台的传输损耗都不一样，因此基站必须控制发送功率，给每个用户的前向业务信道都分配以适当的功率。基站的这种视具体情况而分配不同业务信道不同功率的方法就叫前向功率控制。

(2) 反向开环功率控制

CDMA 系统的每一个移动台都一直在计算从基站到移动台的路径损耗，当移动台接收到从基站来的信号很强时，表明要么离基站很近，要么有一个特别好的传播路径。这时移动台可降低它的发送功率，而基站依然可以正常接收。相反，当移动台接收到的信号很弱时，它就增加发送功率，以抵消衰耗，这就是开环功率控制。

(3) 反向闭环功率控制

基站对从移动台收到的信号进行 $E_b/N_t$ 测量，测量结果如果大于门限，则发送"下降"命令(1 dB)；而如果小于门限，则发送"上升"命令(1 dB)。移动台则根据收到的命令调整它的发射功率，直到最佳。

4. 多址技术

通信系统以信道来区分通信对象的，一个信道只容纳一个用户进行通话，许多用户同时通话是以不同的信道加以区分，这样多个信道就叫多址。多址技术就是要使众多的用户公用公共通信信道所采用的一种技术。

目前移动通信中应用的多址方式有：频分多址(FDMA)、时分多址(TDMA)、码分多址(CDMA)、空分多址(SDMA)以及它们的混合应用方式。

(1) 频分多址

该技术按照频率来分割信道，即给不同的用户分配不同的载波频率以共享同一信道。频分多址技术是模拟载波通信、微波通信、卫星通信的基本技术，也是第一代模拟移动通信的基本技术。

在 FDMA 系统中，信道总频带被分割成若干个间隔相等且互不相交的子频带(地址)，每个子频带分配给一个用户，每个子频带在同一时间只能供给一个用户使用，相邻子频带之间无明显的干扰。在通信时，不同的移动台占用不同频率的信道进行通信，因为各个用户使用不同频率的信道，所以相互没有干扰。

这种方式的特点是技术成熟，对信号功率的要求不严格。但是在系统设计中需要周密的频率规划，基站需要多部不同载波频率的发射机同时工作，设备多且容易产生信道间的互调干扰，同时，信道效率很低。

(2) 时分多址

时分多址技术按照时隙来划分信道，即给不同的用户分配不同的时间段以共享同一信道。时分多址技术是第二代移动通信的基本技术。

在 TDMA 系统中，时间被分割成周期性的帧，每一帧再分割成若干个时隙(地址)。无论帧或时隙都是互不重叠的。然后，根据一定的时隙分配原则，使各个移动台在每帧内只能按指定的时隙向基站发送信号，在满足定时和同步的条件下，基站可以分别在各时隙中接收到各移动台的信号而互不混扰。同时，基站发向多个移动台的信号都按顺序安排，在预定的时隙中传输。各移动台只要在指定的时隙内接收，就能在合路的信号中把发给它的信号区分出来。

在 TDMA 通信系统中，系统设备必须有精确的定时和同步来保证各移动台发送的信号不会在基站发生重叠，并且能准确地在指定的时隙中接收基站发给它的信号。

(3) 码分多址

码分多址技术是第二代移动通信的演进技术和第三代移动通信的基本技术。在 CDMA 通信系统中，不同用户传输信息所用的信号不是靠频率不同或时隙不同来区分，而是用各自不同的编码序列来区分，或者说，靠信号的不同波形来区分。

码分多址技术按照码序列来划分信道，即给不同的用户分配一个不同的编码序列以共享同一信道。在 CDMA 系统中，每个用户被分配给一个唯一的扩频序列，各个用户的码序列相互正交，因而相关性很小，由此可以区分出不同的用户。与 FDMA 划分频带和 TDMA 划分时隙不同，CDMA 既不划分频带又不划分时隙，而是让每一个频道使用所能提供的全部频谱，因而 CDMA 采用的是扩频技术，它能够使多个用户在同一时间、同一载频以不同码序列来实现多路通信。

(4) 正交频分多址技术

第四代移动通信的核心技术是正交频分复用，其主要思想是将信道分成若干正交子信道，将高速数据信号转换成并行的低速子数据流，调制到在每个子信道上进行传输。正交信号可以通过在接收端采用相关技术来分开，这样可以减少子信道之间的相互干扰(ISI)。每个子信道上的信号带宽小于信道的相关带宽，因此每个子信道上可以看成平坦性衰落，从而可以消除码间串扰，而且由于每个子信道的带宽仅仅是原信道带宽的一小部分，信道均衡变得相对容易。

正交频分多址技术(OFDMA)是正交频分复用技术(OFDM)的演进。在利用 OFDM 对信道进行子载波化后，在部分子载波上加载传输数据的传输技术。OFDMA 指定每个用户使用 OFDM 所有子载波中的一个(或一组)，将整个频带划分成更小的单位，多个用户可以同时使用整个频带，并且它的分配机制非常灵活，可以根据用户业务量的大小动态分配子载波的数量，不同的子载波上使用的调制方式和发射功率也可以不同。在 OFDMA 系统中，用户仅仅使用所有子载波中的一部分，如果同一个帧内的用户的定时偏差和频率偏差足够小，则系统内就不会存在小区内的干扰，比码分系统更有优势。

## 三、移动通信的发展

现代移动通信技术起源于 20 世纪 20 年代，20 世纪 70 年代中期才迎来了移动通信的蓬勃发展，直到现在的 OFDM 在第四代移动通信中的应用，移动通信的发展日新月异。

(1) 1 G

即第一代移动通信系统，也就是模拟蜂窝移动通信系统，其采用模拟制式，多址方式是频分多址(FDMA)，调制方式是调频(FM)，主要承载语音业务。第一代移动通信以美国的 AMPS 系统和欧洲的 TACS 为代表，我国在 20 世纪 80 年代末，引入了 TACS 技术，建成开通了中国第一个公用移动通信网。

由于各国采用不同的制式、不同的频带和信道带宽，用户的漫游很不方便，使得第一代移动通信系统只是一个区域性的移动通信系统。此外，在使用过程中，模拟蜂窝移动通信系统暴露出很多问题。例如，频谱效率低，业务种类单一，呼叫中断率高，通信设备笨重等。其中最主要的问题是其频带资源和通信容量与日益增长的移动通信用户对大容量、多业务和高服务质量移动通信的需求的矛盾日益突出。数字信号的出现使人们看到，通过传输数字信号也可以达到传输模拟信号的目的，而且数字信号比模拟信号有更加优越的性能，保密性强，差错容易恢复，并能提供更多的业务种类。

(2) 2 G

即第二代移动通信系统。其有两种多址方式：一种是时分多址(TDMA)；另一种是码分多址(CDMA)。TDMA 的代表是欧洲的 GSM 系统，CDMA 的代表是美国的 IS-95 系统。GSM 标准体制较为完善，技术相对成熟。与第一代移动通信系统相比，第二移动通信系统把频率和时间结合使用并以此来寻址，提高了频谱的利用率，可以提供更大的容量；抗干扰和抗衰落的能力增强，可以保证较好的语音质量；系统的保密性较好；但其数据传输速率低下，数据业务发展有限，不能适应用户日益增长的对数据传输类业务的要求。由于 2G 采用的是时分复用和电路交换技术，这使得其对突发的分组业务无能为力。另外，电路交换技术是非常浪费资源的，用户即使不使用这个时隙，这个时隙仍然被分配给这个用户，为了改进这一缺点，人们采用基于统计复用的技术，这使得资源利用率得以提高。

(3) 2.5 G

即第 2.5 代移动通信系统。其突破了 2G 电路交换技术对数据传输速率的制约，引入了分组交换技术，把原来的固定时隙分配变成统计时分复用，从而使数据传输速率有所突破，峰值速率可达 153.6 kbit/s。2.5 G 的典型代表技术为 GPRS，是一种分组交换的数据承载和传输方式，它的基础是 GSM。与原有的 GSM 比较，GPRS 在数据业务的承载和支持上具有非常明显的优势：更有效地利用无线网络信息资源，特别适合突发性、频繁的小流量数据传输；支持的数据传输速率更高，理论峰值达 117.2 kbit/s；GPRS 还能支持在进行数据传输的同时具有语音通话功能等。但是由于无线信道的多径效应，使得信号的传输速率不可能有很大的提高，这与人们对高速率、多业务的需求相矛盾，使得移动通信技术必须在制约速度提高的抗多径效应上有进一步发展。

(4) 3 G

即第三代移动通信系统。其寻址方式采用的是码分多址，使用伪随机码来区分用户，这使得其可以共用带宽并具有较强的抗干扰和抗多径的能力；系统容量是软容量，可以通过牺牲通信质量来增加用户数量；其通信速度比第二代通信系统显著提高，数据传输速率在高速移动环境中支持 144 kbit/s，步行慢速移动环境中支持 384 kbit/s，静止状态下支持2 Mbit/s，可提供丰富多彩的移动多媒体业务；能兼容第二代移动通信系统，这就使得其升级普及方便。

3 G 标准主要有以下三种：WCDMA、cdma2000 和 TD-SCDMA。值得一提的是，TD-SCDMA 是由中国提出的 3 G 标准，它采用异步 TDD 模式使得频率资源的利用率得到很大的提高，再加上智能天线的使用，进一步提高了性能。但是由于 3 G 自身固有的缺陷(比如 3 G 采用闭环功率控制，这在电路交换中很容易实现，但是在高速分组业务中，由于数据传输速度很快，而功率控制需要很长时间)，所以导致 3 G 不能传输高速数据。另外，由于 3 G 的带宽有限，传输速度和抗干扰能力之间存在着矛盾。这些都制约着 3 G 速度的调高，这就决定了 3 G 技术是窄带通信向宽带通信的过渡手段。

(5) 4 G

即第四代移动通信系统。其包括 TD-LTE 和 FDD-LTE 两种制式，TDD 代表时分复用，FDD 代表频分复用。FDD 系统是指系统的发送和接收数据使用不同的频率；时分双工系统则是系统的发送和接收使用相同的频段，上下行数据发送在时间上错开，通过在不同时隙发送上下行数据，可有效避免上、下行干扰。

LTE 的主要特点是在 20 MHz 频谱带宽下能够提供下行 100 Mbit/s 与上行 50 Mbit/s 的峰值速率，相对于 3G 网络大大地提高了小区的容量，同时将网络延迟大大降低：内部单向传输时延低于 5 ms，控制平面从睡眠状态到激活状态迁移时间低于 50 ms，从驻留状态到激活状态的迁移时间小于 100 ms。

严格意义上来讲，LTE 只是 3.9 G，尽管被宣传为 4 G 无线标准，但它其实并未被 3GPP 认可为国际电信联盟所描述的下一代无线通信标准 IMT-Advanced，因此在严格意义上其还未达到 4 G 的标准。只有升级版的 LTE Advanced 才满足国际电信联盟对 4 G 的要求。

根据 4 G 牌照发布的规定，国内三家运营商中国移动、中国电信和中国联通都拿到了 TD-LTE 和 FDD－LTE 制式的 4G 牌照。以 TD-LTE 为例，频段的划分：中国移动获得 130 MHz，分别为 1 880～1 900 MHz、2 320～2 370 MHz、2 575～2 635 MHz；中国联通获得

40 MHz,分别为 2 300～2 320 MHz、2 555～2 575 MHz;中国电信获得 40 MHz,分别为 2 370～2 390 MHz、2 635～2 655 MHz。

(6) 5 G

即第五代移动通信系统。与 4 G、3 G、2 G 不同的是,5 G 并不是独立的、全新的无线接入技术,而是对现有无线接入技术(包括 2 G、3 G、4 G 和 Wi-Fi)的技术演进,以及一些新增的补充性无线接入技术集成后解决方案的总称。

5 G 的标志性能力指标为“Gbps 用户体验速率”,一组关键技术包括大规模天线阵列、超密集组网、新型多址、全频谱接入和新型网络架构。大规模天线阵列是提升系统频谱效率的最重要技术手段之一,对满足 5 G 系统容量和速率需求将起到重要的支撑作用;超密集组网通过增加基站部署密度,可实现百倍量级的容量提升,是满足 5 G 千倍容量增长需求的最主要手段之一;新型多址技术通过发送信号的叠加传输来提升系统的接入能力,可有效支撑 5 G 网络千亿设备连接需求;全频谱接入技术通过有效利用各类频谱资源,可有效缓解 5 G 网络对频谱资源的巨大需求;新型网络架构基于 SDN、NFV 和云计算等先进技术可实现以用户为中心的更灵活、智能、高效和开放的 5 G 新型网络。对于普通用户来说,5 G 带来的最直观感受将是网速的极大提升。目前 4G/LTE 的峰值传输速率达到每秒 100 Mbit/s,而 5 G 的峰值速率将达到 10 Gbit/s。

## 四、典型的移动通信网络结构

1. 2 G-GSM 移动网结构

GSM 移动通信网络由网络交换子系统(NSS)、基站子系统(BSS)、移动台(MS)和操作维护中心(OMC)四大部分组成,如附录图 5 所示。

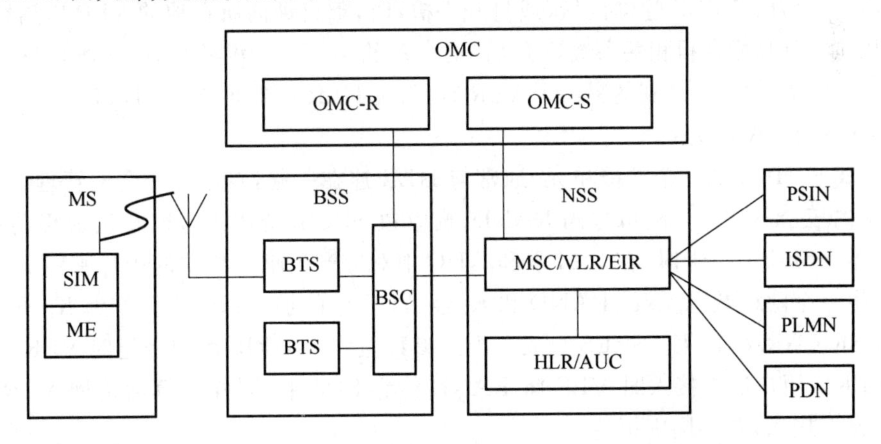


PSTN—公众电话交换网;　ISDN—综合业务数字网;　PLMN—公众陆地移动网;
PDN—公众数据网;　NSS—网络交换子系统;　BSS—基站子系统;
MS—移动台;　OMC—操作维护中心;　MSC—移动交换中心;
VLR—拜访位置登记器;　EIR—设备识别登记器;　HLR—归属位置登记器;
AUC—鉴权中心;　BSC—基站控制器;　BTS—基站收发信台;
SIM—用户识别模块;　ME—移动设备;　OMC-R—无线操作维护中心;
OMC-S—交换操作维护中心。

附录图 5　GSM 网络结构

(1) 网络交换子系统

网络交换子系统主要完成交换功能、用户数据与移动性管理和安全性管理所需的数据库功能。NSS 由一系列功能实体所构成,包括 MSC、HLR、VLR、AUC、EIR 等部分。

① 移动交换中心(MSC)

MSC 是 GSM 系统的核心部分,是对位于它所覆盖区域中的移动台进行控制和完成话路交换的功能实体,也是移动通信网络与其他公用通信网之间的接口。MSC 提供交换功能,完成移动用户寻呼接入、信道分配、呼叫接续、话务量控制、计费、基站管理等功能;还完成 BSS、MSC 之间的切换和辅助性的无线资源管理、移动性管理等;每个 MSC 还可完成入口 MSC(即关口移动交换中心 GMSC)的功能,并起到 GSM 网络和其他电信网络 PSTN/ISDN/PLMN/PDN 等的接口的作用。

② 归属位置登记器(HLR)

HLR 是一个用来存储归属地用户数据信息的静态数据库。每个移动用户都应在其归属地的 HLR 中注册登记,HLR 主要存储两类信息:一是有关用户的永久性参数,如用户号码、移动用户识别号、接入的优先级、预定的业务类型等;二是暂时性的需要随时更新的参数,如用户当前所处位置(当前所处 MSC/VLR)信息,即使用户漫游到归属 HLR 以外的其他区域也要传送回位置信息登记到归属 HLR 中,以保证任何时候呼叫用户都可以从归属 HLR 中查询到用户所在的 MSC/VLR,进而建立到移动台的呼叫路由。

③ 拜访位置登记器(VLR)

VLR 又称访问者位置登记器,是一个用于存储当前位于 MSC 服务区域内所有移动用户(归属用户+漫游用户)信息的动态数据库。每个 MSC 通常都有一个它自己的 VLR;VLR、MSC、EIR 常合设于一个物理实体中,特定情况可以相邻的几个 MSC 共用一个 VLR。每个移动用户到达一个新的 MSC 管辖区域(或打开手机)时,都自动向所在地的 VLR 申请登记,VLR 从用户的归属 HLR 中获得相关参数,VLR 同时分配给用户一个漫游号码;并通知归属 HLR 更新位置信息;如从一个 VLR 到达另一个 VLR 时,归属 HLR 还要通知原 VLR 删除信息。

④ 鉴权中心(AUC)

AUC 属于 HLR 的一个功能单元,通常与 HLR 连在一起,专用于安全性管理。它是产生鉴权、加密的三个参数——随机号码 RAND、响应数 SRES、密钥 $K_c$,以及认证移动用户身份的功能实体。SIM 卡写卡时,在 SIM 卡和 AUC 中对应产生唯一相同的用户密钥 $K_i$,AUC 中为用户产生一个随机数 RAND,RAND 和 $K_i$ 经 AUC 中的加密算法运算产生 $K_c$,再经算法产生响应数 SRES;RAND、$K_c$、SRES 组成一个三参数组传到 HLR,用户登记时 VLR 请求 HLR 后传到 VLR。用户请求接入时 VLR 将 RAND 传到 SIM 卡,同样运算后传回 VLR 中比较,若相同则允许接入,若不同则拒绝。

⑤ 设备识别登记器(EIR)

EIR 是一个存储移动台设备参数的数据库,主要完成对 ME 的识别、监视、闭锁等功能,以防止非法移动台的使用。每个 ME 都有一个国际移动设备识别号 IMEI,未经许可厂家不得生产,IMEI 要在 EIR 中登记。EIR 中列出三种数据清单,分别是白名单(准许使用的 IMEI)、黑名单(出现故障需监视的 IMEI)、灰名单(失窃不准使用的 IMEI),移动台使用时就可以查询 EIR 是否允许使用。但在我国,基本上没有采用 EIR 进行设备识别。

(2) 基站子系统

BSS 系统是在一定的无线覆盖区中由 MSC 控制,与 MS 进行通信的系统设备,它主要负责无线发送接收和无线资源管理等。按功能实体BSS可分为基站控制器(BSC)和基站收发信台(BTS)两个部分。

① 基站控制器

BSC是BTS和MSC之间的连接点,也提供OMC接口。一个BSC可控制多个BTS,其主要功能是进行无线信道管理,实施呼叫和通信链路的建立拆除,完成小区配置数据管理、功率控制、定位和切换等。BSC一般由两个部分构成:一是编译码设备,将64 kbit/s的话音信道压缩编码为13 kbit/s或6.5 kbit/s,反之译码;二是基站中央设备,主要用于用户移动性的管理以及BTS、MS的动态功控等。

② 基站收发信台

BTS是为小区提供服务的无线收发信设备,由BSC控制,主要负责无线传输,完成无线与有线的转换、无线分集、无线信道加密、跳频等功能。BTS包括无线收发信机和天线等。

(3) 移动台(MS)

MS是用户终端设备,包括移动终端设备(ME)和用户识别模块(SIM)两部分。MS可完成话音编码、信道编码、信息加密、信息的调制和解调、信息发射和接收。

(4) 操作维护中心(OMC)

OMC主要是对整个GSM网络进行管理和监控。通过OMC实现对GSM网内各种部件功能的监视、系统自检、状态报告、故障诊断与处理、话务统计等功能。OMC分为OMC-R和OMC-S,分别完成无线部分操作维护和交换部分操作维护,也可合二为一。

2. 3G-UMTS移动网络结构

UMTS(Universal Mobile Telecommunications System,通用移动通信系统)是采用WCDMA空中接口技术的第三代移动通信系统,通常也把UMTS系统称为WCDMA通信系统。UMTS系统采用了与第二代移动通信系统类似的结构,包括无线接入网络(Radio Access Network,RAN)和核心网络(Core Network,CN)。其中无线接入网络用于处理所有与无线有关的功能,而CN处理UMTS系统内所有的话音呼叫和数据连接,并实现与外部网络的交换和路由功能。从逻辑上CN分为电路交换域(Circuit Switched Domain,CS)和分组交换域(Packet Switched Domain,PS)。UTRAN、CN与用户设备(User Equipment,UE)一起构成了整个UMTS系统,如附录图6所示。

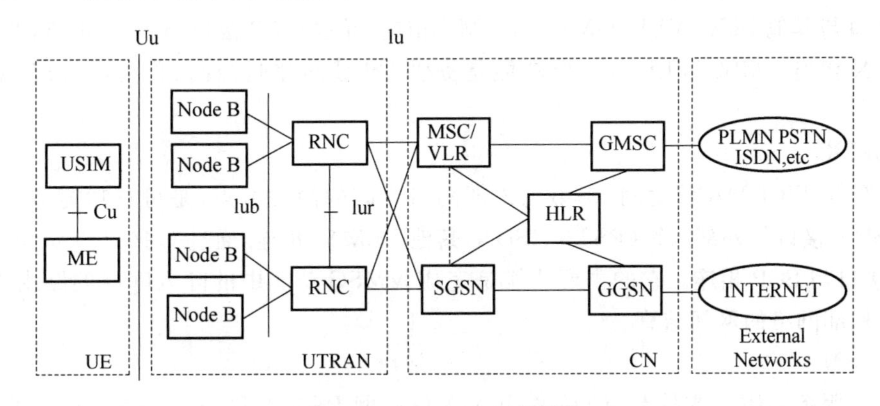


附录图6　UMTS网络结构

(1) UE

UE(User Equipment)是用户终端设备,它通过Uu接口与网络设备进行数据交互,为用户提供电路域和分组域内的各种业务功能，包括普通话音、数据通信、移动多媒体、Internet 应用(如 E-mail、WWW 浏览、FTP 等)。

UE 包括两部分：ME(The Mobile Equipment)，提供应用和服务；USIM(The UMTS Subscriber Module)，提供用户身份识别。

(2) UTRAN

UTRAN(UMTS Terrestrial Radio Access Network)，即陆地无线接入网，分为基站(Node B)和无线网络控制器(RNC)两个部分。

① Node B

Node B 是 WCDMA 系统的基站(即无线收发信机)，通过标准的 Iub 接口和 RNC 互连，主要完成 Uu 接口物理层协议的处理。它的主要功能是扩频、调制、信道编码及解扩、解调、信道解码，还包括基带信号和射频信号的相互转换等功能。

② RNC

RNC(Radio Network Controller)是无线网络控制器，主要完成连接建立和断开、切换、分集合并、无线资源管理和控制等功能。具体如下：

- 执行系统信息广播与系统接入控制功能；
- 切换和 RNC 迁移等移动性管理功能；
- 分集合并、功率控制、无线承载分配等无线资源管理和控制功能。

(3) CN

CN(Core Network)，即核心网络，负责与其他网络的连接和对 UE 的通信和管理。在 WCMDA 系统中，不同协议版本的核心网设备有所区别。从总体上来说，R99 版本的核心网分为电路域和分组域两大块，R4 版本的核心网也一样，只是把 R99 电路域中的 MSC 的功能改由两个独立的实体：MSC Server 和 MGW 来实现。R5 版本的核心网相对 R4 来说增加了一个 IP 多媒体域，其他的与 R4 基本一样。

R99 版本核心网的主要功能实体如下。

① MSC/VLR

MSC/VLR 是 WCDMA 核心网 CS 域功能节点，它通过 Iu_CS 接口与 UTRAN 相连，通过 PSTN/ISDN 接口与外部网络(PSTN、ISDN 等)相连，通过 C/D 接口与 HLR/AUC 相连，通过 E 接口与其他 MSC/VLR、GMSC 或 SMC 相连，通过 CAP 接口与 SCP 相连，通过 Gs 接口与 SGSN 相连。MSC/VLR 的主要功能是提供 CS 域的呼叫控制、移动性管理、鉴权和加密等

② GMSC

GMSC 是 WCDMA 移动网 CS 域与外部网络之间的网关节点，是可选功能节点，它通过 PSTN/ISDN 接口与外部网络(PSTN、ISDN、其他 PLMN)相连，通过 C 接口与 HLR 相连，通过 CAP 接口与 SCP 相连。它的主要功能是完成 VMSC 功能中的呼入呼叫的路由功能及与固定网等外部网络的网间结算。

③ SGSN

SGSN(服务 GPRS 支持节点)是 WCDMA 核心网 PS 域功能节点，它通过 Iu_PS 接口与 UTRAN 相连，通过 Gn/Gp 接口与 GGSN 相连，通过 Gr 接口与 HLR/AUC 相连，通过 Gs 接口与 MSC/VLR 相连，通过 CAP 接口与 SCP 相连，通过 Gd 接口与 SMC 相连，通过 Ga 接口与 CG 相连，通过 Gn/Gp 接口与 SGSN 相连。SGSN 的主要功能是提供 PS 域的路由转发、移

动性管理、会话管理、鉴权和加密等。

④ GGSN

GGSN(网关GPRS支持节点)是WCDMA核心网PS域功能节点,通过Gn/Gp接口与SGSN相连,通过Gi接口与外部数据网络(Internet/Intranet)相连。GGSN提供数据包在WCDMA移动网和外部数据网之间的路由和封装。GGSN主要功能是同外部IP分组网络的接口功能,GGSN需要提供UE接入外部分组网络的关口功能,从外部网的观点来看,GGSN就好像是可寻址WCDMA移动网络中所有用户IP的路由器,需要同外部网络交换路由信息。

⑤ HLR

HLR(归属位置寄存器)是WCDMA核心网CS域和PS域共有的功能节点,它通过C接口与MSC/VLR或GMSC相连,通过Gr接口与SGSN相连,通过Gc接口与GGSN相连。HLR的主要功能是提供用户的签约信息存放、新业务支持、增强的鉴权等。

(4) 4 G LTE移动网络结构

在商业宣传上LTE(Long Term Evolution,长期演进技术)通常被称作4G LTE,是3GPP制定的高数据率、低延时、面向分组域优化的新一代宽带移动通信标准项目。该标准基于旧的GSM/EDGE和UMTS/HSPA网络技术,并使用调制技术提升网络容量及速度。它改进并增强了3 G的空中接入技术,采用OFDM和MIMO作为其无线网络演进的唯一标准,这种以OFDM/FDMA为核心的技术可以被看作"准4 G"技术。

与传统3 G网络比较,LTE的网络结更加简单扁平,降低组网成本,增加组网灵活性,主要特点表现在:网络扁平化使得系统延时减少,从而改善用户体验,可开展更多业务;网元数目减少,E-UTRAN只有一种节点网元e-Node B,使得网络部署更为简单,网络的维护更加容易;取消了RNC的集中控制,避免单点故障,有利于提高网络稳定性。

如附录图7所示,LTE网络的主要接口有X2接口和S1接口,X2是eNode B之间的接口,支持数据和信令的直接传输,S1接口是连接eNode B与核心网EPC的接口。LTE网络的主要网元如下。

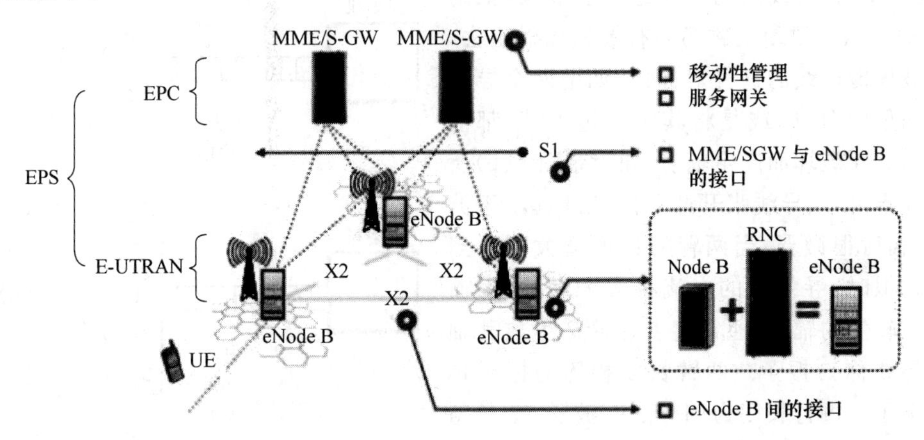


附录图7　LTE网络架构

① UE

在3 G网络和4 G网络中,用户终端被称作UE,相当于2 G网络中的移动台,包含手机、智能终端、多媒体设备、流媒体设备等。

② E-UTRAN

基站是移动通信中组成蜂窝小区的基本单元，主要完成移动通信网和移动通信用户之间的通信和管理功能，从狭义上就可以把基站理解成一种无线电收发信电台。换句话说，手机信号从哪里来，手机能上网、打电话都是因为手机驻留在一个基站上。

E-UTRAN(演进-UMTS 地面无线接入网)主要由演进型 Node B(eNode B)组成，是 LTE 网络中的基站，也是 LTE 无线接入网的唯一网元，负责与空中接口相关的所有功能，如用户信号的收发和无线资源管理。基站的基本结构没有变化，如基带处理单元、传输、电源和告警，但原 RNC 的管理功能大部分转移到 eNode B 的主控板上，个别功能转移到 EPC。eNode B大致相当于 2 G 系统中 BTS 与 BSC 的结合体或 3 G 系统中 Node B 与 RNC 的结合体。

③ EPC

EPC(演进型分组核心网)是从现有的分组域核心网演进而来，承载数据业务，最终取代电路域承载语音业务。EPC 主要包括：

• MME(移动性管理实体)。负责信令处理部分，完成接入控制、安全(鉴权、加密)，并对空闲状态下的移动台进行移动性管理，简单说就是控制面的相关工作。

• S-GW(服务网关)。负责本地网络用户数据处理部分，完成会话管理、数据报文路由及转发、产生计费话单等，简单说就是用户面的相关工作。

## 五、移动基站的天馈线

### 1. 天线的辐射原理

天线是由传输线演变而来的，传输线可看作是两个平行的导体，通有方向相反的电流，为了使平行的传输线上只有能量的传输而没有辐射，必须保证两线结构对称，线上对应点电流大小相同、方向相反，且两线间的距离远小于波长，如附录图 8(a)所示。要使电磁场能有效地辐射出去，就必须破坏传输线的这种对称性，如把两个导体成一定的角度分开，或是将其中一边去掉，都能使导体对称性破坏而产生辐射，如附录图 8(b)所示。必须指出，当导线张开两臂的长度远小于波长λ时，辐射很微弱，当两臂的长度增大到可当波长相比拟时，导线上的电流将大大增加，因而就能形成较强的辐射，通常将上述能产生显著辐射的直导线称为振子。两臂长度相等的振子称为对称振子。每臂长度为四分之一波长，全长与二分之一波长相等的振子，称为半波对称振子，如附录图 8(c)所示，它是天线的基本辐射单元，波长越长，天线半波振子越大。常见的半波振子实物如附录图 9 所示。

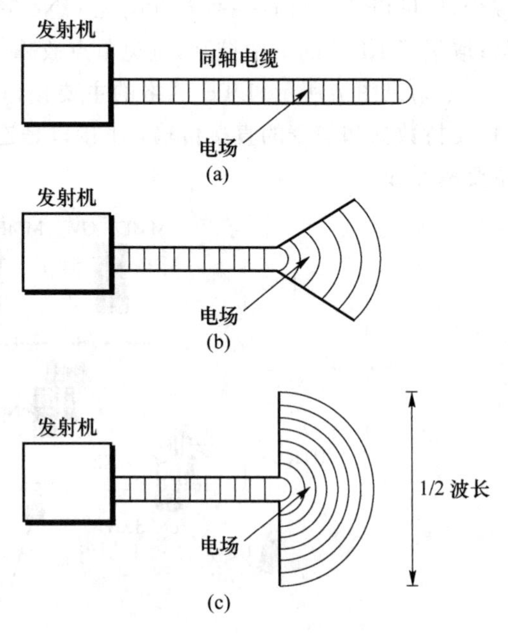


附录图 8 天线的辐射原理

附录图 9　半波振子示例

2. 天线的组成

同一款基站天线可由多种设计方案来实现。设计方案涉及天线的以下四部分：辐射单元(对称振子 or 贴片[阵元])、反射板(底板)、功率分配网络(馈电网络)和封装防护(天线罩)，如附录图 10 所示。

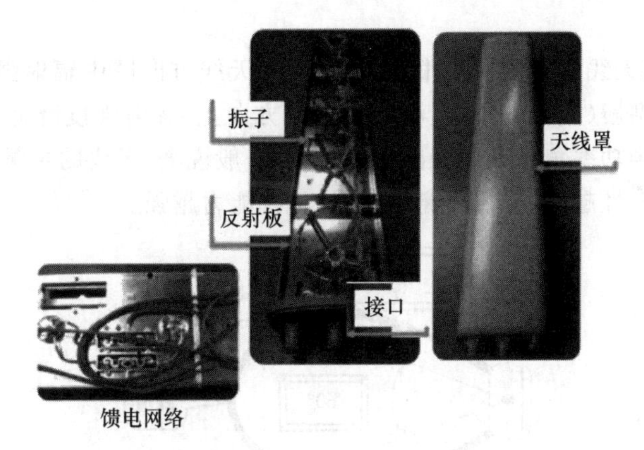


附录图 10　天线的组成部件

在移动通信网络中采用的基站天线多为基本单元振子(半波振子)组成的天线阵列；馈电网络一般采用等功率的功分网络；对定向天线，在单元振子的后面是一块金属平板，作为反射板来提高天线增益；天线的接头一般采用 DIN 型(7/16″)接头，位置一般在天线底部，也有装在天线背部的情况；在结构上，用天线罩将单元振子和馈电网络密封，以保护天线不易损坏，罩子一般采用 PVC 或玻璃钢材料，对电波的损耗较小，强度也较好；天线都在室外，为防止进水对天线的性能造成影响，天线底部都有排水孔。

3. 天线的参数

(1) 输入阻抗

天线和馈线的连接端，即馈电点两端感应的信号电压与信号电流之比，称为天线的输入阻抗。输入阻抗一般包括输入电阻和输入电抗，输入阻抗的电抗分量会减少从天线进入馈线的有效信号功率。因此，必须使电抗分量尽可能为零，使天线的输入阻抗为纯电阻。目前天线的输入电阻一般为 50 Ω。

(2) 方向图

方向图也是天线的一个重要参数。发射天线的基本功能之一是把从馈线取得的能量向周围空间辐射出去,基本功能之二是把大部分能量朝所需的方向辐射。垂直放置的半波对称振子具有平放的"面包圈"形的立体方向图,如附录图 11(a)所示,立体方向图立体感强,容易理解。从附录图 11(b)可以看出,在振子的轴线方向上辐射为零,最大辐射方向在水平面上;而附录图 11(c)显示,在水平面上各个方向的辐射是一样大的。

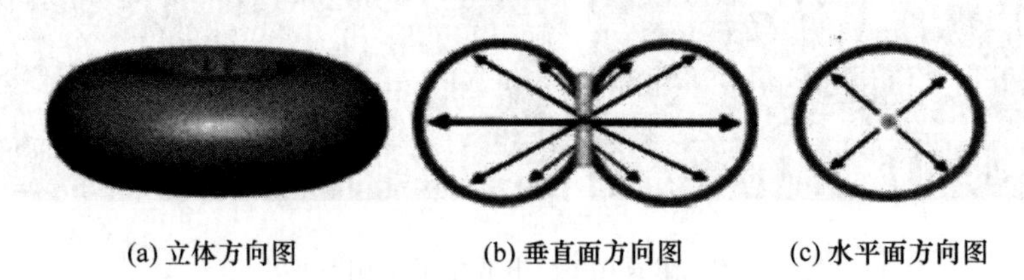


附录图 11　天线的方向图

通过若干个对称振子组,产生"扁平的面包圈",把信号进一步集中到水平面方向上,以加强对目标覆盖区域的辐射控制。设在居民小区的移动通信基站,其天线主要向水平方向发射电波,架设在楼顶上的天线是不会向下面的屋内辐射无线电波的。

(3) 波瓣宽度

波瓣宽度是定向天线常用的一个很重要的参数,天线方向图中辐射强度最大的瓣称为主瓣,主瓣外侧的称为副瓣(或旁瓣)。主瓣最大辐射方向上,辐射强度降低 3 dB 两侧点的夹角称为波瓣宽度(又称半功率角),如附录图 12 所示。一般说来,天线的主瓣波束宽度越窄,天线增益越高,天线的方向性越好,作用距离越远,抗干扰能力越强。

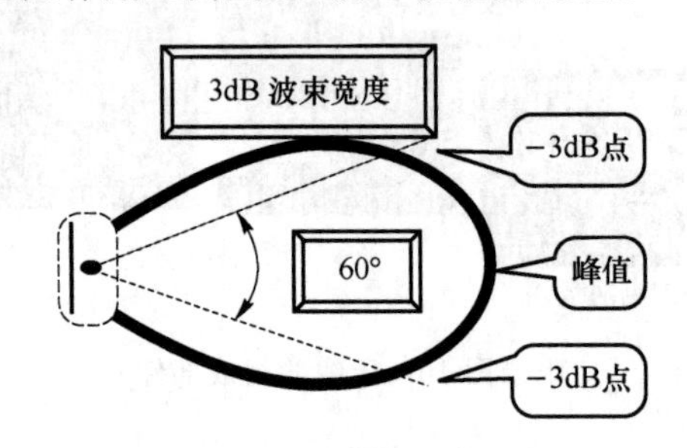


附录图 12　3 dB 波瓣宽度

天线的波瓣宽度可分水平面波瓣宽度和垂直平面波瓣宽度。天线垂直波瓣宽度一般与该天线所对应方向上的电波覆盖半径有关,通过对天线垂直度(俯仰角)在一定范围内的调节,可以达到改善小区覆盖质量的目的。垂直平面的半功率角有 48°、33°、15°、8°四种,半功率角越小,信号偏离主波束方向时衰减越快,也就越容易通过调整天线倾角来准确控制扇区的覆盖范围。天线水平波瓣宽度有利于电波覆盖小区的交叠处理,半功率角度越大,在扇区交界处的覆盖越好,天线水平半功率角常见的有 45°、60°、90°等。当提高天线垂直倾角时,水平半功率角过大,会容易发生波束畸变,形成越区覆盖;角度越小,扇区交界处覆盖就越差。一般在市中心的基站由于站距小,天线倾角大,通常多采用水平面的半功率角小的天线,在郊区则选用半功率角大的天线。

(4) 增益

天线增益用来衡量天线朝一个特定方向收发信号的能力,它是选择基站天线最重要的参数之一。天线增益定义为:取定向天线主射方向上的某一点,在该点场强保持不变的情况下,全向天线发射时所需的输入功率与采用定向天线时所需的输入功率之比称为天线增益,常用"G"表示。

一般来说,增益的提高主要依靠减小垂直面向辐射的波瓣宽度,而在水平面上保持全向的辐射性能。天线增益对移动通信系统的运行质量极为重要,因为它决定小区边缘的信号电平。增加增益就可以在某一确定方向上增大网络的覆盖范围,或者在确定范围内增大增益余量。

表征天线增益的参数有 dBd 和 dBi。dBi 是相对于点源天线的增益,在各方向的辐射是均匀的;dBd 是相对于对称阵子天线的增益,dBi=dBd+2.15。相同的条件下,增益越高,电波传播的距离越远。

把全向天线变成定向天线,要靠改变天线的结构来实现,通常采用增加反射板的办法。平面反射板放在振子的一边就构成扇形区域的覆盖天线,反射板既能把功率反射到单侧方向,也能提高天线的增益。为了进一步改进性能,反射板还可以做成抛物反射面,使天线的辐射像光学中的探照灯那样。把能量集中到一个小立体角内,从而获得更高的增益。

为了提高天线的增益,通常将两个半波振子增加为 4 个,乃至 8 个。4 个半波振子排成一个垂直放置的直线阵时,其增益约为 8 dB;一侧再加有一个反射板就构成四元式直线阵,也就是最常规的板状天线,其增益约 14~17 dB。同样的八元式直线阵,即加长型板状天线,其增益 16~19 dB,当然,加长型板状天线的长度也要增加许多,为常规板状天线的 1 倍,达 2.4 m 左右。

(5) 驻波比

天线驻波比是表示天线与基站(包括电缆)匹配程度的指标,为传输线上电压最大值与最小值之比。电波在甲组件传导到乙组件,由于阻抗特性的不同,一部分电磁波的能量被反射回来,如附录图 13 所示,我们常称此现象为阻抗不匹配。它是由于入射波能量传输到天线输入端后未被全部辐射出去,产生反射波,叠加而成。驻波比越大,反射功率越高,由于是因为阻抗不匹配造成,把甲组件跟乙组件间的阻抗调到接近匹配即可。驻波比的取值在 1 到无穷大之间,驻波比为 1,表示完全匹配,驻波比为无穷大表示全反射,完全失配。在移动通信系统中,一般要求驻波比小于 1.5,但实际应用中应小于 1.2,过大的驻波比会减小基站的覆盖,并造成系统内干扰加大,影响基站的服务性能。

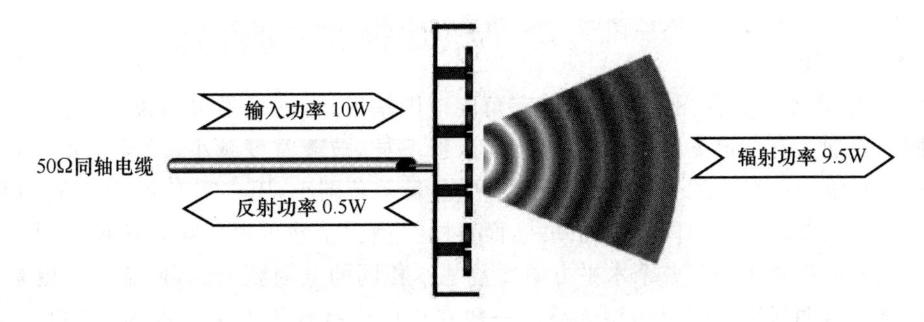


附录图 13　阻抗不匹配示意图

(6) 极化方式

天线的极化是指天线辐射时形成的电场强度方向。当电场强度方向垂直于地面时,此电波就称为垂直极化波;当电场强度方向平行于地面时,此电波就称为水平极化波。

在移动通信系统中，随着新技术的发展，出现了一种双极化天线，一般分为垂直与水平极化和±45°极化两种方式，性能上一般后者优于前者，因此目前大部分采用的是±45°极化方式。双极化天线组合了+45°和−45°两副极化方向相互正交的天线，并同时工作在收发双工模式下，大大节省了每个小区的天线数量；同时由于±45°为正交极化，有效保证了分集接收的良好效果。

(7) 隔离度

隔离度说的是两个端口互相的干扰程度。隔离度越大，一个端口输入信号，在另一个端口的输出信号会越小。天线隔离度分两种。一种是天线间隔离度，同频天线要求两天线间的水平间距大于10个波长，垂直间距大于3个波长，如果计算的话，只能通过网络分析仪直接测试，一个天线发射，另外一个天线接收，用发射功率(20 W)/接收功率(1 W)=20，如果单位是dB，即发射功率(43 dBm)−接收功率(0 dBm)=43 dB。另一种是±45°双极化天线端口隔离度，一般也是用网络分析仪测试的。例如，给+45°端口输入功率43 dBm，此时−45°端口接收到+45°端口辐射功率中的3 dBm，两端口间隔离度=+45°端口输入功率(43 dBm)−45°端口接收功率(3 dBm)=40 dB。

(8) 前后比

方向图中，前后瓣最大值之比称为前后比，记为F/B。前后比表明了天线对后瓣抑制的好坏。选用前后比低的天线，天线的后瓣有可能产生越区覆盖，导致切换关系混乱，产生掉话。一般前后比在25～30 dB之间，应优先选用前后比为30 dB的天线。

(9)下倾角

① 电子下倾角：通过调整天线振子来实现，也称为内置下倾角，一般其初始值出厂时设置，有的天线是可调的，有的天线是不可调的，这要看具体的天线型号。

② 机械下倾角：通过调整天线物理的下倾来实现，也称物理下倾角，是指天线天面与垂直水平面的夹角，通常是可调整的。

4. 天线的种类

(1) 全向天线

全向天线，即在水平方向图上表现为360°都均匀辐射，也就是平常所说的无方向性，在垂直方向图上表现为有一定宽度的波束，一般情况下波瓣宽度越小，增益越大。全向天线在移动通信系统中一般应用与郊县大区制的站型，覆盖范围大。

(2) 定向天线

定向天线，在水平方向图上表现为一定角度范围辐射，也就是平常所说的有方向性，在垂直方向图上表现为有一定宽度的波束，同全向天线一样，波瓣宽度越小，增益越大。定向天线在移动通信系统中一般应用于城区小区制的站型，覆盖范围小，用户密度大，频率利用率高。

根据组网的要求建立不同类型的基站，而不同类型的基站可根据需要选择不同类型的天线。比如全向站就是采用了各个水平方向增益基本相同的全向型天线，而定向站就是采用了水平方向增益有明显变化的定向型天线。一般在市区选择水平波束宽度为65°的天线，在郊区可选择水平波束宽度为65°、90°或120°的天线(按照站型配置和当地地理环境而定)，而在乡村选择能够实现大范围覆盖的全向天线则是最为经济的。

(3) 机械天线

机械天线指使用机械调整下倾角度的天线。机械天线与地面垂直安装好以后，如果因网络优化的要求，需要调整天线背面支架的位置改变天线的倾角来实现。在调整过程中，虽然天线主瓣方向的覆盖距离明显变化，但天线垂直分量和水平分量的幅值不变，所以天线方向图容易变形。

实践证明，机械天线的最佳下倾角度为1°～5°；当下倾角度在5°～10°变化时，其天线方向图稍有变形但变化不大；当下倾角度在10°～15°变化时，其天线方向图变化较大；当机械天线下倾15°后，天线方向图形状改变很大，这时虽然主瓣方向覆盖距离明显缩短，但是整个天线方向图不是都在本基站扇区内，在相邻基站扇区内也会收到该基站的信号，从而造成严重的系统内干扰。

另外，在日常维护中，如果要调整机械天线俯仰角度，整个系统要关机，不能在调整天线倾角的同时进行监测；机械天线调整天线俯仰角度非常麻烦，一般需要维护人员爬到天线安放处进行调整。

(4) 电调天线

电调天线指使用电子调整下倾角度的天线。电子下倾的原理是通过改变共线阵天线振子的相位，改变垂直分量和水平分量的幅值大小，从而改变合成分量场强强度使天线的垂直方向性图下倾。由于天线各方向的场强强度同时增大和减小，保证改变倾角后天线方向图变化不大，使主瓣方向覆盖距离缩短，同时使整个方向图在服务小区扇区内减小覆盖面积但又不产生干扰。

实践证明，电调天线俯仰角度在1°～5°变化时，其天线方向图与机械天线的大致相同；当下倾角度在5°～10°变化时，其天线方向图与机械天线相比稍有改善；当下倾角度在10°～15°变化时，其天线方向图与机械天线相比变化较大；当机械天线下倾15°后，其天线方向图与机械天线相比明显不同，这时天线方向图形状改变不大，主瓣方向覆盖距离明显缩短，整个天线方向图都在本基站扇区内。因此采用电调天线能够降低呼损，减小干扰。

另外，电调天线允许系统在不停机的情况下对垂直方向性图下倾角进行调整，实时监测调整的效果，调整倾角的步进精度也较高(为0.1°)，因此可以对网络实现精细调整。

(5) GPS天线

GPS天线的功能是接收GPS卫星的导航定位信号，并解调出频率和时钟信号，以供给基站各相关单元，实现手机与基站间的同步。

(6) 智能天线

智能天线按照工作原理分为两大类：多波束天线与自适应天线阵列。

多波束天线利用多个并行波束覆盖整个用户区，每个波束的指向是固定的，波束宽度也随天线元数目而确定。当用户在小区中移动时，基站在不同的相应波束中进行选择，使接收信号最强。因为用户信号并不一定在波束中心，当用户位于波束边缘及干扰信号位于波束中央时，接收效果最差，所以多波束天线不能实现信号最佳接收，一般只用作接收天线。但是与自适应天线阵列相比，多波束天线具有结构简单、无须判定用户信号到达方向的优点。

自适应天线阵列一般采用4～16天线阵元结构，阵元间距为半个波长。天线阵元分布方式有直线型、圆环型和平面型。自适应天线阵列是智能天线的主要类型，可以完成用户信号的接收和发送。自适应天线阵列系统采用数字信号处理技术识别用户信号的到达方向，并在此方向形成天线主波束。

在不增加系统复杂度的情况下，使用智能天线可增加通信容量和速率、减少电磁干扰、减少手机和基站发射功率，并可实现定位功能。

5. 基站天馈系统

天馈系统是移动基站的重要组成部分，它的主要功能是作为射频信号发射和接收的通道，将基站调制好的射频信号有效地发射出去,并接收用户设备发射的信号。天线本身性能直接影响整个天馈系统性能并起着决定性作用;馈线系统在安装时匹配的好坏,直接影响天线性能的发挥。附录图 14 为基站天馈线系统示意图,其组成主要包括以下几部分。

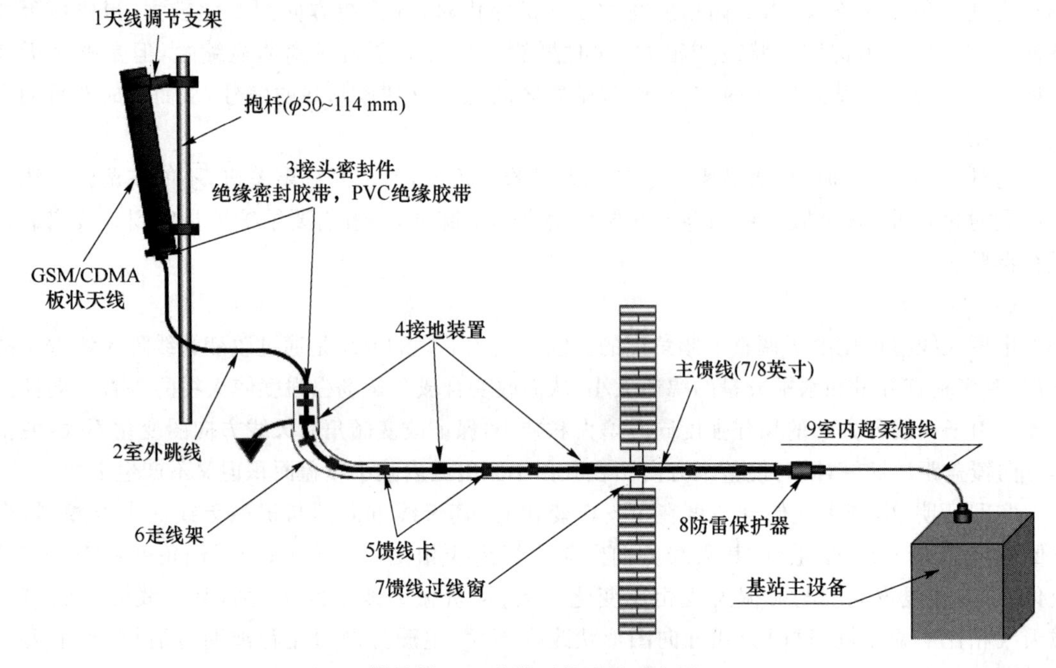


附录图 14　基站天馈系统示意图

(1) 天线调节支架:用于调整天线的俯仰角度,范围为 0°～15°。

(2) 室外跳线:用于天线与 7/8 英寸主馈线之间的连接。常用的跳线采用 1/2 英寸馈线,长度一般为 3 m,如附录图 15 所示。

附录图 15　主馈线外形

(3) 接头密封件:用于室外跳线两端接头(与天线和主馈线相接)的密封。常用的材料有绝缘防水胶带和绝缘胶带。

(4) 接地装置(7/8 英寸馈线接地件):主要是用来防雷和泄流,安装时与主馈线的外导体直接连接在一起。接地点方向必须顺着电流方向,其外形结构如附录图 16 所示。

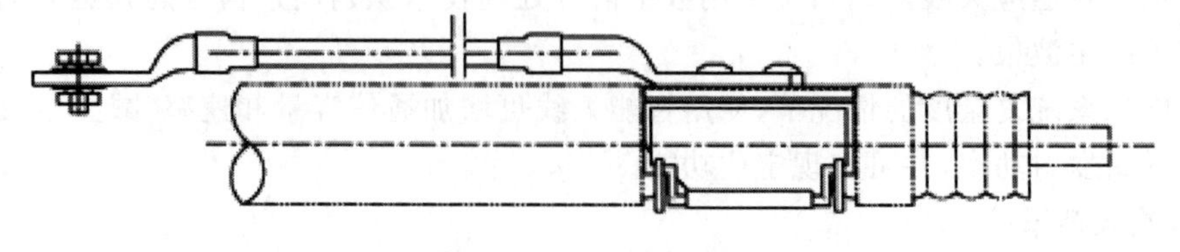

附录图 16　接地卡外形

（5）7/8 英寸馈线卡子：用于固定主馈线，如附录图 17 所示。

附录图 17　馈线卡外形

（6）走线架：用于布放主馈线、传输线、电源线及安装馈线卡子。

（7）馈线过窗器：主要用来穿过各类线缆，并可用来防止雨水、鸟类、鼠类及灰尘的进入。

（8）防雷保护器（避雷器）：主要用来防雷和泄流，装在主馈线与室内超柔跳线之间，其接地线穿过过线窗引出室外，与塔体相连或直接接入地网。

附录图 18　1/4 波长避雷器外形

四分之一波长短路型避雷器采用$\frac{1}{4}\lambda$短路原理，保护器内部做成同轴腔体形式，将一段短导线并联在同轴传输线上，一端接芯线一端接地，对于雷电流来说相当于用$\frac{1}{4}\lambda$长度的金属导体直接对地短路来进行雷电防护，适用于各种无人值守的通信基站，如附录图 18 所示。

（9）室内超柔跳线：用于主馈线（经避雷器）与基站主设备之间的连接，常用的跳线采用 1/2 英寸超柔馈线，长度一般为 2～3 m。常用的接头有 7/16 英寸 DIN 型和 N 型。

## 六、LTE 基站简介

在基站信号的覆盖范围内，基站不是孤立存在的，它属于 LTE 网络架构的一部分，如附录图 19 所示，是连接移动通信网和用户终端的桥梁。

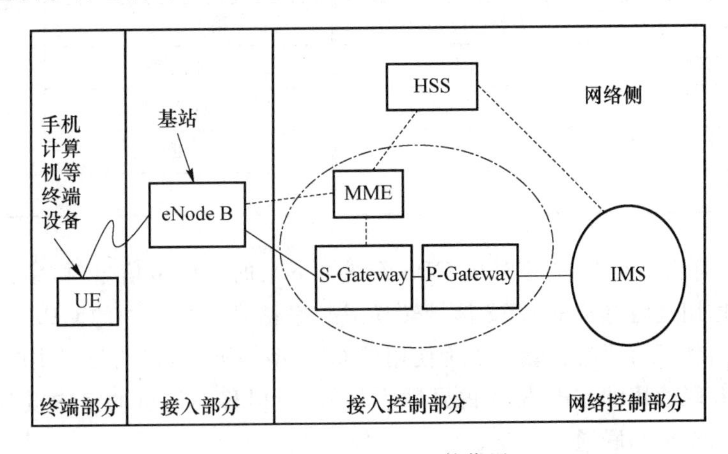


附录图 19　eNode B 的位置

在 LTE 中,基站 eNode B 一般由机房内的基带处理单元(BBU)、电源柜,传输线缆等配套设施和机房外的射频拉远模块(RRU)、收发信号的天线、馈线和 GPS 等组成。

1. BBU

BBU 是基站的基带处理单元,提供对外接口,完成系统的资源管理、操作维护和环境监测功能等。

2. 电源柜

电源柜负责给 LTE 设备供电,电源柜里有接电牌、熔丝以及接电开关等。接电牌有两个:一次下电牌和二次下电牌。一次下电牌接的是非重要负载(非重要负载指在电源柜供电不足的情况下首先断电的设备),基站主设备接的是一次下电牌;二次下电牌接的是重要负载,传输类设备接的是二次下电牌。停电时,由室内的蓄电池供电,当蓄电池的电消耗到一定程度时,就断开非重要负载上的供电,保证传输。在电源柜里,熔丝只能选择 63 A 或 100 A 的熔丝。

3. GPS

室外的 GPS 天线是用来定位和提供时钟同步的。GPS 天线采用的是有源 GPS 天线,可以将接收到的 GPS 卫星信号放大,提供一定的增益,保证通过较长距离的馈线连接到基站主设备时,还有足够的信号强度,GPS 天线的结构如附录图 20 所示。

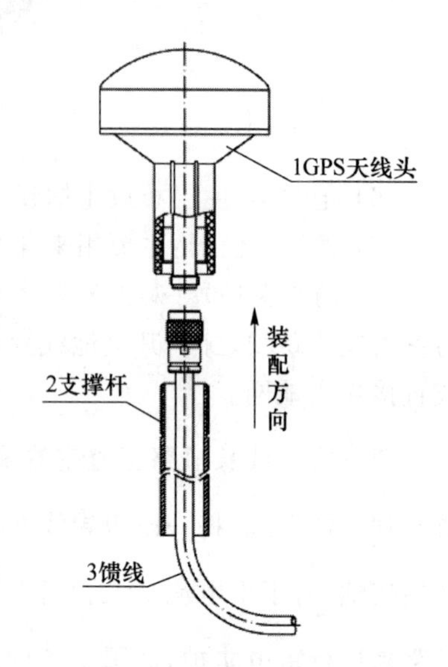


附录图 20　GPS 天线结构示意图

GPS 天线技术指标如附录表 1 所示。

**附录表 1　GPS 天线技术指标**

| 项　　目 | 特　　性 | 项　　目 | 特　　性 |
|---|---|---|---|
| 工作频率 | (1 575.42±5)MHz | 电压驻波比 | <1.5 |
| 增　　益 | 4 dBi | 工作电压 | +5 V |
| 3 dB 波束宽度 | 110°±10° | 工作电流 | 40 mA @5.0VDC |
| 极　　化 | 右旋圆极化 | 接　　口 | N-K |
| 极化轴比($\theta$=90°) | 2.5 dB | 工作温度 | −40～+70 ℃ |
| LNA 增益 | (38±2)dB | 抱杆直径 | ϕ30 mm～ϕ60 mm |
| 噪声系数 | <2 dB | 天线重量 | 350 g |
| 输入阻抗 | 50 Ω | | |

GPS 天线也有很多类型,当室外的 GPS 天线传下来的是模拟信号时,室内就需要一个时钟盒,时钟盒的作用是将模拟的 GPS 信号转换成数字信号。当室外的 GPS 天线传下来的是数字信号时,室内就不需要时钟盒。因为使用的 GPS 型号不同,移动公司用的 GPS 输出的是模拟信号,电信和联通用的 GPS 输出的是数字信号,所以移动站点的室内设备需要时钟盒对信号进行转换,而电信和联通不需要。

室外的 GPS 信号进入室内不是直接接到时钟盒上的,需要经过 GPS 避雷器。GPS 避雷器的作用是对室内的时钟盒等设备提供保护。

4. RRU

室外天线接收和发送的都是射频信号，室内 BBU 接收和发送的都是光信号，那么 BBU 和天线就不能直接相连，需要通过 RRU 作为中间桥梁，对信号做相应处理。接收信号时，RRU 将天线传来的射频信号进行滤波、低噪声放大等操作，转化成光信号，传输给室内处理设备；发送信号时，RRU 将机房传来的光信号，进行光电转换、变频、滤波、线性功率放大等操作，转换成射频信号，最后通过天线发送出去。RRU 有很多种型号，每种型号的接口数目有所不同，但大致有几种接口：

(1) 电源接口，通过这个接口给 RRU 供电；

(2) 光口，BBU 与 RRU 就是通过这些光口相连的；

(3) 与天线的接口等。

5. 天线

对于 LTE 系统，天线种类有室分用全向单天线和全向双极化天线，室外宏覆盖用 2 天线双极化定向天线和 8 天线双极化定向天线(单频、宽频)。天线厂家不同，提供的天线外形尺寸和参数指标稍有差异，下面简要介绍 NRT-TDLTE-D4-A-6 型 8 天线双极化智能天线。

NRT-TDLTE-D4-A-6 型智能天线为双极化宽频天线，支持频段 F(1 880～1 920 MHz)，A(2 010～2 025 MHz)，D(2 570～2 620 MHz)。其外形结构如附录图 21 所示。

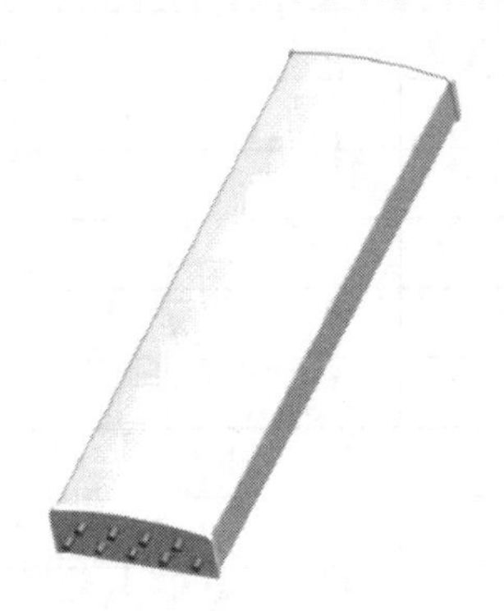

附录图 21　NRT-TDLTE-D4-A-6 型 8 天线双极化智能天线

其电性能指标如附录表 2 所示。

**附录表 2　电性能指标**

| 项　目 | 电性能指标 | | |
|---|---|---|---|
| 工作频段/MHz | 1 880～1 920 | 2 010～2 025 | 2 500～2 690 |
| 阵列排列形式 | 直线阵列 | | |
| 阵元间距 | 75 mm | | |
| 极化方式 | ±45° | | |
| 输入阻抗 | 50 Ω | | |
| 雷电保护 | 直流接地 | | |
| 馈电位置 | 天线底部 | | |
| 垂直面电下倾预设置值 | 6° | | |
| 垂直面电下倾角精度 | ±1° | | |

续 表

| 项　目 | 电性能指标 | | |
| --- | --- | --- | --- |
| 垂直面 3 dB 波瓣宽度 | ≥7° | ≥7° | ≥6° |
| 同极化端口之间的隔离度 | ≥28 dB | | |
| 异极化端口之间的隔离度 | ≥30 dB | | |
| 天线单元水平面 3 dB 波瓣宽度 | 100°±15° | 90°±15° | 65°±15° |
| 天线单元视轴($\theta$=90°)增益 | ≥14 dBi | ≥14.5 dBi | ≥17 dBi |
| 0°业务波束水平面 3 dB 波瓣宽度 | ≤29° | | ≤25° |
| 0°业务波束视轴($\theta$=90°)增益 | ≥20 dBi | ≥20 dBi | ≥21 dBi |

其结构机械性能指标如附录表 3 所示。

**附录表 3　结构机械性能指标**

| 项目名称 | 性能指标 |
| --- | --- |
| 天线尺寸 | 1 372 mm×320 mm×135 mm |
| 重量 | 15 kg |
| 机械倾角 | 0°～15°机械可调 |
| 接口类型 | N 型 Female |
| 接口数量 | 9 |
| 工作风速 | 130 km/h |
| 极限风速 | 200 km/h |
| 工作温度 | −40～+70 ℃ |
| 极限温度 | −55～+75 ℃ |
| 相对湿度 | ≤95%(40 ℃±2 ℃) |
| 安装支撑杆直径 | 50～114mm |

电信使用的天线与移动有所不同，在天线下端还有两个电调，用来调整下倾角(就是天线的俯仰角)的，电信的天线下端通过 4 根馈线(连接天线与 RRU 的线缆称为馈线)与下端的 RRU 相连，传递信号，两个电调通过串联的方式与下端的 RRU 相连，如附录图 22 所示。

附录图 22　电信使用电调

移动使用的天线，其下端与 RRU 的馈线接口有 9 个，而且没有电调，所以从外观和线缆的多少就可以区分出移动和电信的天线，如附录图 23 所示。

附录图 23　移动公司不使用电调

天线的类型很多，附录图 24 是 LTE 各类天线接口汇总。

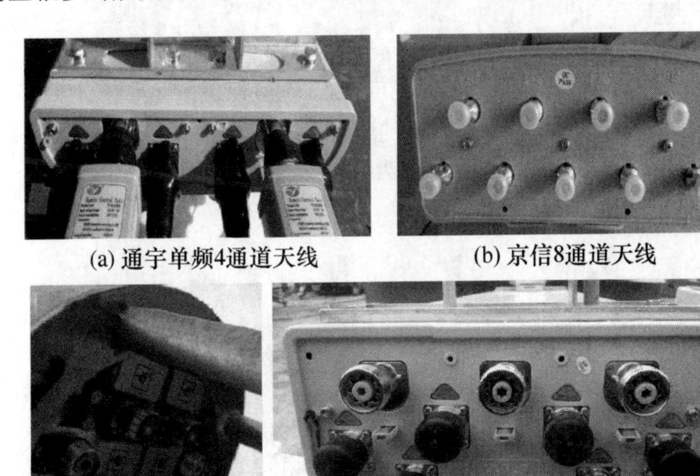

(a) 通宇单频4通道天线　(b) 京信8通道天线

(c) 排气管天线接线端口　(d) 通宇双频6通道天线

附录图 24　LTE 各类天线接口汇总

6. LTE 基站信号路径

下面将以基站接收信号为例，按从室外到室内的顺序介绍基站。

(1) 基站室外设备

① 首先需要通过室外的天线接收信号，天线也是我们在室外判断是否周围有基站最明显的标志。天线的形状如附录图 25 所示，类似扁平的长方体。

天线有很多安装方式，如附录图 26 所示，如果看见这些天线，那么这个天线附近就应该有基站了。

附录图 25　天线的外观

附录图 26　天线的各种安装场景

② 天线接收的信号送往射频单元进行处理，由射频拉远模块（RRU）来处理，如附录图 27 所示。接收信号时，RRU 将天线传来的射频信号（射频信号就是经过调制的，拥有一定发射频率的电波）转化成光信号，传输给室内处理设备；发送信号时，RRU 将机房传来的光信号转化成射频信号，通过天线放大发送出去。

附录图 27　RRU 外观

③ 接收的信号经过射频模块处理后，通过光缆传入机房内的信号处理模块，如附录图 28 所示。

附录图 28　射频信号进入机房

④ 室外还有用于系统定位和提供时钟同步的信号的 GPS 模块，因为长得像蘑菇，也称 GPS 蘑菇头，如附录图 29 所示。

附录图 29　GPS 蘑菇头

(2) 基站室内设备

① 通常，除天线、射频处理单元 RRU、GPS 蘑菇头等设备安装在铁塔、抱杆等室外环境外，其他的设备是安装在特定的机房内的。如果当前建站的地方处在野外或没有合适的建筑作为机房，则使用一体化机柜，机房和一体化机柜如附录图 30 所示。

附录图 30　一体化机柜

② 通常，机房内的设备包括：基带处理单元(BBU)、安装设备的机柜、电源柜、蓄电池、空调、走线架、接地排、各种线缆等。电源柜负责给机房设备供电；在断电时，蓄电池给电源柜供电；空调用来降温；室内走线架用于线缆走线；室内所有设备的接地线最终都要接到室内接地排，对设备起到保护作用。

室外接收的信号通过线缆传入室内机柜的信号处理模块，对信号进行处理。机房内的情况如附录图 31 所示。

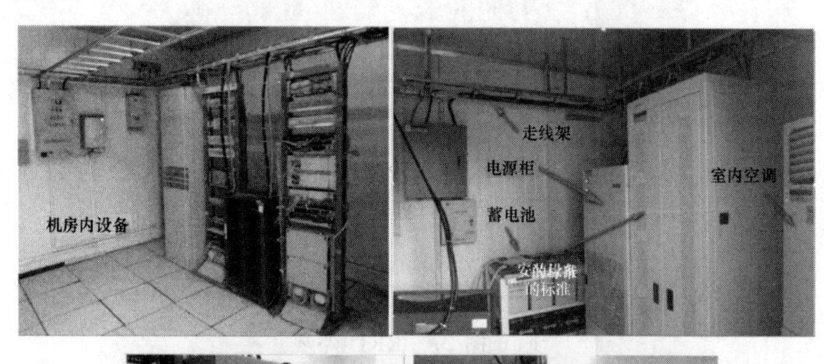

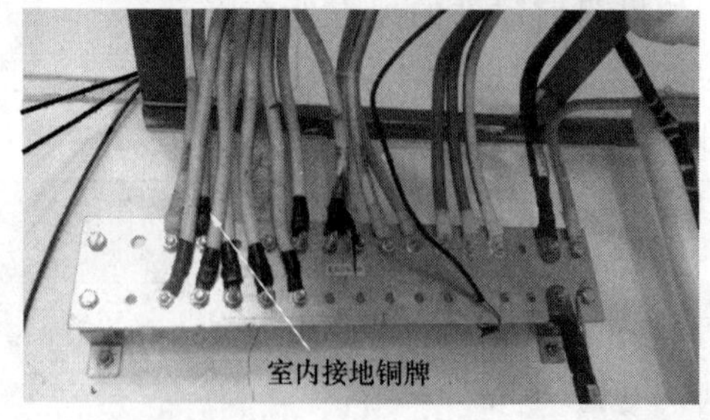


附录图 31　机房内情况示意图